U0397370

江苏省社会科学基金项目"江苏应急管理人才培养研究"（项目编号：21GLD015）

职业院校安全应急教育与专业创新发展的理论与实践

许曙青　汪　蕾　著

东南大学出版社
SOUTHEAST UNIVERSITY PRESS
·南京·

图书在版编目(CIP)数据

职业院校安全应急教育与专业创新发展的理论与实践 / 许曙青,汪蕾著. — 南京：东南大学出版社，2022.10

　ISBN 978-7-5766-0083-4

　Ⅰ.①职…　Ⅱ.①许…　②汪…　Ⅲ.①高等职业教育-安全管理-专业人才-人才培养-研究-中国　Ⅳ.①X92

中国版本图书馆 CIP 数据核字(2022)第 073894 号

责任编辑:杨　凡　　　　　　　责任校对:子雪莲
封面设计:顾晓阳　　　　　　　责任印制:周荣虎

职业院校安全应急教育与专业创新发展的理论与实践

著　　者	许曙青　汪　蕾
出版发行	东南大学出版社
社　　址	南京市四牌楼 2 号(邮编:210096　电话:025－83793330)
经　　销	全国各地新华书店
印　　刷	江苏凤凰数码印务有限公司
开　　本	787 mm×1092 mm　1/16
印　　张	18.25
字　　数	468 千字
版　　次	2022 年 10 月第 1 版
印　　次	2022 年 10 月第 1 次印刷
书　　号	ISBN 978-7-5766-0083-4
定　　价	78.00 元

本社图书若有印装质量问题,请直接与营销部调换。电话(传真):025－83791830

序

PREFACE

　　进入新世纪,我国工业化、城镇化、农业现代化进程不断加快,工业生产、工程建设、乡村道路交通等领域重大事故时有发生,给人民群众生命安全带来严重威胁。如何培养当前急需的安全管理与服务人才,解决中职安全类人才培养缺位、教育体系缺乏整体设计和专业人才培养支持系统乏力等问题,是当前安全生产领域的一大课题。许曙青教授的团队历时10年在职业院校大力开展安全普适性教育与专业渗透教育实践与研究,率先在全国进行了中职安全健康与环保、应急管理与防灾减灾技术等中职安全类专业人才培养的创新与探索。10年的坚守、10年的耕耘、10年的奋斗,让其成果颇丰且得到相关上级管理部门的充分肯定,得到院校、企业、社区专家的高度评价。这个团队的突出特点:

　　一是构建了安全类专业全方位育人体系。通过对全国28个省份的行业企业和院校16万个样本进行调研,提出了设置中职安全专业,并被教育部门采纳。确立了培养面向政府部门、企事业单位一线安全管理服务的高素质劳动者和技术技能人才的培养目标。搭建了"中职安全类专业人才培养＋安全知识普及＋专业安全知识渗透＋安全技能提升培训"创新平台,推动中职安全类专业人才培养集群化发展。

　　二是打造了跨界融合的教师教学创新团队。着力提升安全类专业"双师型"教师队伍水平,建立一支由国家名师引领的省级跨界融合教学创新团队,构建出"四方联动、双核主线、课证融通、五化育人、分层进阶"的中职安全类专业人才培养模式。实施了"教、学、做、考、评"五位一体教学模式,并促进课证融通,形成"认知训练、基本技能训练、专项训练和综合职业能力培养"分层进阶培养模式,培养安全领域高素质劳动者和技术技能人才。

　　三是建立了面向人人的安全普及教育。面向大众安全的普适性教育,安全知识普及覆盖到269所院校117万名学生;开展社会安全培训、高危行业领域安全技能培训,专项服务

1

于 250 家企事业单位的 4 000 名安全技术骨干;共享资源服务社会,将教材、数字化资源和高空逃生应急体验、消防灭火仿真实训等平台面向全国职业院校开放,开展 HSE 科普知识大赛、学生安全教育竞赛和应急救护技能竞赛及课堂教学。

该团队的成果被《光明日报》《中国教育报》《中国应急管理报》等权威媒体和网站专题报道 38 次,并得到全国"安全生产万里行"专家组充分肯定并建议以"江苏模式"在全国推广。该团队取得的学术成就享誉海内外,在 SCI、SSCI、《中国安全科学学报》等刊物发表论文 96 篇,成果在世界职业教育大会、亚太职业安全健康组织年会、中日韩职业安全健康学术研讨会以及我国港澳台地区职业安全健康学术研讨会进行交流,获高度评价。

许曙青教授团队围绕中等职业教育安全领域专业人才培养,躬行实践、勇于担当、精准服务,积极推动更多更广的学校和企业共同参与、协同发展,取得了明显成效,产生了良好影响和社会效益。希望许曙青教授及其团队再接再厉,与全国安全生产界的同仁一道,为安全生产领域高素质专业人才培养和安全生产事业高质量发展做出更大贡献。许曙青教授撰写的《职业院校安全应急教育与专业创新发展的理论与实践》值得一读,他们的做法与经验,更值得类似院校和相关单位借鉴。

中国职业安全健康协会党委书记、理事长

原国家安全生产监督管理总局党组副书记、副局长

兼国家安全生产应急救援指挥中心主任、党委书记

2022 年 8 月于北京

目 录
CONTENTS

1

第一章

绪　论

1.1 # 职业院校安全应急教育与专业创新发展的缘起

一 研究背景

(一) 职业安全应急与职业健康形势严峻

根据国际劳工组织近期发布的预测,每年有 278 万人死于工作事故和职业病:大约 240 万人(86.3%)死于职业病,超过 38 万人(13.7%)死于工作事故。每年发生的非致命工伤比致命工伤多近千倍。每年非致命工伤影响大约 3.74 亿工人,其中部分严重影响工人长期收入能力。青年工人遭受工伤的比率远高于成年工人。据报道,全球工伤事故和职业病每年夺去 200 万人生命,造成的经济损失约占全球国民生产总值的 4%。

根据最近欧洲的数据,18 至 24 岁青年工人发生非致命工伤的比率比成年工人(EU—OSHA,2007)高出 40%。在美国,15 至 24 岁青年工人遭受非致命工伤的比率几乎是 25 岁及以上工人的两倍(CDC,2010)。与之相反,数据显示青年工人患职业病的比率低于成年工人。这不是因为青年工人对职业病的抵抗力较强。实际上,青年工人更容易患职业病,因为他们处于身心发展期,更容易受到高职业危害化学品和其他物质的伤害。青年工人患职业病比率较低,可能是由于职业病的发生通常经过一段接触期或潜伏期,而且,很难获得职业病方面的准确数据,尤其是青年时期接触工作场所危害导致的职业病数据(EU—OSHA,2007)。除了造成无法估量的人类痛苦外,职业事故和疾病也构成了巨大的经济损失,估计每年损失的全球 GDP 为 3.94%(ILO,2017c)。由于青年工人受重伤并因此长期伤残,当这些伤害发生在一个年轻人开始工作的时候,其社会成本可能远高于承受类似伤害的成年工人的社会成本,职业伤害的后果会更加严重。

而在中国也有资料表明,工伤事故大多发生在工人开始上班前 6 个月中。根据原国家安监局的统计,我国每年因公致残人员约 70 万人。事故分析表明,90%以上的安全生产事故是由人的不安全行为造成的。同时中国也是世界上职业病发病最多的国家,职业危害接害人数超过 2.3 亿人,职业安全与职业健康的现状令人担忧。

调研发现,建筑行业事故死亡人数位居中国工业生产第一位,然而应急救护知识普及率不超过 1%。目前中国中职安全类人才需求约为 72 万人,从专业看,现行教育部中职专业目录尚无安全类专业。项目组自 2006 年起开展职业安全与职业健康普适性教育,2009 年起率先在中职建筑专业开展职场环境健康与安全素质和技能提升体系的构建与实践,为建设行业施工一线培养既掌握建设施工专业知识,又掌握建设行业内职场环境健康与安全素质和技能提升方面核心素养与能力的基层操作与管理人员,提升了就业竞争力,提高了从业者自救互救能力,降低了岗位工伤事故和职业危害风险,促进了企业可持续发展。

(二)职业安全应急教育发展滞后,专业人才欠缺

近年来,我国相继修订了《中华人民共和国安全生产法(2021版)》《中华人民共和国职业病防治法(2018年版)》,出台了《中共中央国务院关于推进安全生产领域改革发展的意见》《国家职业病防治规划(2021—2025年)》,这也证明了职业安全与职业健康的重要性越来越高。

当前,我国正处于工业化、城镇化快速发展期,职业院校毕业生已成为经济建设生产一线的主力军;每年有近700万中等职业教育毕业生走上工作岗位,他们为地方经济发展做出了巨大贡献。然而由于一些单位职业安全与职业健康防护意识淡薄,责任不落实,防护工作滞后,防范监管不到位,致使作业场所条件恶劣,职业危害的因素增多,这使得进入职场的新生代从业者面临着很大的职业安全与职业健康隐患。

而当前我国教育部中职专业目录尚无安全类专业,在职业安全与职业健康方面呈现的状态是教学资源紧缺、师资紧缺、专业性欠缺。近几年的研究虽然注重国际经验对中国的启示与借鉴及在中国的应用价值,但研究的重点显然过分倾向于对政府职业安全与职业健康管理存在的问题与对策的探讨方面,在职业院校职业安全与职业健康方面,学者于安全教育普适性方面研究居多,而在安全类专业人才培养方面鲜有涉足。

(三)职工职业安全应急预防能力广受关注,亟待提升

职工的安全应急保障是世界范围内都关注的重点话题,如何更全面地保障职工的安全健康,必须通过教育培训等多方措施以提高职工的安全意识、安全健康知识以及安全应急技能。

生产安全事故应急工作,是保护人民群众生命财产安全的最后一道防线。近年来,大量事故救援实践表明,由于在事故应对过程中缺乏具体的法律依据,企业开展应急管理工作时缺乏相应的法律规范,使得安全生产应急管理工作在一些地区和单位得不到重视,应急准备不落实、应急处置不规范和违规指挥、盲目施救等问题十分突出,极容易造成重大人员伤亡和财产损失。还有多年来基层关心的应急救援队伍建设问题、现场指挥问题、救援补偿问题等,都亟待解决。

从安全生产应急管理法制建设情况看,相关法律条文散见于突发事件应对法、安全生产法、消防法等法律之中,内容过于原则化,操作性不够;同时,现有的应急预案建设和煤矿、非煤矿山、危险化学品、烟花爆竹、交通、电力等相关行政法规,也只是对相关行业领域或者应急管理某一环节的工作进行了规定,存在系统性和普适性不够的问题。

中华人民共和国应急管理部于2019年2月17日正式公布了《生产安全事故应急条例》(以下简称《条例》),标志着安全生产应急管理立法工作取得重大进展,对做好新时代安全生产应急管理工作具有特殊而重大的历史意义。该条例的一个重要特色就是格外重视应急救援准备这个环节,深入贯彻应急管理中"关口前移""有备无患""预则立、不预则废"的思想,

并要求地方各级政府及其主管部门和生产经营单位需要按照该条例的要求重点建立五项制度,包括"应急预案制度""应急演练制度""应急救援队伍制度""应急储备制度""应急值班制度"。不仅明确了各方在生产安全事故应急中的职责,还强化了应急准备在应急管理工作中的主体地位。

应急准备重在防护,应急教育"关口前移",不仅要政策条例的颁布实施,还要进一步强化应急教育在教育中的重要地位。近年来社会及校园发生的突发危机事件,凸现了当前应试教育模式对小学生、中学生及大学生生命教育、安全教育、应急教育、应急演练与管理等方面的忽视与不足,也凸现了人的安全意识和应急能力的短板以及人的应急管理与生命教育的重要性。因此,加强人的应急管理与生命教育研究,提升学生突发事件应急能力、学校应急教育与应急管理水平,具有重要意义。

二 提出问题

职业安全与健康教育已经引起国际社会的重视,有关职业安全与职业健康教育的研究也成为国际教育和全民教育中必不可少的一环,但是我国职业安全与职业健康教育尚未形成制度化、规范化、国际化的模式,对应的研究还处在早期的理论探索与初步应用阶段。无论在实践还是理论上,职业安全应急教育与专业创新发展仍然面临许多亟待解决的问题。

(1)职业安全与职业健康危机意识淡薄。很多院校管理者重处置轻预防,做不到"居安思危",不能主动采取措施,存在侥幸心理。

(2)职业安全与职业健康预案建设不完善,缺乏有效演练。院校虽有总体预案、各专项预案等,但预案没有根据院校实际情况建立,预案内容缺乏可操作性,普遍存在"用别人的处方,给自己抓药"、定位不准、操作性不强等问题。具体内容措施没有落实,一些预案为应付检查而准备,工作停留在表面,职能部门不熟悉预案,职责不明确。预案演练方式单一,多为疏散逃生演练,疏散逃生演练中师生参与度不高。

(3)职业安全与职业健康思想政治教育方法、策略没有结合师生特点开展,教育不到位,教育效果不明显。

(4)很多院校没有成立专门应急机构负责职业安全与职业健康管理,职业安全与职业健康应急队伍建设不完善,职业安全与职业健康及应急人员缺乏必要的知识培训和情景演练,自救及救援能力不足。

(5)资金投入不足,安全健康基础保障、风险防控、预防预警信息传递报送等能力有待加强。

可见,职业安全与职业健康形势严峻,需从源头抓起,从学校安全应急教育与专业创新发展抓起。

三 研究意义

(一)理论意义

调查江苏省职业院校安全应急教育现状,为将来的安全应急教育与专业创新发展研究奠定基础。调查江苏省职业安全与职业健康意识、能力及知识水平,有助于监察本地职业安全与职业健康的表现,促进对后续职业安全文化指数的研究。

（二）实践意义

（1）符合国家安全发展战略需求。实施安全发展战略，是党中央、国务院在深刻认识和把握现阶段安全生产规律特点基础之上，审时度势做出的一项重大战略决策，是解决安全生产深层次矛盾的必经之路。党的十八届三中全会在深化科技体制改革中提出"建立产学研协同创新机制"，开展职业安全与职业健康协同创新研究与实践是解决职业安全与职业健康存在的问题、贯彻落实"安全发展战略"的迫切需要。

（2）企业科学发展的需要。职业安全与职业健康是企业发展的核心生命力，事关企业稳定大局。开展职业安全与健康协同创新中心建设研究与实践，整合安全科技优势资源，建立政产学研用相结合的安全技术创新体系，通过促进职业安全与职业健康理论、技术、政策等方面的跨越发展，最大限度地减少事故和职业病的发展，提高企业竞争力，改善劳动条件，促进职工身心健康，是稳定企业、提高劳动生产率、实现企业长远安全发展的需求。

（3）学科发展和人才培养的客观需要。我国在职业安全与职业健康专门人才的培养方面既没有对应专业，也没有系统的课程设置，现从事该方面工作的人员大多来自"安全工程""环境工程""劳动与社会保障""预防医学"等相关领域，远远不能满足监管部门和企业对该方面专业人才的需求。职业安全与职业健康专业技术人才缺口巨大。

开展职业安全与职业健康协同创新研究与实践，开展职业安全与职业健康、安全健康与环保专业建设，开展职业安全应急课程建设，推进职业安全与职业健康与科技创新人才培养势在必行。

1.2　职业院校安全应急教育的文献综述

一　我国安全应急教育现状

（一）当前我国政府、社会与学校层面均采取了一系列措施促进安全应急教育的开展

政府层面：我国安全应急教育的开展主要由政府主导，主要措施共包括如下五个方面。

（1）出台一系列法律法规用以规定和指导学校安全应急教育的开展。

（2）举办安全教育日活动。

我国政府至今已举办 22 届全国安全教育日活动。活动主题涉及交通、消防安全及应急避险能力提升等。活动日当天，各地采取多种形式开展主题活动，部分省份如陕西、安徽等将安全教育日扩展为安全教育周和安全教育月等。

（3）将安全应急教育知识融入课程教育中。

当前应急教育主要渗透在科学、品德、体育等学科中。内容主要包括人与自然和谐相处的思想，自我保护知识及灾害发生时正确的避难方法和措施等。各学校也结合自身实际开设应急自救互救教育课程。

（4）向各类学校提供应急教育资源。

主要包括三种形式：首先是编写各类指南和指导手册，指导学校开展应急教育，如《中小学幼儿园应急疏散演练指南》《突发公共事件应急预案指南》等；其次是提供应急教育类图书；最后是建立专门的应急教育网站，提供应急教育视频、音频资源等。

（5）有针对性地集中开展应急教育。

每年开学初和放假前，政府部门会结合中小学生在假期安全事故多发的特点开展应急教育，如汶川地震后的大型公益活动——《开学第一课》等。各地教育部门也逐步开始联合公安、消防、地震等部门人员深入学校开展应急知识讲座。2016 年，我国政府开展了针对校园欺凌的专项整治与教育活动。

社会层面的措施包括如下三个方面。

（1）开展安全应急教育学术研究。

当前应急教育得到了应急管理领域、教育领域学者的高度关注，并开展了系列学术探讨。如中国应急管理学会于 2016 年 5 月 21 日成立了校园安全专业委员会，会上发布了《中

国应急教育与校园安全发展报告2016》，并举办了首届应急教育与校园安全论坛，推动了应急教育理论与实践发展。

（2）启动安全应急教育专项活动。

如中国儿童少年基金会发起了"安康计划安全应急教育工程"项目，通过提供安全应急培训、建设安全应急体验教室等方式促进少年儿童的安全健康成长。中国教育协会举办的全国中小学生（幼儿）"平安暑假""平安寒假"专项活动，通过视频制作、设置情景问题等方式推出应急教育精品课程，强化学生假期安全意识与应急避险能力。

（3）实施安全应急知识进校园活动。

各类社会力量运用自身专业知识，深入校园，通过开展安全应急知识讲座与技能培训等方式提升小学生的安全应急意识与能力。当前，各地红十字会深入校园开展应急自救互救知识宣传与技能培训，为校园安全应急教育的开展提供了有力支持。在河南省"应急知识中原行"活动中，河南理工大学应急管理学院师生运用自身专业优势，通过发放宣传资料、进行实用的应急知识演讲、现场展示常用救援设备以及情景剧表演等形式向包括少年儿童在内的民众普及了应急自救互救知识与技能，提升了公众防灾避险能力。各类公益组织、社区等也积极协助校园开展安全应急教育工作。在学校，当前绝大多数中小学的应急教育内容围绕人为灾害进行设定，集中在交通事故、食物中毒、传染病、火灾等与中小学生安全息息相关的内容，教育形式也较为丰富。

（二）我国院校推进应急教育的现实困境

从立法层面来说，国家层面规定应急教育的原则与运行模式等，各级部门设置基本法律，地方结合自身实际制定具体的应急教育规范，这有利于加强中央统筹，增大地方自主性，并使应急教育立法具备科学性与可操作性。但是我国应急教育立法的随意性较强，具有约束力的法律法规较少，多以"处理办法""暂行条例"等形式进行规定。

从社会层面来说，政府主导，社会力量积极参与，可有效避免政府推动力量转弱的时候应急教育陷入被冷落状态。由于缺乏行之有效的法律与制度保障，当前我国社会力量参与学校应急教育的主体职能不明确，权利义务不清晰。另一方面，由于与学校之间缺乏制度化合作机制，两者之间大多数属于临时性合作，双方没有制定严格的合作计划，导致合作处于自发状态，社会力量无法有效发挥作用。

从学校层面来说，当某一突发事件引起较为严重后果及社会关注的时候，应急教育内容便会侧重这一类型的突发事件应急教育，如汶川地震后的地震应急演练热潮。但当事件热度消减，应急教育又会陷入低潮期，"运动式"的应急教育现象较为明显。另一方面，为了保证学生安全，一些学校因噎废食，将诸如春游等集体活动一律取消，"为求安全，禁止活动"成为普遍现象，过度的保护与过度规避风险，不仅遏制学生好奇心的萌发与视野扩展，也会让学生无法有效训练突发事件应对能力，在循规蹈矩的规定中丧失个性。各类校园内的应急演练通常以"演练活动顺利完成""取得了圆满成功"等结束，形式化明显。

二 国外安全应急教育现状

安全应急教育源于国际社会应对种种自然灾害和人道主义灾难所带来的挑战。冷战结束后，由霸权主义、恐怖主义、民族矛盾等导致的战争冲突和暴力活动一直没有中断，成千上万的平民流离失所。在这种情况下,应急教育以难民教育的形式出现了。

应急教育最早可以追溯到 1950 年联合国难民事务高级专员公署(The UN Refugee Agency)的创建。该机构致力于在紧急情况下,为世界各地的难民和流离失所者提供最基本的生活保障,其中对难民及其子女的教育支持是人道主义救助措施的一部分。1951 年,联合国召开难民和无国籍者地位全权代表会议,会议签订的《1951 年难民地位公约》决定缔约各国给予难民凡本国国民在初等教育方面所享有的同样待遇,但这只是一般号召,并不涉及国际组织和各国具体的教育措施,也不是难民救助计划的重点和优先项目。此后,在有关危机、冲突和安全等方面的决议或文件当中,联合国着重讨论了参与各方在处理武装冲突和灾后重建问题上的责任。在应急行动的一系列指导方针中并没有指明教育应起到的特殊作用。

1990 年,在泰国宗迪恩(Jomiten)举行的世界全民教育大会是应急教育发展的一个里程碑。大会通过的《世界全民教育宣言》第一次阐述了危机与教育的关系,将"战争、侵略、内战"视为国际社会实现基本教育权利的主要障碍。宗迪恩全民教育大会制定的目标是到2015 年"使每一个人——无论儿童、青少年还是成人——都能获益于旨在满足其基本学习需要的受教育机会",其宗旨在于解决世界范围内特别是不发达国家的基础教育问题。事实上,在战火纷飞、灾害肆虐的国家和地区,很难想象人们能够接受系统的学校教育,其结果是全民教育计划一再被搁置,在可预测的未来仍然无法实现全民教育的目标。

1996 年,联合国教科文组织在约旦首都安曼举行教育会议,对世界全民教育十年中期规划进行总结评估。作为世界全民教育的"加速站",此次会议还组织了 8 场自由讨论,其中的议题之一就是"危机和转型时期的基础教育"。会议进一步提出要更好地理解教育在防止与应对冲突时所发挥的独特作用,希望通过发展教育来帮助因战争受到精神创伤和流离失所的人们。

与此同时,一些关于应急教育的实地考察和研究报告也加深了人们对应急教育的理解。南非前总统曼德拉的夫人格拉萨·马谢尔(Graca Machel)于 1996 年向联合国递交了一份题为《武装冲突对儿童的影响》的研究报告。该报告广泛考察了遭受严重武装冲突地区的儿童及战后儿童的教育问题,报告指出 1986—1996 年间有 200 万儿童死于战争,600 万儿童严重致残或终身残疾,数百万儿童流离失所,身心受到伤害或身陷战争不能自拔。报告特别强调了饱受战争之苦的儿童的"心理康复"问题,突出了尊重当地文化,以及促进儿童接受相应教育的重要性。

进入 21 世纪以来,应急教育已成为国际组织关注的一个新领域,也成为国际教育研究中不可或缺的主题之一。

2000 年,在达喀尔世界教育论坛通过的《达喀尔行动纲领》高度关注在危急状况下儿童受教机会的问题。其中第 8 款呼吁:"满足那些遭到冲突、自然灾害和动荡局势破坏的教育系统重建的迫切需要,用促进相互了解、和平和宽容以及有助于防止暴力和冲突的方式开展教育援助。"

2000 年 11 月,在日内瓦举行的应急教育全球咨询会议上正式建立了应急教育机构联络组织(The International Network on Education Emergencies),这标志着应急教育正式成为国际社会的一种共同行动,应急教育由此发展到了一个新阶段。该组织为在各国开展应急教育提供了信息交流与共享的平台,对应急教育由文件、报告、倡议、研究转化为实际行动起到了建设性作用。

此后,在联合国难民署、联合国教科文组织等国际机构的倡导和督促下,应急教育逐渐得到国际社会包括政府机构、非政府组织、民间团体在内的各方关注和积极参与,成为全民教育的"旗舰"计划之一。应急教育也被许多国家纳入教育政策之中,成为一个迅速崛起的国际教育研究领域。

1.3 职业院校安全应急教育相关概念的界定

一 安全应急能力

早期的应急教育(Emergency Education)始于 1949 年联合国巴勒斯坦难民救济和工程处(The United Nations Reliefand Works Agency for Palestine Refugees)的成立以及 1950 年联合国难民署的创建。当时的应急教育是对处于危机中的难民提供的教育。随着国际社会应对各类灾害意识与能力的增强,应急管理学科得到了进一步发展,应急管理视角下的应急教育涵盖了为普通民众提供的应急知识与技能以及全民的应急意识与能力提升。当前应急教育的概念并不统一。吴洪华认为,应急教育是一种教育活动,主要用以指导个体在紧急情况发生时自救互救,从而提高个体生存能力。董泽宇认为,应急教育是为了预防与应对突发事件,向所有利益相关者传授应急意识、知识、技能与价值观的教育活动与行为。此外,我国部分学者也提出了灾害教育、减灾教育及安全教育等相关概念。

二 职业安全健康

1950 年,国际劳工组织和世界卫生组织的联合职业委员会对职业健康做出了权威定义。本书中的职业健康指以促进并维护学生或工作者生理、心理及社交处于最佳状态为目的,研究预防和保护在环境影响时免受健康危害因素伤害,并安排适合其发展的生理和心理环境。主要表现为工作中因环境及接触有害因素引起人体生理机能的变化。

职业安全指职业活动过程中,以防止学生或工作者发生各种伤亡事故为目的,在法律、技术、设备、组织制度和教育等方面采取相应措施,将人员伤亡或财产损失控制在可接受水平的状态。

职业健康和职业安全的差异主要在于影响程度上,前者指职业对从业人员的影响是渐进的、轻缓的,属于一种较长时间的量变过程,可能使从业人员陷入一种病态,其对应概念是职业病;后者指职业对从业人员的影响是激进的、严重的,属于一种短暂的质变过程,可能使从业人员面临死亡或重大伤害,其对应概念是生产事故。然而,由于职业通常是指一定群体的长期任职过程,要在一个长期的过程中区分影响程度差异以及量变与质变之间的界限是非常困难的,而且实现或保障职业健康和职业安全的方式也基本相似,因此,我们通常会将二者合并,统称职业安全健康。

三 职业安全与职业健康

医疗卫生系统通常称之为"职业安全卫生"(Occupational Safety and Health),简称OSH,这是一个国际通行的概念,主要来源于发达资本主义国家,1980年代后期才引入我国。根据国家标准《职业安全卫生术语》的定义,职业安全卫生是指"以保障职工在职业活动中的安全与健康为目的的工作领域及在法律、技术、设备、组织制度和教育等方面所采取的相应措施"。其同义词有劳动安全卫生。

这里的职业安全与职业健康是指人们在职业活动中所呈现的健康不受危害、安全不受侵犯的状态以及为促进或保障安全健康而采取的各种行为。首先,职业安全与职业健康问题是发生在"职业场域"的安全健康问题,引发安全健康问题的主要因素来自长期的职业活动及其场所,而不是日常生活活动或其他社会活动。其次,职业安全与职业健康是状态与行为的结合体,既指从业人员处于不会因职业活动而遭受危险和危害的状态,又指各利益相关者为促进和保障从业人员处于安全健康状态而采取的各种行为。再次,职业安全与职业健康是一种相对的、动态的范畴,从业人员的安全健康状态的标准是相对的、变化的,关于安全健康状态的判断取决于特定发展阶段的法律规定、道德规范、技术条件、接受程度等。

四 国外对安全应急教育的界定

就目前而言,联合国与国际组织将"应急教育"界定为在紧急情况下所采取的教育、教学、学习援助及相关的干预措施。但是,目前国际社会和研究机构对"应急教育"仍未形成相对统一的认识,其主要原因是:实施应急教育的国际组织或机构,以及从事应急教育研究的相关学者,均对应急教育中的"急",也就是"紧急情况"(emergencies)的概念和归类存有分歧。从广义上讲,"紧急情况"可以分为两类:(1)自然灾害,诸如地震、海啸、洪水、干旱、台风等;(2)人为灾害,诸如战争、内部冲突、恐怖主义、种族仇杀、政治动乱等。这两种灾害均具有突发性和严重性的特征,且给受众造成自身无法克服的困难,必须由外界迅速做出反应加以解决和排除。联合国以及其他国际组织通常将"紧急情况"和"危机"(crisis)两术语并用或混用,用以描述应急教育所面临的特殊环境。美国国际开发署(U. S. Agency for International Development)对"危机"赋予三种含义:其一,"危机"泛指儿童受教育机会受到威胁或被剥夺的一系列情况,按照其产生的诱因又可以分为4个方面:政治危机、经济危机、健康危机和环境危机。其二,"危机"又分为相应的四个不同管理和应对阶段,即:(1)管理和教育缺失的紧急阶段;(2)间歇性管理和复原的阶段;(3)新型管理和复原的阶段;(4)稳定性管理和重建的阶段。其三,"危机"一词用于描述不能满足人群基本需要的一系列情况,包括住所、水、健康和营养需求。

国际上则有学者进一步指出,"危机"不仅表现为显性的状态,而且还表现为慢性危急状况(chronic emergencies)。这种危机包括持续贫困、流浪儿童数目的持续攀升,以及艾滋病疫情等;处于转型期和新近独立国家所面临的诸多困难;人类利用现代科学技术对自然的干预和破坏而导致的难以辨明的人为所致的自然灾害。事实上,大多数国家和地区经常需要面对多重灾难或困难开展应急教育。所以,"复合型紧急情况"(complex emergencies)似乎可以更好地概括出应急教育所面临的真实情景。根据紧急情况的发展阶段,联合国难民署将应急教育分为三个阶段:(1)预备阶段:呼吁国际社会成员或全社会成员行动起来,开展早期工作,进行必要的培训,对教育援助与需求进行评估;(2)非正规教育阶段:致力于建设非正规学校教育系统,教授基本的读写、计算和生存技能;(3)课程学习阶段:提供新的教育内容和课程计划,使教师和学生都能充分理解并掌握这些内容。但是,这种应急教育的阶段划分缺乏清晰的界限和时间范围,而且也难以确定危机之后的教育恢复与重建是否属于"应急教育"。然而,《达喀尔行动纲领》已明确强调要干预或援助那些仍然受到武装冲突、自然灾害、不确定因素"影响"的人们,事实上已经将"后紧急情况"(post-emergency)下的教育重建行动理解为应急教育的一部分。德国尼纳·安霍尔德(Nina Arnhold)等学者据此认为,应当依据紧急情况下教育行动的任务来界定应急教育的内容。具体包括:(1)物质设备重建,如学校的建设、水电设施恢复;(2)意识形态重建,如价值观和民主化的灌输和确立;(3)心理重建,如对心灵创伤的抚慰和治愈;(4)教育政策和课程重建,如新教育政策的制定、课程开发、教科书编制,学习用具的提供;(5)学校管理和行政的重建,如学生入学规定、教师资格证书制度和认定、学校教育经费;(6)人力资源重建,如教师培训、教学管理人员培训、社会相关人员培训;(7)社会机构关系重建,如社区、卫生医疗、饮食供应等机构的协调。由此可见,正是由于"紧急情况"的概念与内容复杂多变,应急教育的内涵也随之变得难以界定。所以,"应急教育"不仅指复合型紧急情况发生时,对无法进入国家或社区教育系统接受相关教育的人所进行的教育干预,而且还应包含灾害、冲突等紧急情况发生之后重建阶段的教育。总之,应急教育是一种始于难民教育,以灾难发生时的教育援助和灾后的教育重建为中心,以危机中的儿童和青少年的教育为实施重点的教育领域,其目的在于避免目标人群教育过程的中断,保护他们的受教育权。

五 国内对安全应急教育的界定

我国的应急教育和国际上通指的应急教育是两个不同的领域。我国大陆地区通常提到的应急教育往往指的是应急安全教育,对于紧急情况的理解也偏向于公共安全的突发事件。这些突发公共事件一般包括自然灾害、事故灾害、突发公共卫生事件和社会安全事件四类。就目前来说,这种应急教育是指紧急情况发生前关于自救、互救,以提高个体生存能力为主的教育,它是安全教育的重要组成部分,也是青少年素质教育的内容之一。我国的应急教育指向防灾应急和安全自救。在应对危急状况(多是自然灾害和公共安全危害方面)时,我国多从社会管理学角度出发,建立政府预警系统、应急预案,成立危机管理研究小组等。国内讨论复合型危急状况下进行教育干预的研究并不多见。对于受灾地区的教育援助、组织网络、师资培训,以及有针对性的教育教学内容和方法等的系统研究还有待加强。

这里将安全应急教育界定为是基于安全需要,以提升应急教育能力为目的,遵循应急管理规律和教育培训规律,对公众实施的一种教育活动。

1.4 职业院校安全应急教育与专业创新发展的理论基础

理论是进一步研究探索的基础，没有理论的支持一切的研究将显得空白，没有意义。在职业院校安全应急教育与专业创新发展探索应如何建设这一问题上，有以下几个核心理论分别给予了有力的支持：

一　人本主义理论

人本主义心理学是 20 世纪五六十年代在美国兴起的一种心理学思潮，其主要代表人物是马斯洛(A. Maslow)和罗杰斯(C. R. Rogers)。人本主义的学习与教学观深刻地影响了世界范围内的教育改革，是与程序教学运动、学科结构运动齐名的 20 世纪三大教学运动之一。

人本主义教学论认为，教育的根本价值是实现人的潜能和满足人的需要。他们认为，结构主义教学论着眼于对培养社会精英和科技精英的追求，导致了人的"畸形化"，迷失了人的价值的实现。因此，教学理论必须以人的需要为基点确立新的教育价值观。人本主义教学论指出，人是具有心理潜能的，潜能的实现具有内在的倾向性；需要是潜能的自然表现，潜能是价值的基础，需要表现价值。所以，教学的教育价值就是实现人的潜能和满足人的需要。

人本主义提出，教育的目的是培养人格健全、和谐发展和获得自由的"完整人"。这样的"完整人"，首先是多种多样的潜能得以发挥，表现为各个层次的需要得以和谐实现；其次是情感发展和认知发展的和谐统一，包括情意感情和情绪的发展，认知、理智和行为的发展，以及与认知、感情与理智、情绪与行为发展的统一。

马斯洛是人本主义代表人物之一。马斯洛于 20 世纪中叶提出需要层次理论，根据需要出现的先后及强弱顺序，他把需要归纳为五个基本的层次：即生理需要、安全需要、归属与爱的需要、尊重需要、自我实现的需要。自我实现的需要由低到高又可以分为：认知需要、审美需要和自我创造需要。马斯洛需要层次理论认为，只有较低层次的需要得到基本的满足后，较高层次的需要才会出现；层次越低的需要出现得越早，层次越高的需要出现得越晚；成长需要永远得不到满足。需要层次理论说明：在某种程度上学生缺乏学习动机可能是因为他们的一些低层次需要（爱和自尊）未得到充分满足，这或许正是学生缺乏学习动机的主要障碍（学生厌学、产生问题行为等问题）。作为教师要想激发学生的学习动机，那么就得先满足学生的低层次需要,如需要多关心爱护学生,增加沟通和交流,以促进每个学生全面和个性发展。

卡尔·罗杰斯也是美国当代著名的人本主义心理学家之一,他的教育思想对国外 20 世纪六七十年代的教育改革运动产生了较为深刻的影响。罗杰斯根据自我学说理论,形成了一种用于促成个体自我实现的教学策略——非指导性教学。非指导性教学是"以学生为本""让学生自发学习""排除对学习者自身的威胁"的教育。所谓"非制导性"教学模式,是指教师不是直接地教学生,而是一切以学生的经验为中心,鼓励学生自发地、主动地学习。

因此一切以学生为中心,对职业院校学生进行积极关注,力求发掘学生潜能,关心他们的职业安全与职业健康,为其营造安全的职业环境,培养他们健康安全的"心理环境"或内在的安全感是非常急需和必要的。

二 责任关怀理念

从 20 世纪 80 年代起,国际上化工企业纷纷开始推行"责任关怀"企业理念,到现在这一理念已越来越受到各行各业工作人员的认可。

责任关怀(Responsible Care)是化工企业自发倡导的一种行动,是化工企业在不断为人类社会发展提供产品的同时,还自愿地为人类社会的可持续发展承担责任,也借此提高化工企业的运行标准并赢得公众的信任,其内涵是全球化学工业自发性的就健康安全及环境等方面不断改善绩效的行为。

"责任关怀"是企业与职业人自发引起的自律行为,不存在有任何组织与法律法规的强迫。责任关怀主要体现在健康、安全和环保三个方面。实施"责任关怀"的企业,应充分意识到自己将要进行与正在进行的项目是否会影响到附近社区、社会公众,员工及公共环境。如果有不良的影响,则应该极尽可能地减少这方面的影响;如若不能减少影响,则应该就项目工作做出及时调整与修正,甚至于放弃此项目,另寻其他途径。

职业院校应将责任关怀教育融入学校教学中,围绕对学生的责任关怀开设职业安全与职业健康课程,开展以关注职业学生为内涵的责任关怀教育主题宣传活动和社会实践活动,积极发挥学生社团在培养学生职业素质中的作用,积极关注职业院校学生,将关怀素质教育贯穿学生在校的教学生活各环节。

三 诺丁斯关怀生命理论

关怀伦理学兴起于 20 世纪 70 年代末 80 年代初的美国,经过 20 多年的发展,已成为汇聚众多学者和著作的重要伦理学流派,其中,理论最具深度和最为系统的当推美国教育家内尔·诺丁斯(Nel Noddings)的以关怀为核心的道德教育理论。诺丁斯认为,所有的教育行为、过程与方法都应具有道德性,即关怀性,否则不成其为教育。教育中关怀者的行动目的就是要维持并增进自己与所交往者之间的关怀性关系。诺丁斯以关怀为核心的这种教育精神,强调尊重学生,把关怀深刻地建立在教育者与受教育者相互理解及民主和尊严的基础上。

生命教育的最终目的是要培养学生关爱生命、尊重个体生命、珍爱个体生命、敬畏个体生命的意识。生命意识的意识对象是人,是一种综合了人的感性与理性的认知。人类要获得可持续发展,必须从诸类不同思想中汲取生命文化的精髓,建构个体的生命意识,并尊重他人的意识。

四 事故致因理论——人为因素理论

"人为因素"是指与人相关的任何因素,人为因素理论认为事故链的根本原因是人为错误,导致人为错误的主要因素有:超负荷、不恰当的反应以及不适当的活动。

超负荷实际上是人在特定时间的能力和特定情形下正负载压力之间的不平衡。一个人的能力是他的本能、培训、心态、劳累、压力和身体状况的综合表现。一个人所承载的压力包括他所负责的工作任务,以及来自环境因素(噪声、干扰等)、内部因素(个人问题、情绪压力和担心)和信息因素(风险水平、不清晰的指令等)所增加的负担。一个人表现的行为状态由他的激励和唤醒水平决定,在教育中,要教会学生积极关注自我,以防止自我在工作中出现超负荷情况,带来职业安全与职业健康危害。

不恰当的反应和不协调是指一个人对特定状况的反应方式可以引起或预防事故的发生。如果一个人发现了危险情况,但是没有采取补救措施,他的反应就是不恰当的。如果一个人为了增加产量而移除机器的安全防护设施,他的行为是不恰当的。如果一个人忽略安全程序,他的行为也是不恰当的。这样的行为和反应都能引起事故的发生。除了不恰当的反应,还包括工作中的不协调,如从业者能力与岗位的不协调、机器和员工操作技能的不协调等。

不适当的活动会导致人为错误,不适当的活动可以是一个人从事一项工作,但是他却不知道如何操作;也可以是一个人对于既定任务的风险评估判断失误,却基于此错误判断进行生产,这些不适当的活动会导致事故或伤害的发生。"人为因素"是指与人相关的任何因素,顾名思义,既包括人由于受能力限制及其环境影响可能发生差错的一面,也包括人具有智慧、创造性和处理突发事件能力等积极的一面。在教育中,为使职业院校学生将来从事职业时对职业安全与职业健康问题提高防范意识和发挥其应对突发情况的能力,更应该关注其积极的一面,规避可能会导致事故出现的不适当的活动、不恰当不协调的反应等。

安全健康是生活上的不可或缺者,更是社会进步、增进生活品质的必要条件。安全应急教育与专业创新发展育人体系是在积极职业教育范式视域下,具体化到安全应急教育与专业创新发展中,重视个体职业安全与职业健康,构建以积极、和谐为发展取向,以学生的潜能开发为目的,对学生积极关注,以人的多元发展为基点,挖掘人的内在价值和内在潜能,尊重知识、崇尚技能、生成素养,着眼终身学习,使教育回归本然,以达到在教育中化学生的被动吸收知识为主动学习体验,变"要我安全"为"我要安全"。

安全应急教育与专业创新发展育人体系的建立以人本主义中罗杰斯的非指导教学和马斯洛的需要层次理论为理论核心,以国际上化工企业遵循的"责任关怀"理念和诺丁斯关怀生命理念以及事故致因理论之人为因素理论为理论依据。职业教育培养的是面向一线的高素质技术技能人才,面对实习生、新员工在单位频繁发生职业安全与职业健康事故,如何让学生在未来岗位中树立健康安全意识,掌握职场健康与安全的"防""控""治""护"能力,这是一项良心工程,是一种责任,一种使命。

2

第二章

职业院校安全应急教育与专业创新发展的
现状研究

2.1 职业院校职业健康与安全应急教育的调查研究

一 研究背景

为进一步贯彻落实教育部《关于在部分中等职业学校开展职业健康与安全教育试点工作的通知》和江苏省教育厅《关于开展职业学校职业健康与安全教育试点工作实施方案》等有关文件精神,江苏省职业教育学生发展研究中心组在江苏省教育厅职社处和江苏省职业教育与终身教育研究所的指导下,认真制定实施计划,根据计划召开试点职业学校职业健康与安全教育研讨会和推进会,并下放《关于开展职业学校职业健康与安全教育问卷调研的通知》,在试点学校开展职业健康与安全教育实施情况调研,统计汇总各试点学校调研情况,为进一步开展职业健康与安全教育试点工作提供依据。

二 研究目的

通过调查了解江苏试点职业学校职业健康与安全教育的现状,分析职业学校职业健康与安全教育主要问题,提出进一步改进与完善职业健康与安全教育的具体建议,提高职业学校职业健康与安全教育的针对性和有效性。

三 研究方法

1. 文献综述法:运用文献综述法和辩证归纳方法提炼出职业健康与安全教育实践的基本理念。

2. 调研法:面向江苏省各个职业学校发放江苏省职业教育学生发展研究中心组统一编制的《江苏省职业学校职业健康教育与安全调查问卷》,了解职业学校学生存在的职业健康与安全问题,了解学生的安全意识、安全行为的现状。

3. 访问法:个别访问,进一步了解学生对于职业健康与安全教育的认识程度。

四 研究时间与研究对象

2012 年 3—4 月,在江苏省内的 13 所职业学校面向 09 级、10 级各试点班级以及部分 07级实习生,共发放调查问卷 4 363 份,收回有效问卷 4 294 份。有效样本年级分布见表 2.1。

表 2.1　有效样本年级分布表

年级	人数	百分比	总和
一年级	1 821	43%	
二年级	1 607	37%	4 294
实习班	866	20%	

五　调查问题分析

1. 职业院校学生对职业健康与安全教育的认识情况

从调查的情况看,如表 2.2 所示,在一年级、二年级和实习班中均有 70% 左右的学生选择职业健康与安全和自己的关系密切,约 20% 的学生选择就业后会有关系,只有 10% 以下的学生选择没有关系,绝大部分学生对职业教育与安全与自己的关系认识得还是比较正确的,表达了对自己生命的珍爱与重视,说明了职业院校开展职业健康与安全教育的可行性。

表 2.2　职业健康与安全和自己的关系

调查问题	选项	一年级		二年级		实习班	
		人数	百分比	人数	百分比	人数	百分比
你认为职业健康与安全和自己的关系怎样?	关系密切	1 409	77%	1 183	74%	600	69%
	没关系	85	5%	103	6%	87	10%
	就业后会有关系	327	18%	321	20%	179	21%

而对于学生对职业健康与职业安全的内涵的了解程度以及了解途径,却与对职业健康与安全和自己关系的认识相差甚远。结果见表 2.3。

表 2.3　职业健康与安全认知程度

调查问题	选项	一年级		二年级		实习班	
		人数	百分比	人数	百分比	人数	百分比
对职业健康与安全的内涵的清楚程度	清楚	292	16%	339	21%	258	30%
	大致了解	1 033	57%	817	51%	389	45%
	不清楚	496	27%	451	28%	219	25%
职业健康与安全知识的主要获得途径	电视	892	49%	901	56%	425	49%
	广播	175	10%	183	11%	119	14%
	报纸	295	16%	340	21%	193	22%
	杂志	183	10%	195	12%	144	17%
	网络	385	21%	447	28%	289	33%
	学校宣传	390	21%	355	22%	224	26%
	课堂	229	13%	199	12%	128	15%
	社会活动	118	6%	112	7%	115	13%

从以上数据可以看出,虽然绝大部分学生对职业教育与安全与自己的关系认识得比较正确,但对职业健康与安全的内涵却了解甚少。从年级对比来看,年级越高,对职业健康与安全的内涵认识清楚的人数越多,实习生较一、二年级的学生认识得更清楚,但仍有超二成的学生表示不清楚。

大多数学生了解职业健康和安全知识的主要途径是电视、网络和媒体,从学校和课堂宣传上了解到安全知识的占 24% 左右和 14% 左右。这说明学校对职业健康与安全知识教育方面重视不够,职业健康与安全教育宣传力度有待加强。

2. 职业院校开展职业健康与安全教育的情况

对于职业院校开展职业健康与安全教育的情况,调查如表2.4所示。

表 2.4 职业健康与安全教育情况

调查问题	选项	一年级		二年级		实习班	
		人数	百分比	人数	百分比	人数	百分比
学校是否开设相关课程	是	1 363	75%	1070	67%	577	67%
	不是	458	25%	537	33%	289	33%
职业健康与安全教育的开设形式	选修课	1 098	60%	1070	66%	518	60%
	必修课	652	36%	462	29%	254	29%
	无须开设	71	4%	75	5%	94	11%
学校组织过火灾或地震逃生演习吗?	从来没有	601	33%	575	36%	303	35%
	偶尔	510	28%	409	25%	147	17%
	每年一次	255	14%	281	17%	182	21%
	每学期一次	455	25%	342	22%	234	27%

对学校是否开设相关课程,有六成以上的学生表示开设了相关课程。对于开设形式,有六成多的学生选择选修课,有三成左右的学生选择必修课,只有一成左右的学生选择无须开设,绝大多数学生认为开设课程很有必要。通过调查我们还发现,对职业健康与安全知识的求学中一年级的学生最有热情,要求开课的积极性最高,然后是二年级学生,实习班的学生对此的热情最低。

另外,有将近四成的学生反映学校从来没组织过火灾或地震逃生演习,说明学校还需要加强些急救技术的演练,增强演练时学生参与的广泛性,让更多的学生身临其境地体验到遇灾时的急救知识。

3. 职业院校学生对职业健康的认识情况

职业院校学生对职业健康的认识情况,如表2.5所示。

表 2.5 学生对职业健康的认识情况

调查问题	选项	一年级		二年级		实习班	
		人数	百分比	人数	百分比	人数	百分比
您对职业病的定义熟悉吗	熟悉	419	23%	354	22%	203	23%
	认识模糊	892	49%	828	51%	426	49%
	只知道其中的一两种	510	28%	425	27%	237	28%

调查问题	选项	一年级		二年级		实习班	
		人数	百分比	人数	百分比	人数	百分比
对将来的工作岗位,您最担心的职业危害因素有哪些	生产工艺过程中产生的有害因素	1 113	61%	1 083	67%	547	63%
	工作制度不合理	1 136	62%	1 072	67%	553	64%
	心理状况不适应	980	54%	946	59%	441	51%
	生产环境中的有害因素	753	41%	793	49%	472	54%

通过调查,我们发现学生对职业健康的关注力度不够,有五成左右的学生对职业病认识模糊,有超过两成的学生只知道其中一两种。对于最担心的职业危害因素,一年级和二年级的学生中有超过六成的学生对生产工艺过程中产生的有害因素是最担心的,而实习班的学生中对生产工艺过程中产生的有害因素和工作制度不合理这两个选项比较重视,有超过六成的学生选择了这两个。而对于生产环境中的有害因素引起的职业危害则普遍认识不足。

4. 职业院校学生对职业安全和基本急救知识的认识情况

表 2.6 学生对职业安全的认识情况

调查问题	选项	一年级		二年级		实习班	
		人数	百分比	人数	百分比	人数	百分比
抢救触电者时,应该怎么做	直接搀扶、拉扯触电者	61	3%	76	5%	126	15%
	立即关闭电源	1 391	76%	1 340	83%	636	73%
	用干木棍将触电者和电源分开	1 446	79%	1 372	85%	641	74%
	用金属棍将触电者和电源分开	111	6%	68	4%	68	8%
	不知道	62	3%	19	1%	8	1%
	其他	43	2%	25	2%	17	2%
发生火灾时,应该怎么做	用湿毛巾捂住口鼻	1 543	85%	1 443	90%	716	83%
	低下身子,尽量贴近地面逃离火场	1 446	79%	1 354	84%	644	74%
	立即拨打 119	1 426	78%	1 347	84%	670	77%
	乘坐电梯尽快逃离	138	8%	113	7%	71	8%
	不知道	33	2%	18	1%	13	2%
	其他	48	3%	27	2%	31	4%
当您需要紧急医疗救助时,应拨打	120	1 526	84%	1 396	87%	754	87%
	119	87	5%	53	3%	44	5%
	112	112	6%	129	8%	62	7%
	不知道	96	5%	29	2%	6	1%

调查问题	选项	一年级		二年级		实习班	
		人数	百分比	人数	百分比	人数	百分比
出现较大、较深的伤口,在去医院之前您会采用的急救止血方法是	简单包扎止血	685	38%	735	46%	313	36%
	指压止血	395	22%	271	17%	206	24%
	加压包扎止血	622	34%	450	28%	289	33%
	不知道	119	6%	151	9%	58	7%
"如果手或脚被轻度烫伤,应立即用冷水冲洗或浸泡。"这样做对吗	对	801	44%	905	56%	531	61%
	不对	729	40%	491	31%	237	27%
	不知道	291	16%	211	13%	99	12%
针对下列事故现场救护技术,您掌握几种	人工呼吸	1 318	72%	1 054	66%	525	61%
	胸外心脏按压	722	40%	475	30%	311	36%
	紧急止血	751	41%	791	49%	338	39%
	伤口包扎	956	52%	884	55%	374	43%
	一样也不会	210	12%	274	17%	112	13%
是否违反过严禁使用大功率电器的规定	从来没有	1 530	84%	1354	84%	632	73%
	有时会	218	12%	195	12%	182	21%
	经常	73	4%	58	4%	52	6%

如表 2.6 所示,接近八成的学生对于一些生活中的基本急救知识能够基本掌握,并做出正确的选择。如抢救触电者时,应立即关闭电源,用干木棍将触电者和电源分开;发生火灾时,应立即拨打 119;需要紧急医疗救助时,应立即拨打 120 等。数据说明绝大多数同学都能较好地掌握一项或者两项急救技能,但仍然有 10% 左右的同学在遇到突发危险不会采取措施。说明学校对一些急救常识的教育也不能忽视,因为每一条生命都同等的重要。

然而,对于考察学生对一些生活中突发性事故时自我救护能力如何,数据显示,与对于一些生活中的基本急救知识的掌握相比,急救能力有所下降。如对"如果手或脚被轻度烫伤,应立即用冷水冲洗或浸泡"选项,30% 左右的同学认为用冷水冲洗或浸泡不对,而 10% 左右的同学则不知道。这说明学生欠缺急救常识,也同样反映学校对一些生活自救常识的教育需要加强。

对于在宿舍内使用被禁止的大功率电器这方面,数据显示一年级和二年级做得不错。而其中实习班同学相比一、二年级学生来说,使用大功率电器的次数则明显提高,这反映了高年级同学比低年级同学安全意识淡薄。

5. 职业院校学生对职业健康与安全教育责任方的认识和对教育方式的期望

表 2.7 学生对职业健康与安全教育的选择

调查问题	选项	一年级		二年级		实习班	
		人数	百分比	人数	百分比	人数	百分比
您认为开展职业健康与安全教育应该由谁负责	学校	1 516	83%	1 300	80%	667	77%
	用人单位	793	44%	685	43%	441	51%
	家长	630	35%	468	29%	340	39%
	政府	742	41%	576	36%	353	41%
您认为实施职业健康与安全教育应该由谁来承担	专业实训教师	1 213	67%	1 052	65%	551	64%
	班主任或辅导员	1 239	68%	1 073	67%	482	56%
	企业师傅	709	39%	729	45%	338	39%
	德育课教师	1 093	60%	989	62%	434	50%
	公共课教师	505	28%	587	37%	216	25%
职业健康与安全教育的最佳方式	讲座、宣传栏	1 056	58%	974	61%	667	77%
	开设职业健康与安全教育课程	929	51%	1 019	63%	641	74%
	主题班会或主题教育活动	983	54%	904	56%	572	66%
	演习、演练	856	47%	750	47%	528	61%
	校电视台播放宣传片	747	41%	745	46%	442	51%
	校园网设立安全宣传专栏	601	33%	697	43%	381	44%
	其他	127	7%	114	7%	212	14%
在学校开展职业健康与安全教育实践活动中,您愿意参加何种活动	手抄报比赛	601	33%	622	39%	424	49%
	征文比赛	419	23%	562	35%	407	47%
	演讲比赛	528	29%	586	36%	441	51%
	知识竞赛	546	30%	756	47%	450	52%
	摄影比赛	510	28%	512	32%	277	32%
	其他	382	21%	517	32%	156	18%

如表 2.7 所示,对开展职业健康与安全教育的责任人,将近八成的学生选择了学校,表明了学生对学校的信任,说明学校对开展安全教育负有不可推卸的责任。对实施职业健康与安全教育应该由谁来承担,有一半以上都选择了专业实训教师、班主任或辅导员和德育课教师,说了学生对专业实训教师、班主任或辅导员和德育课教师在安全教育知识上面的期待。对于以什么方式才能更好地增强安全意识、收到更好的教育效果,二年级的同学较多地选择了教育课程、主题班会或主题教育活动,而一年级和实习班的同学最多地选择了讲座、宣传栏。对于学校开展实践活动,大家选择的最积极的是知识竞赛。

6. 关于学校开展的职业健康与安全教育的建议

80%以上的学生希望学校能多开展一些职业健康与安全教育的相关活动,如开展安全教育的主题班会、安全知识讲座、征文竞赛等;54.38%的学生提出学校要在安全教育方面多投入一些实施以确实保障学生的安全等等,这说明了部分学生希望学校对职业健康与安全教育予以重视。

六 调查启示及建议

此次调查活动取得了很好的效果,在某种层面上是对学校职业健康与安全教育知识的一次普及。通过调查,同学们认识到了职业健康与安全的重要性,也增加了危机感,刺激了同学们对职业健康与安全的求知欲。同时,调查也反映出一些问题:学生方面,对职业健康与安全教育知识认识模糊,对职业病知识欠缺,对一些生活急救常识的掌握不够,对职业健康与安全教育的重视度不够等等;学校方面,对职业健康与安全教育的内涵界定不清,师资缺乏系统培训,职业健康与安全教育的教材体系不够完善,对职业健康与安全教育的宣传不够,对这些问题的认识和实践不足,宣传和活动不是很有效等等。

为切实有效开展职业院校职业健康与安全教育,可以从如下几个方面开展实践研究。

1. 大力开展职业健康与安全教育师资培训

职业院校开展职业健康与安全教育,师资是关键。我国职业院校开展职业健康与安全教育还处于起步阶段,缺乏系统的关于职业健康与安全教育的教材,更缺少从事职业健康与安全教育的师资,当前,澳大利亚和加拿大等国家在职业健康与安全教育方面取得了一些经验,值得我们学习。建议开展一些出国培训以推动我省职业健康与安全教育的进程。

2. 学校要高度重视"职业健康与安全教育"工作

学校要成立职业健康与安全教育试点工作领导小组。根据学校专业设置的特点和教学工作实际,制定学校开展职业健康与安全教育的工作方案,要将之纳入学校正常的教育教学体系,并严格执行,加强考核,务求实效。

3. 加强学校职业健康与安全教育的宣传力度

积极在校内开展丰富多彩、形式各样的职业健康与安全教育的活动,如针对各个专业的情况邀请企业专家来校举行相关讲座,强化学生的职业安全意识;在校电视台播放宣传片;在校园网设立安全宣传专栏;在校园中,特别是实验实训楼前张贴宣传海报等。

4. 开设职业健康与安全教育课程,制定系统评价体系

课堂教学是学校教育的主渠道,在课堂教育中渗透职业健康与安全教育,无疑是学校职业健康与安全教育最有效、最有意义、最有价值的途径。在课程开设的基础上,特别是要针对各个专业的不同职业病与工作安全的特点,增加相关案例和实践操作内容,强化具有专业特色的职业健康与安全教育内容。促进学生主动学习安全知识,掌握必备的生活急救常识,并自觉运用所学知识维护自身和他人的生命财产安全,能够自如地应对生活中的突发事件,采取相应的措施。并把学生的职业健康与安全教育意识、行为习惯等,作为考核优秀班级的重要依据。

5. 强化职业健康与安全教育和教学方法的研究

职业健康与安全教育活动是一种系统工作,不是一两名德育教师或者班主任就可以完

成的,需要学校各部门配合,各类型教师合作。教学形式力求多样,手段尽量丰富多彩,尽可能多采用多元化的教学方式更为有效。无论采用何种方式的教育活动,都有必要设置情境,让学生身临其境,掌握相关知识。

6. 开展职业健康与安全教育实践活动

定期组织一些竞赛,比如黑板报比赛、手抄报比赛、征文比赛、演讲比赛、知识竞赛、摄影比赛、包扎伤口比赛、紧急救援比赛、逃生比赛,定期组织火灾或地震逃生演习、人工呼吸演练、急救演练等。同时组织学生进入企业进行短期见习,熟悉企业的各项规章制度和工作规范,让学生增加学生的参与感,将所学知识内化,在掌握理论知识的同时,将知识运用到实际。

7. 积极争取社会参与

首先,积极开展校企合作,根据专业聘请企业专家担任客座教授,召开讲座,邀请他们来校介绍职业健康与安全知识。还要充分重视发挥家庭教育的作用,定期召开家长会、家长座谈会,共同讨论学生职业健康与安全问题,联合他们一起共同关注学生的成长与发展。

8. 加强设施保障

加强学校各种安全保障设施充分保障学生的安全,比如保障常规的报警、防火、救护设备,教学或培训场所的电源设置、室内物品的摆放以及室内建筑结构和材料的安全性等,每一个学习场所(如教室或车间)内都张贴危险发生时紧急逃生的图文指导,帮助学生熟悉逃生路线。

9. 广泛开展课题实践研究

通过课题实践研究,推动职业院校职业健康与安全教育试点工作进程。目前省内已有21个试点学校,其成果的推广对职业院校开展职业健康与安全教育起到一定指导作用。

加强职业院校安全应急教育,是培养技能性人才和高素质劳动者的需要,是以就业为导向的职业教育自我完善的需要,是推我国工业化、现代化的需要,是落实党中央、国务院关于安全生产一系列要求的需要,是创建职业院校和谐校园、构建社会主义和谐社会的需要。

目前,全社会和国家、政府对职业院校职业健康与安全教育已给予高度的重视,希望各学校能够借助这次调查开设职业健康与安全教育方面的相关的课程与展开相关活动,加大职业健康与安全教育的宣传与投入力度,使学生能更好地认识职业健康与安全的重要性,更自觉地投入到职业健康与安全教育的学习与宣传中去,在今后的生活、学习、工作中大大增强自我防护的能力,特别是实习学生要以健康、良好的心态走向社会,更好地为社会做出贡献,同时体现生命的自我价值。

2.2 职业院校职业健康与安全教育试点状况的调查研究

2010年8月,根据教育部《关于在部分中等职业学校开展职业健康与安全教育试点工作的通知》精神,江苏省教育厅领导高度重视,组织试点职业学校代表开展座谈会。2010年9月,江苏省教育厅颁布《江苏省职业学校开展职业健康与安全教育试点工作方案》,在工作方案中明确要求普及职业健康知识,提高中职学生安全防护能力。同时江苏省教育厅委托江苏省职业教育学生发展研究中心组牵头,组织全省17所职业学校开展职业健康与安全教育试点工作。2010年10月,省职业教育学生发展研究中心组牵头制定了《江苏省职业学校职业健康与安全教育试点工作实施计划》,各试点学校依据教育部和省教育厅关于职业健康与安全教育试点工作要求制定了学校职业健康与安全教育试点工作方案。2010年11月3日,江苏职业学校职业健康与安全教育试点工作研讨会在南京召开,进一步统一了思想,各试点学校在一年级、二年级课堂与实践活动层面推进,并将职业健康与安全课程纳入2011年江苏省职业教育"两课"评比范围,江苏省南京工程高等职业学校等试点学校率先将职业健康与安全课程纳入必修课。2010年12月14日,以省职业教育学生发展研究中心组名义集体申报的"职业学校职业健康与安全教育实践研究"课题被列为江苏省职业教育教学改革研究重点课题。

江苏作为职业教育先进省份,其中职招生与高中招生规模大体相当,职业院校正以良好的办学质量赢得了社会的认同,其毕业生已经成为江苏经济建设生产一线的主力军,为社会快速发展做出巨大贡献。职业健康与安全教育与学校的运行、企业的发展、学生的成长紧密相连。

一 职业健康与安全教育实践的重要性

加强职业健康与安全意识和能力的培养,使之渗透于学生学习、实践和未来职业生涯的各个环节,是落实党中央、国务院关于安全生产一系列要求、培养高素质劳动者和技能型人才、加快我国工业化、现代化建设进程的迫切需要,是建设平安校园、和谐社会的必然要求。通过对21所试点职业学校回收4 294份有效问卷的调查结果分析发现:职业学校对职业健康与安全教育工作认识不足,师生在与所涉专业相关的职业病防护等方面知识欠缺,职业健康与安全教育师资、教学资源严重匮乏,企业对职业健康与安全教育宣传不够,缺乏系统培训等,致使学校、企业以及学生在实习、就业等环节出现健康与安全方面的问题呈逐年上升趋势,严重威胁着生命健康与安全。如何从源头上做起,将职业健康与安全教育关口前移到职业学校并有效实施,已成为当前职业教育中亟待解决的重要问题。

二 职业健康与安全教育的实践

(一)制定方案、健全体系、扎实调研

根据教育部《关于在部分中等职业学校开展职业健康与安全教育试点工作的通知》精神和总体部署,江苏制定了《江苏省职业学校开展职业健康与安全教育试点工作方案》。方案明确了试点工作由省教育厅职业教育处领导,省教科院职业教育与终身教育研究所指导,委托江苏省职业教育学生发展研究中心组开展工作。目前,职业健康与安全教育试点工作已经在全省 21 所学校(含学生发展中心组成员学校和全国中等职业学校德育基地学校)展开。

各试点学校根据省教育厅试点工作方案要求,在学校开展职业健康与安全方面调研的基础上制定了职业健康与安全教育试点工作实施方案,成立了职业健康与安全教育工作领导小组,确定由一把手校长担任组长,分管领导担任副组长,教学、德育、专业办等部门主任担任组员,健全了职业学校职业健康与安全教育试点实践工作网络体系。

1. 关于开设"职业健康与安全教育"的基本教学情况

从 2010 年 11 月进行的"职业健康与安全教育调查"报告中,我们了解到 70% 多的学生认为职业健康与安全和自身有着密切的关系,只有 20% 左右的学生对职业健康与安全的内涵有着清楚的了解,而大部分学生对职业健康与安全的内涵不清楚。这充分说明学校对学生进行职业健康与安全教育非常必要。从本次对试点学校的调查结果来看,所有试点学校都开设了"职业健康与安全教育"课,主要面向一、二年级学生。试点学校为学生开展"职业健康与安全教育"不仅响应了教育部的号召,也尊重了学生自身的需要,充分体现了职业教育以人为本、关注学生的健康与发展。

学生的兴趣是教师教学的动力,因为只有教给学生感兴趣的东西,才能在教学过程中充分发挥学生的积极性与主动性。在本次调研中,我们发现学生对职业健康与安全课的反应很好,约 80% 的学生表示对该门课比较感兴趣,20% 学生非常感兴趣。这些数据不仅肯定了开设职业健康与安全教育的必要性,也激励了我们应该为进一步开展职业健康与安全教育而继续努力,以使更多的学生不仅能在这门课中获得基本的健康、安全知识与基本技能,还能从中发现新的趣味,感受到快乐。

2. 关于"职业健康与安全教育"课的开设形式及课时安排

一门新的课程应该如何开设是每一个教育者所关心的问题。职业健康与安全教育课目前在职校中作为一个试点课程,具体应该如何开设才能在既不加重学生课业负担、又不影响学校教学的整体安排的基础上,充分地满足学生的需要,是我们目前需要关注的焦点。

在对学生的调查中,我们发现学生期待的开展职业健康与安全教育的方式主要有课程教学、主题班会、演习与演练等。60% 以上的学生认为有必要将其纳为必修课,30% 左右的学生认为应该作为选修课。本次调研的结果中有 50% 的学校选择将其纳入学期课程体系,30% 的学校选择以班会的形式进行职业健康与安全教育,其余 20% 的学校选择选修课和讲

座的形式。从中可以看出,目前试点学校所选取的课程形式基本上与学生所期望的形式相符合。

试点学校根据各个学校的实际情况,具体开设的职业健康与安全教育课课时数不一样。学期课时在 20 小时以内的学校占 28%,课时在 20～40 小时之间的学校占 67%,只有一所学校学年课时大于 40 小时。其中最低学时数为 10 小时,最高学时数为 72 小时。这些差异启示我们思考,到底多少学时是最为合理的课时数,怎样以最少的课时,既可以让学生掌握相关知识与技能,又可以为学校节省资源。

3. 关于任课教师的选配

虽然我们倡导课堂应该以"学生为中心",但是教师在课堂中的主导与组织作用是非常重要的。一堂好课,必定要有一个好的教师,这个教师既应该有一定的专业素养又应该有一定的精神素养。那么,对于缺乏专业教师的职业健康与安全教育,具体的课程应该由谁来负责呢? 65% 以上的学生认为应该由专业实训教师或班主任来负责,约 60% 的学生选择德育老师,选择由企业师傅担任的占 45%,由公共课教师担任的占 37%。以上数据说明,学生倾向于选择与自己关系密切的人或专业人士来教授这一课程,体现了学生对班主任老师及德育老师的信任,对专业人士的崇拜。从试点学校目前的状况来看,我们了解到各试点学校的职业健康与安全教育任课教师安排情况如下:任课教师主要由专职教师、德育课教师和班主任组成。其中德育课教师兼职教学的最多,占 67% 的比例;其次是班主任,占 44%;专职教师为 22%。这说明了各试点学校在教师安排方面,基本上满足了学生的意愿。但是专职教师的缺乏,依旧是我们需要解决的一个重点问题。

4. 关于该课程的考核方式

一门课程的开设,必定涉及相应的考核问题,那么我们应该依据什么来评定学生的掌握水平? 在试点学校中,78% 的学校选择综合考试、作业和考勤三种方式结合的考核方式,17% 的学校选择单一的考试方式,5% 的学校选择作业和考勤的方式,即绝大多数学校都认为应该考试。那么应该如何考? 考什么呢? 考试的重点应该是技能演示还是基本知识的记忆呢? 这些都是我们教育工作者所需思考与探究的问题。

5. 关于开展职业健康与安全教育的实践活动情况

94% 的学校除了开设课程外,还开展了一些职业健康与安全教育的实践活动,一学年活动次数主要集中在 1～6 次之间。其中 3～4 次的学校最多,占 44%;其次是 1～2 次的学校,占 22%;5～6 次的占 17%;6 次以上有 11%。所开展的主题活动包括:校园安全、实训安全、交通安全、自然灾害的防范、急救演练、用火用电安全,这些主题是根据前期对学生的调查确立的。前期调查结果显示,很多学生对于一些生活中的基本急救常识很欠缺,在危险情况下自我逃生能力较差,所以,学校开展这些主题活动是对学生进行健康与安全教育的拓展训练,具有极大的实践与现实意义。

(二) 形式多样,全面推进

通过"三会、两课"等活动的开展,促进课程化的进程。先后通过举办江苏省职业学校职业健康与安全教育试点工作研讨会、促进会以及职业健康与安全教育"研究课"教学与主题教育活动现场观摩会,推进了职业健康与安全教育试点工作有序进行。江苏教育电视台《江苏教育新闻》栏目对职业健康与安全教育现场观摩活动还进行了专题报道。省教育厅还将职业健康与安全课程纳入 2011 年江苏省职业教育"两课"(研究课、示范课)评比范围,促进了职业健康与安全教育课程规范实施。

依托比赛、实践等形式的活动,推进课程化实施。试点职业学校通过开设职业健康与安全公共课程、专业模块渗透、专题讲座、企业实践体验、班级职业健康与安全主题创新活动设计与实施、社团实践活动以及各种消防安全、急救、用电安全等实践模拟演练、专题演讲比赛、知识辩论赛、板报与手抄报设计评比等多种形式和途径,切实推进了职业健康与安全教育试点工作进校园、进课堂、进活动。让学生尽早掌握职业健康与安全教育知识,提高职业健康与安全防护意识、防护能力和维权意识,为学生的健康发展奠定基础。江苏省南京工程高等职业学校率先将职业健康与安全课程纳入一年级必修课实施,每周安排 2 课时,选派德育骨干教师、专业实训教师、企业安监人员担任授课教师。其他试点职业学校也在将职业健康与安全课程纳入专业人才培养方案的同时,在一、二年级课程体系中设置职业健康与安全课程。

(三)以评促教,培养骨干,成效显著

省职业教育学生发展研究中心组通过开展职业健康与安全教育说课、主题教育活动创新设计、主题演讲和手抄报等项目活动进行成果评审,并将全省职业健康与安全课程"说课"的一、二等奖教师入围江苏职业学校"两课"决赛。

评审活动的开展,汇聚了 21 所试点学校教师和学生的智慧,更为推进职业健康与安全教育工作提供了范式和指导。职业健康与安全教育作为专题被列为省级班主任培训的重点内容。参训班主任们通过对职业健康与安全教育主题活动的创新设计、撰写专题研究论文等方式,从思想上增强了开展职业健康与安全教育的责任意识,从能力方法上获得了实践的经验,这一举措为职业学校教师在工作内容、方法上开创了新的思路和途径,引领全省中职教师积极投身职业健康与安全教育工作之中。

江苏职业学校职业健康与安全教育试点工作的有序开展,取得了初步成效,有效地提高了职业健康与安全教育的针对性和有效性,提高了试点职业学校教师开展职业健康与安全教育的教学能力与业务水平,促进了学生职业健康与安全意识与能力的培养。

三 加拿大职业健康与安全教育培训的启示

《国家中长期教育改革和发展规划纲要(2010—2020)》的战略主题,强调"坚持全面发展",同时专门提出了"重视安全教育、生命教育"以及"可持续发展教育"的要求。江苏省高度重视职业学校职业健康与安全教育师资培训,立项批准了首届试点职业学校骨干教师赴加拿大进行职业健康与安全教育专题培训。从培训效果看,加拿大对职业健康与安全教育的重视程度,值得学习与借鉴。

1. 职业健康与安全制度健全,执行规范

2011 年 7 月 31 日,加拿大国家司法部颁布了修订的《职业健康与安全条例》,各政府部门、行业、企业、学校等均按要求制定了相应的规章制度。

2. 职业健康与安全教育组织保障完善

就学校而言,每个社区学院(类似于我国的高等职业技术学院)都成立职业健康安全委员会,一般由学校管理层、员工以及教辅员工组成,负责学校职业健康与安全教育及运行、教师和学生的职业健康与安全。

3. 职业健康与安全职责明确,层层落实

政府教育部门有专门机构督促职业健康与安全工作的实施,学校设有职能机构负责职业健康与安全工作的运行,还有职业健康与安全专职教师进行授课(加拿大有院校设置职业健康与安全大专和本科专业)。

4. 重视职业健康与安全知识的全员普及

以我们实地访问的百年理工学院为例,学校开设《职业健康与安全》普适性课程,要求所有学生都要学习,学校有统一的课程标准,课程分为15个模块,1个学分,这些都是为学生就业服务的。

5. 强化职业健康与安全教育在专业课程教学中的渗透

学生入学后,除完成普适性职业健康与安全必修学分外,还需要学习职业健康与安全专业模块,内容镶嵌在专业课教学中。

6. 职业健康与安全教育元素处处体现

实践体验到学院和企业职业健康与安全教育的元素无处不在。比如,职业健康与安全宣传橱窗、职业病人体解剖图、职业健康与安全模拟教学设备及公益性宣传图片、紧急救护电话、紧急救护箱、带有每日检查记录的消防报警系统等。

7. 行业、企业职业健康与安全措施得力

据加拿大安大略省电子技工中心协会介绍,学徒制的学员在进入行业企业前首先要进行职业健康与安全专项培训,时间不少于20学时,且要通过专门的知识和技能考核,考核不合格不得入职岗位。学徒制规定一个新工人必须持有三个职业资格证书,一为高空作业安全证书,二为自我救护能力证书,三为工作场所伤害事故综合处理能力证书。

四 职业健康与安全教育推进与普及愿景

作为职业健康与安全教育首批试点学校,我们有责任践行、推广和普及职业健康与安全教育,必须进一步加强职业健康与安全教育课程建设,坚定不移地做好职业健康与安全工作的实践与研究。

第一,加强研究。加大职业健康与安全教育实践研究,要以省级课题为抓手,邀请政府、教育、安全、行业企业、职业学校等单位代表参与,加强职业健康与安全教育的法律法规、师资培训、课程建设等研究,提出江苏职业健康与安全教育可行性建议。

第二,打造团队。实施职业健康与安全教育,关键是教师。要积极依托江苏省级职业教育教学骨干教师培训、班主任培训等开设专题模块,将职业健康与安全教育融入各课程、主题培训内容中,培养一批职业健康与安全教育专兼结合的师资队伍,逐步提高教师职业健康与安全教育的教学与实施能力。

第三,开发课程资源。开展职业健康与安全教育课程建设,建立江苏职业学校统一的职业健康与安全教育课程标准,开发《职业健康与安全教育》普适性课程资源和专业性教材,积极参与省级"两课"评比,建立职业健康与安全数字化平台,构建江苏职业健康与安全教育课程资源网等。

第四,建设一批基地。在专业实训基地的基础上,建设一批校企合作、社区与学校、校际及学校层面等领域的职业健康与安全教育基地。

总之,社会的进步、学校的发展、企业的壮大都离不开职业健康与安全教育。职业健康与安全教育是一个系统工程,需要政府、教育、安全、行(企)业等部门全员参与、通力合作、整体推进。规范、全面地普及与推广职业健康与安全教育工作应当成为职业学校的基础工作,这也是我国职业教育逐步步入内涵发展的轨道,构建以人为本的和谐社会治国方略的重要体现。

2.3 职业院校实习生职业健康与安全现状调查研究

就当前我国职场环境而言,劳动者的健康与安全存在着极大的隐患,在职业教育中推行职业健康与安全教育已刻不容缓。实习阶段是职业健康与安全教育的重要时期,也是问题存在高发的阶段。关注职业学校学生实习期的健康与安全现状,对学生和企业展开职业健康安全的现状和需求调研,有利于针对性地改进这一阶段的职业健康与安全教育。

一 实习期学生的职业健康与安全现状调查数据分析

调查研究发放《职业健康与安全现状调查》学生问卷和企业问卷,调查对象为江苏省南京工程高等职业学校 09、10 级各专业实习学生,专业涵盖了电子、旅游等方向,调查同时面向校企合作单位。

1. 安全管理和培训

据调查,对于"是否有专职的 EHS(职业健康与安全)管理部门和人员""是否制定程序对工伤事故进行报告和管理""是否有职业病防治计划和实施方案""是否为雇员建立职业健康监护档案"等问题,超过 80% 的企业回答"有"。而学生问卷中显示,85% 的实习生接受了企业的职业健康安全岗前培训;90% 的学生得到了企业提供的岗前体检;但对于"企业有没有职业健康安全相关部门""企业有没有建立健康监护档案",分别有 60% 和 55% 的学生回答"不清楚"或"没有"。

2. 职业危害因素

企业问卷中,对"环境和管理"调查分析中的对于"工艺流程中是否有有毒有害气体或粉尘产生",70% 的企业承认"有";对"是否定期对所在车间空气进行职业健康卫生监测""是否有岗前和岗位职业健康安全培训",80% 以上的企业回答"有"。学生问卷中,"是否了解岗位职业危害因素"上,仍有 25% 的学生选择不太清楚;在"最担心的职业危害"这一项中,依次是"心理状态不适应""生产环境有害因素""生产工艺中有害因素""工作制度不合理";在"是否了解岗位可能出现的职业病"一项中,45% 的学生选择不太清楚;对于"可能出现的职业病",选择依次为噪音耳聋、尘肺病、高温中暑、职业中毒。

3. 生产隐患和应急

学生问卷中,在"是否知道生产中存在的事故隐患"调查中,75% 的实习生能初步了解生产中的事故隐患;在"事故类型"调查中,按比例依次是机械事故、火灾、电力事故、运输;在

"事故紧急应对和保护"这一项,83%的实习生选择"知道",仍有 17%的回答"不知道"或"没考虑";在"企业是否组织过逃生演习"一项中,35%的实习生选择"从来没有",43%的实习生选择"偶尔"。企业问卷中,全年重大工伤事故发生率虽仅有 12.5%,但多数企业承认 5 年内发生过事故。"紧急预案"调查分析得出,所有公司都有事故响应机制,并定期进行演习,六成公司参与演习人数覆盖到全体成员。

4. 防护措施

学生问卷中,在"工作过程中有无防护措施""有没有设置警示标志"两项中得知,仍有 32%的企业没有提供防护措施,22%的企业未设置有毒有害警示标志。企业问卷中,在培训和设施方面,对于"是否配置了劳动防护用具",100%的企业回答"有",种类包括手套、口罩、眼罩、工作帽等多类,其中手套和口罩占多数;在"是否有特种设备"一项中,87%的企业回答"有",种类包括电梯、叉车、压力容器等。对"特殊岗位作业人员是否接受了岗前的培训并持证上岗",87%的企业回答"是"。

5. 健康权益

在"加班情况"调查中,只有 39%的学生回答"不加班",23%的学生需要"加班 1～2 小时",38%的学生甚至需要"经常加班 2 小时以上";在"能否正常享受节假日"调查中,仅有 60%的学生回答"正常享受",37%的学生回答"很少有节假日"或"节假日不多",3%的学生回答"基本没有节假日"。

6. 培训现状和需求

学生问卷中,80%的学生接受过实习前校内职业健康安全教育培训;在"实习前职业健康安全教育方式"上,调查结果按照比例依次是实践演习、专门课程、专家讲座、主题班会。

在"企业讲座的期望内容"方面,学生希望知道如何辨识和消除岗位上的危害和隐患,预防事故和职业病的发生;在"培训的形式和内容"方面,实习学生期望企业安全专业人员(EHS)进行课程、讲座或者实践的形式,通过具体、生动的案例、实例来讲解。

企业问卷中,企业体现出与学校在健康安全方面积极的合作意愿,已有 50% 的企业已经建立起这方面的合作与培训;在合作方式方面,企业的选择依次是实训指导、师资培训、专题讲座;在合作内容方面,依次是避险逃生、安全生产措施、职业病防护和防护用品佩戴;在合作需求方面,企业期望实习学生掌握健康安全技能,能辨识危害、熟练掌握安全操作程序和规程,注重学生的职业健康安全意识和素养的养成。

二　实习期学生职业健康与安全现状中存在的问题

1. 危害普遍存在,防护意识薄弱

通过调查,七成的公司承认工艺流程中存在有毒有害气体和粉尘,事故时有发生,尤其是火灾、电力事故和机械事故,这意味着在中职学生就业的专业岗位中职业健康危害因素普遍存在。但与此相对比,调查中显现出中职实习生职业健康与安全意识淡薄,缺乏职业健康与安全知识,半数学生不了解岗位中的职业危害因素和职业病,六成的学生不知道企业有相关的职业健康安全部门。相对于学生,企业在这个问题上安全意识责任较强。在校企合作单位中,有 75%的企业有专职的职业健康安全部门,八成的公司有工伤事故和职业病的管理和实施方案。

2. 疏忽安全义务,缺乏维权意识

调查发现,多数学生不清楚企业是否为其建立了健康档案,对企业在生产过程中未提供防护用品以及安排的不合理加班制度等损害其职业健康安全合法权益的行为,未能充分认识。调查说明,实习生没有理清职业健康与安全方面劳动者的权利和企业的责任,缺乏自觉的维权意识,也缺乏维权的手段。而企业也缺乏相应的监督,疏忽了作为企业有保障劳动者安全的责任与义务。

3. 实践技能欠缺,缺少演示实物

虽然学校重视职业健康安全教育,在部分实习班级开设过《职业健康与安全》课程(因此多数学生承认接受过校内培训),但是知识的获取不能完全取代技能的形成,调查显示实习学生因缺乏实践环节,还未能结合岗位或工种真正了解职业危害、辨识危险源,没有掌握消除或控制危害的措施等技能。也就是学生停留在书本"知"的层面,未能进入实践"用"的层面。例如正确佩戴口罩、规范使用灭火器,校内培训仅仅满足于记住"方法和步骤",由于缺乏实物,很少学生能正确地佩戴口罩或使用灭火器,缺乏客观辨识种类、冷静正确操作的能力。

4. 拥有合作意愿,缺乏合作制度

调查显示,学校和企业都意识到职业健康与安全教育的重要性,也分别开展了此项教育,但是教育过程孤立展开、缺乏合作,影响教育的实效性。值得欣慰的是,职业学校和企业意识到了问题,愿意展开积极合作,在内容和形式方面也存在着很多契合的地方。据调查,企业在职业健康安全教育中愿意承担相应的社会责任,当然责任的履行是建立在校企合作的基础上,而且责任边界不同(学校偏重于理论知识,企业偏重于实际经验)。在合作需求方面,企业期望实习学生掌握健康安全技能,能辨识危害、熟练掌握安全操作程序和规程;这与学生期望通过参加培训来辨识和消除危害和隐患的需求不谋而合。

但是这种合作却缺乏相应的制度保障,校企合作对企业的评价中没有对职业健康安全教育这项内容的评价,对于企业缺乏制度约束,单靠企业的自觉性还不足以保障实习生的该项教育的推进。

三 加强实习阶段学生职业健康安全教育的措施

实习作为职业教育人才培养的重要途径,也成为职业健康与安全教育的有效途径。要做好职校学生在实习过程中的健康安全保障工作,应从学校、企业的角度出发,分别从安全意识文化、知识和技能、管理机制、组织机构人员、过程检查及评价考核等方面出发,保证实习期安全健康目标的达成。

1. 增强健康意识,形成安全文化

职业健康与安全教育不是一种纯知识性的传授,而应将之融入学生的人生智慧、融入行业思维当中去,通过职业健康与安全教育来形成学生的职业思维和职业文化,让职业健康与安全意识融入学生的价值观当中,才能使之成为学生的一种习惯,一种条件反射。

职业健康与安全教育内含在企业安全文化之中。安全文化注重人的观念、道德、情感等深层次的人文因素,学校和企业应通过宣传、创建安全有序的氛围等手段,不断提高实习生的安全修养,改进其安全意识和行为。在实习前的实训教学中就模拟企业6S管理,引进企业的安全文化,从而使他们从管理制度的被动执行状态,转变成主动自觉地采取行动,把"要我安全"变为"我要安全"。加强学校安全文化建设,培养职业院校学生良好的安全意识和安全防范能力,对预防事故和自我保护具有重要的意义。

2. 结合专业岗位,掌握安全技能

职业健康与安全学习不仅仅满足于知识的获取,掌握职业健康与安全技能更为重要,要明确职业健康与安全技能是职业技能的重要组成部分。在实习前,学校应将职业健康与安全教育与学生的专业学习相结合。首先,应把职业健康与安全能力融入各专业人才培养方案和课程标准中,纳入职业能力体系中去;其次,要求各专业教师在教授专业技能的同时,指导学生将职业健康与安全技能在具体的职业和岗位上加以应用,把健康安全观念的培养以及具体的技能融合起来,从而发挥职业健康与安全教育的针对性和实效性。

在企业实习过程中,学生应结合专业或工种岗位,辨识安全隐患和危险源,消除安全隐患或者降低其危险性,自觉按照安全操作规程作业;了解实习企业避险逃生预案和安全设施,掌握个人防险避险方法。应活学活用职业健康安全知识和技能,不仅在实习中保护自己免受职业危害和安全事故伤害,也能有利于学习和日常生活中。

3. 加强校企合作,建立管理机制

调查发现,职业健康与安全教育的实施环境还不够理想,缺乏相应的管理机制。首先,学校和企业必须联合起来,共同制定有明确安全要求、实习内容翔实与客观考核公平严格的长效管理制度,通过制度来规范学生技术行为,提升学生安全素养,最终为学生走向职业岗位服务。这种管理制度是建立在校企深度合作基础上的,应共同完善顶岗实习教育引导、跟踪调查、监控防范、应急处理、考核评价等制度,包括制定翔实的实习大纲计划及管理制度,加深学生对安全生产的重要性的认识。其次,结合实习企业实际编写安全实习手册。学校和实习企业相互配合编写符合特定企业的安全实习手册,安全实习手册应包含各种安全管理规范、安全知识以及各种安全操作规程及事故的应急处理等。再次,结合企业实际,共同制定顶岗实习安全规程,校企双方共同参与实习全程管理,把安全事故消除在萌芽之中。

在实施过程中,校企应携手健全组织机构,明确人员和职责,进一步明确校外实习中班主任、实习指导教师、企业培训教师的职责边界与主次关系,相互配合做好学生的教育管理工作。

4. 做好过程管理,注重检查落实

加强对学生顶岗实习的全程管理,及时做好跟踪巡查与指导工作。由学校定期派出跟踪巡查小组、实习带队教师,对学生较为集中、安全管理有代表性的实习单位的学生实习安全情况进行跟踪巡查,了解学生的实习安全状况,联合企业安全培训人员,现场解决安全问题。在此基础上系统地归纳总结学生实习安全管理过程中的经验得失,从而确保管理质量。

在安全检查过程中,我们还要注意现场指导,实习指导教师与企业培训人员都有责任向学生现场讲解岗位的生产原理、设备名称、工艺流程、操作要点、参数指标和安全隐患等实际问题,让学生自己讨论和组织分析生产故障及应对措施等。在进行实践操作前,安全负责人应要求学生填写安全培训记录表,确认学生是否掌握规程。

5. 结合实习报告,完善考核评价

顶岗实习期间,我们要根据实习大纲的要求及时对学生安全工作进行客观公正的评价,建立完善的考核体系,要从出勤、态度、安全操作技能等方面对学生的安全工作进行考核评价。评价体系应包括老师评价、师傅评价、班组长评价、同学评价及学生自评等方面。我们要将学生实习安全工作作为最终评定学生实习成绩的重要依据。实习结束要求每个同学撰写实习报告,做好实习后的安全工作总结。

总之,职业学校实习生的健康与安全是学校和企业不可推卸的责任,让他们真正意识到健康安全的重要性,通过校企合作改变教育方式和形式,引导受教育者产生思想共鸣、激发内心动力达到良好的安全教育效果,实现职业健康与安全由被动到主动。

2.4 职业院校建筑专业类毕业生职业安全与职业健康现状与分析

职业安全健康（Occupational Safety and Health，OSH）一词，是国际通用的术语，它是指劳动者在职业劳动中人身安全和身心健康获得有效保障，从而避免因为职业劳动而导致人身安全与健康受到损害。

以江苏省235所职业学校中2014届、2015届建筑专业类毕业生的就业跟踪数据为基础，摘取其中与职业安全与职业健康相关的信息，从届次、省内区域、专业大类三个角度，对就业五险一金、劳保用品、安全教育与培训、职业病防治这四项指标进行分析，勾勒出毕业生职业安全与职业健康的现状，发现存在职业安全与职业健康整体水平较低、保障体系不稳定等问题。针对这些问题，提出"五位一体、协同推进"的应对策略，做到政府主导、行业协调、企业参与、院校主体实践、个人落实到位，凝心聚力，合力提高职业院校毕业生职业安全与职业健康整体水平。

一 调研背景

（一）现实之需要

人们常说"安全重于泰山""健康是最大的财富"，安全与健康对人生的意义不言而喻。安全与健康，是社会发展和个体幸福的重要基石。

当前我国正在建设和谐社会，建筑行业的安全健康已经成为人们关注的焦点。近年来，我国在建筑安全生产管理方面颁布了一系列的法律、法规、条例及安全技术标准，建立了一套较为完整的建筑安全管理组织体系；在建筑安全管理工作上已经取得了显著的成绩。全国很多省份发生较大以上建筑施工安全事故的起数和总死亡人数连续下降，但建筑行业的事故发生率仍居各行业的前几位。

更重要的是，建筑行业的职业病种类繁多且复杂，并且基本上涵盖了所有种类的职业病危害因素。施工工地上的环境多样化也导致了建筑行业职业病危害的多变性，而且目前建筑施工企业的职业健康安全管理普遍比较薄弱，缺乏基本的防护条件。

（二）教育之使命

随着以人为本理念不断深入人心，特别是现代人本管理的不断发展，职业安全与职业健康也成为所有职业活动的内在要求。政府和社会公众都期望职业院校在促进和保障职业安全与职业健康方面承担更多的责任。

职业院校是学生获取职业安全与健康知识、掌握专业技能操作规范、树立安全健康价值观的"第一课堂"，在职业安全与职业健康教育方面责无旁贷。由于职业院校建筑专业类学生就业后一般都在生产第一线，就业环境很复杂，相当一部分学生还会去建筑工地工作，工作环境更为严峻，职业院校所开展的职业健康与安全教育可以有效弥补企业安全教育的不足，帮助建筑类学生规避职业伤害，保障个人安全健康，促进企业发展与社会和谐。

学校通过培养人才实现其必须承担的社会责任，人才的培养不仅是知识与技能的培养，还包括诸如安全意识、自我管理、创新能力等职业核心能力的培养。职业安全与职业健康作为人生存的必备素养已经成为院校社会责任的基本内容，是学校教育之使命。值得注意的是，企业单位的职业安全与职业健康教育，以及学生的终身自我教育，应与学校教育并行不悖，合力而行。

（三）条件之具备

2010 年 8 月，教育部决定在全国部分中等职业院校开展职业健康与安全教育试点工作。同年 9 月，某省教育厅颁布了《某省职业院校开展职业健康与安全教育试点工作方案》，并在部分院校开展实践研究。

2014 年 9 月，由某省教育厅职业教育处组织、联合职业技术学院牵头、该省省会城市工程高等职业院校具体负责，历时一年开发了某省职业院校顶岗实习管理与毕业生就业跟踪服务网络平台。于 2015 年 9 月组织实施，截至 2016 年 3 月 1 日，采集了全省 241 所职业院校 2015 届、2015 届毕业生的就业跟踪数据，加以对比分析。

二 调研情况与分析

（一）建筑类毕业生就业五险一金情况统计分析

五险，是指用人单位给予劳动者的几种保障性待遇的合称，包括养老保险、医疗保险、失业保险、工伤保险和生育保险；一金，是指住房公积金。五险一金可以有效保障劳动者的合法权益，其中，五险属于社会保险的范畴。

2014 届和 2015 届建筑类毕业生就业有五险一金的人数比例整体水平偏低，2015 届相较于 2014 届毕业生有所下降。建筑类毕业生获得养老险、医疗险、失业险、工伤险的比例相对较高，说明用人单位已经认识到毕业生职业安全与职业健康的重要性。生育险和公积金则处于相对劣势地位，社会和企业对男性生育保险的认识不足，加上公积金可以由企业根据效益自行制定比例，是造成这一现象的重要原因。

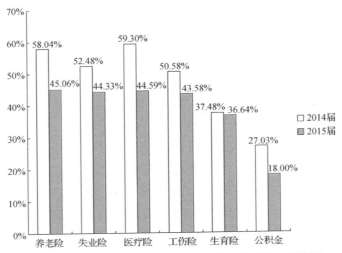

图 2.1　2014 届、2015 届建筑专业类毕业生五险一金比例

表 2.8　2014 届、2015 届建筑专业类毕业生五险一金详情

届	专业大类	就业人数	养老险		失业险		医疗险		工伤险		生育险		公积金	
			人数	占比	人数	占比	人数	占比	人数	占比	人数	占比	人数	占比
2014	建筑类	9 109	5 287	58.04%	4 780	52.48%	5 402	59.30%	4 607	50.58%	3 414	37.48%	2 462	27.03%
2015	建筑类	5 723	2 579	45.06%	2 537	44.33%	2 552	44.59%	2 494	43.58%	2 097	36.64%	1 030	18.00%

（二）建筑类毕业生就业劳保用品、安全教育与培训及职业病防治情况统计分析

综合 2014 年和 2015 年两年的数据，职业院校建筑类毕业生在就业劳保用品、安全教育与培训及职业病防治等三项指标上有所提升，但整体水平偏低，仅有 2015 届建筑专业类毕业生在安全教育与培训这一指标上突破 50％，职业院校毕业生职业安全与职业健康的完善任重道远。

企业一味追求经济利益，忽视新进员工职业安全与职业健康的短视行为，并不可取，对经济社会的长远发展更是隐患重重。

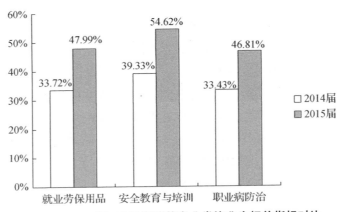

图 2.2　2014 届、2015 届建筑专业类毕业生相关指标对比

三 调研结果

通过对 2014 届和 2015 届某省职业院校建筑类毕业生职业安全与职业健康状况的数据统计,并进行对比分析,发现其职业安全与职业健康水平整体偏低。衡量毕业生职业安全与职业健康水平的四个指标,即五险一金、劳保用品、安全教育与培训和职业病防治均低于60%,尚未达到及格水平,仍然存在着很大的提升空间。

(1)五位一体,协同推进。职业安全与职业健康教育是一项系统工程,需要"政府主导、行业协调、企业主体、院校参与实践、个人落实到位"。只有各方凝心聚力,科学管理,才能真正确保职业安全与职业健康的实现。

(2)健全法律法规体系。目前,现行的法律法规主要体现在安全生产和职业卫生两个方面,例如《安全生产法》只是一部以保护生产安全为主的社会法律,虽然具有一般法的地位和特征,但很难有效地规范职业(劳动)安全卫生所涉及的广泛领域。政府需要出台专门的职业安全与职业健康法,突出职业安全与职业健康的法律地位,促进职业安全与职业健康合二为一,形成合力。

(3)政府主导,企业主体。政府部门要切实履行职业安全与职业健康的监管职责,落实企业主体责任,认真开展企业职业安全与职业健康管理,引导企业防患于未然,根除可能的事故原因。职业安全与职业健康管理是企业提高核心竞争力的重要手段,企业要从组织上和经费上给予落实与保障,对员工三级教育要到位,形成全方位、立体化的培训体系。切实提升职工职业安全与职业健康意识,提高企业安全健康风险预防能力,促进企业整体素质与效率的提高。

学校职业安全与职业健康教育势必先行。学校作为职业安全与职业健康教育的主体,有义务为学生搭建职业安全与职业健康学习服务平台。一方面要重视学生职业安全与职业健康基础知识、职业安全与职业健康意识、职业安全与职业健康技能、职业安全与职业健康心理、职业安全与职业健康应急能力等的培养,以提高学生职业安全与职业健康意识自我保护和应急能力。同时,也要基于行业的职业安全素质培养内容体系,在教学中开展行业相关专业方面的职业安全与职业健康知识、风险管理知识、行业相关的专业应急知识与技能训练,其中,分析与本行业相关的事故案例是提高学生职业安全意识的有效手段。

2.5 职业院校安全健康与环保专业设置调研报告

一 调研概况

1. 调研时间:2013 年 11 月 18 日—23 日
2. 调研对象:江苏＊＊卫防检测技术有限公司、南京＊＊安全环境科技服务有限公司、南京＊＊环境科技咨询有限公司、南京＊＊环保科技有限公司等企业。
3. 调研目的:企业安全健康与环保专业人才的需求情况、用人单位对人才培养规格要求以及毕业生需求等情况。
4. 调研方法:(1)个别访谈:主要采访外资、合资、国营、民营等各类典型企业的环保、安全负责人、领导干部和管理人员;包括评价咨询服务机构,主要通过现场访谈的形式。(2)集体座谈:进行多次专业调研座谈会,座谈对象主要为具体负责环保、安全的工程技术人员,环境监测服务人员、环境评价人员等。

二 调研结果

2012 年 8 月,《健康中国 2020 年战略研究报告》首次提出了"健康中国"这一重大战略思想。2013 年 10 月 29 日,《中共中央关于制定国民经济和社会发展第十三个五年规划的建议》将职业安全与职业健康上升到国家战略层面,首次纳入健康中国建设体系,由此可见党和政府对职业安全与职业健康工作的关心与重视。然而随着工业化、信息化、城镇化、市场化、国际化快速推进,各种变革调整速度之快、范围之广、影响之深前所未有,我国经济社会发展正面临严峻的公共安全形势,可以说,我国正处于安全健康与环保事件易发、频发、多发期,维护任务艰巨,各级政府、行业企业等急需大量的安全健康与环保专业人才。国家提倡、推行安全健康与环保,企业实施安全健康与环保政策,并越来越深刻地认识到必须保护员工的安全健康,提高资源的综合利用和减少环境的破坏以实现可持续发展。安全健康与环保管理能力逐渐成为企业在生产经营活动中的一种竞争优势。在此背景下,企业环境、健康和安全管理体系迅速发展,我国不少企业开始引入 EHS 管理体系以帮助企业走上安全环保的可持续发展道路,并设置相关岗位。

但是,随着我国经济的快速发展,企业对高效率、高效益的追求使得生产过程中存在诸多的不安全、不健康、污染环境的因素,工业生产中的环境保护与安全问题日益突出,安全事故、职业病伤害、环境污染事件屡屡发生,如松花江污染事件、广东北江镉污染事件、天津港"8.12"安全爆炸事故、张海超"开胸验肺"职业病危害事件等令人痛惜。越来越多的企业意识到只有将追求利润最大化的经营目标转化到以人为本、保全生命质量、重视资源的综合利用、降低污染物的排放、保护环境免遭破坏,才可以实现社会、经济、企业、环境保护协调发展。因此安全健康管理和环保管理成为企业管理的重要组成部分,企业急需建立专业化、职业化的环保安全健康管理队伍,队伍的建设需要一大批服务于生产第一线的、集安全健康与环境保护专业知识于一身的复合型专业人才,学校设立安全健康与环保专业正是根据社会及企业的用人需要,目标是培养出真正满足和适应市场经济需要和发展的高素质、技能型一线操作人员。由于安全健康与环保专业是一个新的交叉学科,中职校首次开展,因此其人才需求情况、培养目标、职业领域、人才培养规格、职业能力要求、课程结构、专业教学内容、职业资格认证体系、实训条件等,还有待建立、规范。这也是本次调研的目的与任务所在。

本次调研涉及外资、合资、国营、民营等各类典型企业和企业的环保、安全负责人员、安全工程技术人员、领导干部和管理人员,主要了解企业对安全健康与环保专业人才的需求情况,用人单位对人才培养规格要求以及行业发展现状和趋势等情况。听取他们对中职安全健康与环保专业人才的培养目标及其课程设置等方面的意见和建议。通过调查,为学校安全健康与环保专业确立具有特色的人才培养目标、创新人才培养模式、改革课程体系、调整优化师资队伍结构、改善实训实习条件、满足学生的职业生涯发展、更好促进学生就业提供依据。

三 调研情况与分析

(一)企业相关岗位设置情况分析

通过调研发现,我国一些外资企业、合资公司、国有大型企业、民营大型企业开展安全健康与环保工作相对较早,企业设有企业环境、健康和安全(即 Environment,Health and Safety,以下简称 EHS)管理部门综合管理,大部分企业组织结构特点表现为岗位设置较为综合和单一,安全、环保由 EHS 部门综合管理,没有根据不同的岗位安排不同的专业人员担任。少部分企业分工较细,在 EHS 部门统一管理下,不同的安全、职业卫生、环保岗位分别由不同的专业人员担任,比如安全工程师、环保工程师、污水处理工、废气处理工等,其安全、环保岗位分工较细,管理规范,都要求持证上岗。

而国内许多中小型企业未设立独立的安全、环保部门,安全、环保工作由部门各自负责,环境安全、职业卫生管理水平较低,急需设立 EHS 管理部门进行安全健康与环保的管理工作。

(二)从业人员基本状况分析

近几年来,广大企业主要通过学校招聘、社会招聘和自行培养的方式满足企业的用人需求。一部分从院校招聘安全类、环保类的学生,这部分学生大部分为本科生,小部分为大专学历,学历层次较高,但只具备专一技能,掌握的专业技能比较单一,招聘进企业后还需进一步培训。而企业大部分安全健康与环保从业人员由企业早期培养的操作员工和招收的社会上无相关专业背景的人员组成,经过突击式的培训即可上岗。一些企业要求相关从业人员持证上岗,而大部分企业的从业人员没有考取相关证书。由于不少是来自其他专业,相关专业科班出身的极少,缺乏系统的基础知识,整个专业基础较差,专业水平有限,工作素质和能力低下。目前从业人员的数量以及学历结构、知识结构等,都与飞速发展的经济建设格格不入,因而急需加强对安全健康与环保人才的培养,提高安全健康与环保人员的整体素质。

(三) 企业岗位要求分析

1. 安全健康与环保专业对应的基本要求

根据调研,企业对毕业生学历要求以中职和专科为主,其次为本科,企业需求最少的为研究生。企业需要一大批服务于生产第一线的、掌握安全健康与环保专业知识技能的高素质技能型专业人才,主要偏重于对技能和实践的要求,因此大部分企业也不太关注所招聘人员的工作经历。

企业普遍认为中职毕业生专业应用能力基本适应企业岗位要求,专业技能基本符合岗位标准,具有较高的操作应用技能。此外,中职生同企业员工的协同工作能力强,在工作中的表达能力强。企业对中职毕业生专业学习能力的评价较高,认为中职生学习新技术、掌握新知识的能力较快,动手能力强,学习态度积极,适应能力、自学能力好。

2. 安全健康与环保专业对应的能力要求分析

根据调研,企业环境与安全管理专业对应的岗位有 EHS 经理、EHS 主任、安全工程师、安全员、环保工程师、环保员、职业卫生管理工程师、职业卫生管理员、污水处理工、废气处理工等,各岗位所需要的能力、知识要求见表 2.9。

表 2.9　岗位能力知识要求表

岗位	能力要求			知识要求						
EHS 经理/主任/工程师	语言(普通话、英语)沟通能力	电脑能力	项目管理能力	机械电子能源工程基础知识	环保、安全职业卫生管理知识	法律法规知识	环境工程知识	安全知识	职业健康基本知识
安全工程师(员)	安全管理能力	应急处理能力		安全生产和安全防护基础知识	ISO 14000\OHSAS 18000知识	危险化学品、特种设备、消防、电器安全知识	安全知识	安全基本知识	环境工程知识
职业卫生管理工程师(员)	职业卫生管理能力	应急处理能力	台账档案管理能力	职业病危害因素的识别和防治基础知识	职业管理台账建立的知识	劳动法、职业卫生法、应急救援	预防医学知识	劳保用品配置,职业卫生防护设施知识	职业健康监护知识
环保工程师(员)	"三废"处理能力	监测能力		"三废"处理知识	环境监测知识	给排水知识	环境工程知识	职业安全知识	
污水处理工	污水处理设备运营能力	污水化验能力		污水处理知识	污水监测知识		环境工程知识	职业安全知识	

3. 安全健康与环保专业对应的职业资格证书分析

根据调研,企业要求从业人员具备相关的职业资格证书,安全健康与环保专业对应的职业资格证书主要包括安全职业资格证书,如注册安全工程师和环保技能证书如 ISO 14001 和 OHSAS 18001 内审员证、初级污水处理工证、污水化验工证、注册环保工程师、注册环评工程师等。其中 ISO 14001 和 OHSAS 18001 内审员证、初级污水处理工证、污水化验工证等在校学生可在毕业前通过培训考核获得。

（四）安全健康与环保专业设置必要性分析

1. 专业设置的社会行业背景

通过调研发现,我国一些外资企业、合资公司和国有大型企业开展安全健康与环保工作相对较早,部分企业设有 EHS 部门综合管理,由 EHS 经理负责,不同的安全、环保岗位分别由不同的专业人员担任,比如安全工程师、环保工程师、污水处理工、废气处理工等,而国内许多中小型企业未设立安全、环保部门,环境安全管理水平较低,急需设立 EHS 管理部门进行安全健康与环保的管理工作。企业中的 EHS 管理部门需要集环境保护与安全健康专业知识于一身的复合型专业人才,目前,广大企业对安全健康与环保专业这一复合型人才的需求非常旺盛。该专业岗位群的企业资源非常丰富,就业势头良好。

2. 专业设置的教育行业背景

目前,我国不少院校设有环保类和安全类专业,而且大多数是本科院校开设,主要培养目标为研究型、管理型的专门人才,暂没有院校开展安全健康和环保复合型专业人才的培养,这使得同时具备环保知识和安全健康知识的应用型人才,尤其是一线操作人员出现紧缺。与安全健康与环保专业相关的专业人才培养情况分析如下:

（1）安全类专业

安全类专业在我国是一个刚刚兴起、渐受重视的专业。2004 年,我国开办安全工程本科专业并在教育部备案的高校有 68 所,其中大多数高校的安全工程专业是新开办的,在专业方向上大部分是从矿业安全专业转变而来,而现代企业的安全更加注重消防安全和危险化学品、设备等各类安全问题。在专业培养层次上,我国现有安全专业主要是本科、硕士、博士层次的人才培养,而面向中职层次的人才培养相对缺少,中职学校很少开设安全工程类专业。

（2）环保类专业

我国高等学校从 1977 年开始设立了工科环境类本科专业,经过多年的发展,全国高校中开设有环保技术类专业的本科院校接近 300 所,专科学校和职业技术学院所开展的环保专业亦不下百所,形成了从中专、大专到本科、硕士、博士阶段的多层次人才培养的格局。目前,虽然有的院校在专业方向上有所侧重,但该专业的设置普遍集中在污染治理和环境监测两个方向,侧重培养应用技术型的人才。但是,广大企业需要针对企业环境管理方向设置的工业环保人才,而目前各院校中能够满足企业需求的相关环保专业则较少,不能满足企业对这类环保技术与管理复合应用型人才的需求。

（3）安全健康类专业

随着职业健康和安全管理体系(OHSMS)认证的开展,企业越来越重视员工的职业健康与安全,人们对于安全、健康、环保的追求也与日俱增。目前,很多高等学校、专科学校和中职校开设了职业健康与职业安全的相关课程,但都没有设立专门的职业健康与安全专业,而是融入各个专业学科的教学计划之中,致使目前的职业健康和安全管理人才大都是通过短暂的课程学习和突击式的社会培训的化工、地质、建筑、安全、环保专业的人员,缺乏专业化和系统化的防护和职业健康安全知识。

（4）工业环保与安全技术专业

近几年，工业环保与安全技术专业在大专类、中职类学校中刚刚兴起，目的是培养能基本掌握工业环保与安全技术专业理论知识、具有安全工程和环境保护方面综合应用能力的人才，主要针对企业各类安全问题，如消防安全和危险化学品、设备等和环保问题进行人才培养，没有涉及健康方面的培养。而据国际劳工组织初步估算，全世界每年死于工伤事故和职业病危害的人数超过 120 万人，其中约 25% 死于职业病。职业病的危害不但威胁着劳动者的生命健康，还给国民经济造成巨大损失，各类企业都需要职业健康管理人才，而工业环保与安全技术专业不能满足企业对职业健康管理人才的需求。

由上可知，目前我国暂没有院校开展安全健康和环保复合型专业人才的培养，具备环保知识和安全健康知识的应用型人才尤其是一线操作人员出现紧缺。而学校设立安全健康与环保专业正是根据社会及企业的用人需要，培养出真正满足和适应市场经济需要和发展的高素质、技能型的一线操作人员。

3. 专业设置意义

通过调研发现，企业对安全健康与环保专业这一新兴复合型人才的需求旺盛，但是目前在全国从事环境与安全管理的专职人员缺乏，安全员学历和工作素质不高导致安全事故、环境污染事件频频发生，此类人才的培养缺口很大，远远不能满足企业对该类人才的需求。因此，要加快该专业的建设。

学校发挥学校办学优势，结合以往开设环境类、职业健康与职业安全相关课程的专业基础，开设安全健康与环保专业将对促进社会经济与工业的持续发展、中职学校专业建设机制创新及本校职业教育改革与发展产生重要意义。

（1）促进社会经济与工业企业持续发展

近年，国家建立推行 EHS 管理体系，目的是保护环境，改进工作场所的健康性和安全性，改善劳动条件，维护员工的合法利益。它的推行和实施，对增强企业的凝聚力、完善企业的内部管理，提升企业形象，创造更好的经济效益和社会效益，最终实现企业的可持续发展起到很大的推动作用。环境保护、职业健康安全与经济社会将实现更高层次的融合、发展。这种融合必将带来安全健康、环保等相关产业的快速发展，进而拉动这些产业的建设、服务、管理领域对一线高级应用型技能型人才的需求。社会经济和工业企业要实现持续发展，必将更重视环保与安全健康问题，也产生了巨大的人才需求。在这样的背景下，我们发展安全健康与环保专业可以满足市场对人才的需求，使本专业职业教育与国际接轨、与企业无缝对接，为广大工矿企业输送安全健康与环保复合型专业技术人才，有效促进工业企业持续发展能力并提升产业综合竞争实力，进而促进社会经济持续发展。

（2）指导、示范同类学校专业设置

近年来职业教育在蓬勃发展的同时，也出现了许多亟待解决的共性问题，如专业定位不准确、教学内容与市场需求脱节、缺乏职业特色、课程体系不完善、不重视实践教学环节、师资队伍整体素质不适应中职教育要求、产学研合作长效机制不健全等。学校开设安全健康与环保专业，将加快人才培养模式改革，紧贴产业发展需求开展校企深度融合，形成"校企合作，工学结合"的人才培养模式，从技术领域和职业岗位分析入手，以培养"企业环境与安全健康管理"能力为主线，立足工业发展，联合企业，进行企业安全健康与环保紧缺人才的多种形式培养,建立环境健康安全管理培训教学、职业技能鉴定基地。建设独具职业特色的专业课程和师资队伍,提高办学水平和人才培养质量,整体提升专业发展水平和服务能力,推动高等职业教育创新机制,对指导、示范中职校专业建设与同类专业发展具有普适性的意义。

（3）带动学校特色专业建设

学校根据社会经济发展的人才需求灵活设置特色专业,开展订单式培养,具有先进性和独创性。学校开设安全健康与环保专业以打造江苏省特色专业为目的,以专业建设统领内涵建设,以特色专业彰显学校特色,以办学特色打造学校品牌。安全健康与环保专业的建设必将催生本校安全健康与环境专业群的建设,推进学校地质、建筑等相关专业全面的持续发展,在学校专业建设中起到引领、带动和辐射作用。

（五）安全健康与环保专业设置可行性分析

1. 学校办学基础

江苏省南京工程高等职业学校是省教育厅直属的高等职业学校,现有地质工程系、建筑工程系、电子工程系、信息工程系、商务管理系等5个系19个专业及专业方向,职业健康与职业安全是学校所有专业学生必修的一门专业基础课程,职业健康与安全防护是针对即将实习的四年级学生开设的独具特色的课程。学校同时拥有《职业健康与职业安全》省级精品课程、《职业健康与职业安全》省级课题,2012年高校哲学社会科学研究基金资助项目"江苏职业院校职业安全健康机制实践研究"等研究成果,相关专业丰富的教学实践经验能为安全健康与环保专业的开设获得大量专业建设的成功经验。

学校立足行业显优势,积极创新校企合作模式。先后与江苏省地质矿产勘查局、南京建工集团等中外知名企事业单位紧密合作,在教材建设、课程置换、师资培养、实习就业等领域发挥校企双方优势,从而真正实现企业对人才的要求与学校培养目标的无缝链接,为安全健康与环保这一新专业的开设打下了校企合作和人才培养的坚实基础。

2. 实验实训建设情况

本专业现已建成三个校内实训工场:（1）安全健康实训室,建筑面积100平方米,拥有各类防毒面罩、各类灭火设备、各类防护服装、各类急救设备等,可满足学生安全与健康防护实训需求;（2）企业环境安全管理实训室,建筑面积100平方米,配备50台计算机,可供学生进行环境、安全管理文件、报表编写及环境、安全统计实训;（3）企业审核体系实训室,建筑面积100平方米,配备50台计算机,可供学生进行企业清洁生产审核、ISO 14000 & ISO 9000 & OHSARS 18000三标体系审核实训。另外三个校企实训基地正在建立,有待完善:（1）分析化学实验室,配备医用型超净工作台,分析化学实验仪器、试剂,供学生进行分析化学的实验;（2）环境监测实训室,提供各类监测仪器如大气采样器、烟尘采样仪、分光光度计、声级计、电导仪等,供学生进行环境应急监测实训、环境污染风险应急监测设备使用;（3）环境治理实训室,提供各类治理仪器,满足学生在环境应急处理实训,包括污废水治理、固体废物、废气治理、噪声治理中使用。

同时本专业图书资源丰富,各种安全、健康、环保类杂志及书籍齐全,专业网络资源丰富,完全能够满足专业开设的要求。

3. 校企合作情况

学校现有的校企合作单位众多,且与多家工矿企业建立了联系,成立校外实训基地,为学生开展企业参观、实习实训创造有利条件。目前正在与南京、扬州、昆山、镇江、合肥、芜湖等省内外周边地区的工矿、环保、安全行业单位积极联系建立专业人才培养与实训基地。校企合作形式主要为：学生到企业见习、实习，企业技师来校担任兼职教师、行业专家来校开设讲座等。

4. 师资队伍情况

专业拥有一支高学历、年轻化的高素质教学和科研队伍，共有教师 16 人，其中专任教师 12 人，企业兼职教师 4 人。专任教师中，具高级职称的教师 4 人，具硕士学位的教师 4 人，"双师"素质教师 5 人。兼职教师主要来自工矿企业的 EHS 管理人员。本专业于 2012 年 11 月成立安全健康与环保指导委员会，聘请专业指导委员会的部分企业委员为本专业兼职教师。本专业教师整体实力较高、团结敬业、朝气蓬勃、潜力巨大，具有极强的凝聚力和战斗力。

在未来五年中，师资队伍建设将进一步规划完善。学校将逐步引进 3 位安全类、环保类专业的研究生或企业高级人才以充实安全健康与环保专业的教师队伍。另外，还计划在企业聘请 4 位实习指导教师为安全健康与环保专业的实践教学提供保障，在引进人才的同时，加强对已有教师的培训与提升，推进双师队伍建设。

四　调研结论

根据调研，学校开设安全健康与环保专业是符合现代企业用人需求的，安全健康与环保专业设置具有必要性和可行性。专业培养目标设定为：面向企业环境安全和职业健康管理（EHS）部门以及各级环保部门，培养德智体美全面发展，具有与本专业领域相适应的文化水平和良好的职业道德，掌握必备的专业知识、熟练的职业技能，从事生产（管理）一线的环境与安全监察、企业环境保护、安全和职业健康管理、监测分析、施工现场环境监理、企业环境安全健康认证咨询、工艺设计和技术改造等基础工作，具备较强的基层环境安全管理能力，掌握安全健康与环保专业知识技能的高素质技能型专业人才。

根据调研中所了解的企业关于 EHS 人才知识能力结构的需求，确定本专业方向的课程模式为"理论教学与实训实验结合"的模式。课程结构包括理论课程和实训课程。主要理论课程有：《英语》《计算机应用》《Auto CAD》《电工学》《化学及分析化学》《环保概论》《EHS 法律法规》《环境监察管理》《ISO 14000 与企业环境管理》《OHSARS 18000 与职业健康安全管理体系》《职业卫生评价与检测》《职业健康与职业安全》《职业安全与健康防护》《化工安全生产技术》《环境监测》《环境工程》《安全工程学》《能源工程》《清洁生产》《环境污染应急处理技术》《常见污染防治技术》等。主要实训课包括：污染应急处理技术、职业安全与健康防护技术、安全检测、水体监测、大气监测、噪声监测、工业污染治理技术、Auto CAD 制图等。

2.6 职业院校应急管理人才培养需求及其现状的调查分析

一 调研背景

目前,全球正处于风险社会阶段,各类突发事件发生率高、破坏力大、影响力强,应急管理工作受到各国政府的重视。为加强应急管理工作,我国 2004 年印发《省(区、市)人民政府突发公共事件总体应急预案框架指南》,2006 年颁布了《关于全面加强应急管理工作的意见》,2018 年为提升国家应急管理能力,组建了应急管理部。有效的应急管理建立在专业的应急管理队伍的基础上,2004 年,教育部批准开设我国第一个公共安全应急管理本科专业,2007 年出台的《中华人民共和国突发事件应对办法》鼓励和扶持教学科研机构培养应急管理专门人才,《国家综合防灾减灾规划(2011-2015 年)》亦提出加强防灾减灾人才和专业队伍建设。

尽管应急管理领域的热度持续增加,大型传染病等突发事件仍然对当前的应急管理工作提出了挑战,应急管理人才的数量和质量仍无法满足实际需求,培养满足社会需要的应急管理专业人才,是高风险社会应急管理的迫切需要。2020 年 3 月,教育部学校规划建设发展中心公布的应急管理学院建设中,全国 19 所高校入选,建立科学的应急管理人才培养体系是入选院校的建设难点。这里通过调查用人单位对应急管理人才的学历、专业方向、素质、技能和能力等方面的期望和需求,探讨应急管理专业人才的培养方式,旨在为应急管理专业人才培养规划的制定提供参考,推动我国应急管理队伍素质和整体应急管理能力的提升。

二 调研对象与方法

(一)研究对象

于 2020 年 3 月采用方便抽样的方法,通过微信朋友圈发放问卷星电子问卷进行线上调查。纳入对象为来自用人单位且自愿参与的单位法人、单位高管或部门主管等领导层员工以及普通员工,用人单位类型未做限定。所有调查对象均已征得知情同意。

(二)研究内容

采用自行设计的《应急管理人才需求与培养调查问卷》作为调查工具,通过问卷星电子问卷进行线上调查。主要调查内容包括调查对象的基本信息(性别、年龄、学历、职称、职务、工龄等);用人单位基本情况(单位性质、单位规模等);应急管理人员现状及需求(调查对象所在单位的应急管理人员现有数量及实际需求、对应急管理人员的学历和职业资格方向的期望等);应急管理人员所需的专业素质、技能和能力等。应急管理人员应具备的能力和素质中,每项设定 5 个选项:"极低""较低""一般""较高""极高",分别赋分为 1～5 分。

(三)质量控制

问卷设计中通过设定数值范围及特定值跳转等进行数据逻辑检验,以便后期剔除不合格的问卷;问卷中对受试者详细说明本研究的目的与意义,并对问卷内容及注意事项进行解释说明,要求受试者按要求如实填写;问卷收回后,调查员进行复核,剔除重复、逻辑错误等不合格的问卷数据,保证所回收数据的完整性和真实性。

(四)统计学分析

采用问卷星电子问卷进行调查,使用 SPSS 21.0 软件进行分析,计数资料采用频数(百分比)进行描述,计量资料采用均数±标准差表示,采用 Excel 2019 绘制应急管理人员应具备的能力、素质和技能图。

三 调研情况与分析

(一)调查对象基本情况

共 631 名研究对象完成有效问卷调查。调查的 631 名研究对象来自全国 28 个省市的 470 余家用人单位,其中,男性占 69.10%,年龄为 30 岁以上的占 86.05%,学历为本科及以上占 81.14%,职称为中级以上的占 74.33%,工龄 10 年以上的占 72.90%,约 59.59%为单位法人、单位高管或部门主管,40.41%为普通员工。基本情况见表 2.10。

表 2.10 调查对象基本情况(N=631)

性别	N	%
男	436	69.10
女	195	30.90
年龄		
30 岁及以下	88	13.95
31～40 岁	163	25.83
41～50 岁	246	38.99
51～60 岁	119	18.86
61 岁及以上	15	2.38
学历		
硕士及以上	229	36.29
本科	283	44.85

性别	N	%
大专	91	14.42
中职	16	2.54
普通高中及以下	12	1.90
职称		
高级	292	46.28
中级	177	28.05
初级	73	11.57
其他	89	14.10
职务		
单位法人	54	8.56
单位高管	106	16.80
部门主管	216	34.23
普通员工	255	40.41
工龄		
5 年及以下	91	14.42
6~10 年	80	12.68
11~20 年	166	26.31
21 年及以上	294	46.59

（二）调查对象所属用人单位基本情况

调查对象所属用人单位性质以事业单位（50.87%）、民营企业（17.59%）和国有企业（11.25%）为主，其他主要包括股份制企业、行政职能部门、外资企业和国有控股企业等。用人单位规模中，超过 100 人的占 66.25%（101~300 人的占 13.63%；301~500 人的占 17.75%；501~1 000 人的占 8.72%；1 001 人及以上的占 26.15%）。7.61%的单位无从事应急管理工作的员工。在有应急管理员工的单位中，29.85%的单位员工工作性质为专职，41.34%为专兼结合，28.82%为兼职。69.41%的调查对象认为所在单位需要应急管理人才，9.98%认为不需要。不需要的主要原因包括：单位经费不足；没有国家或上级单位统一要求，难以配置相应岗位或编制；专业人才较少等。见表 2.11。

表 2.11　调查对象所属用人单位基本情况（N＝631）

单位性质	N	%
事业单位	321	50.87
民营企业	111	17.59
国有企业	71	11.25

单位性质	N	%
股份制企业	42	6.66
行政职能部门	14	2.22
外资企业	12	1.9
国有控股企业	11	1.74
政府机关	8	1.27
集体企业	8	1.27
中外合资	6	0.95
其他	27	4.28
单位规模		
10 人及以下	30	4.75
11~50 人	106	16.8
51~100 人	77	12.2
101~300 人	86	13.63
301~500 人	112	17.75
501~1 000 人	55	8.72
1 001 人及以上	165	26.15
应急管理员工数量		
0 人	48	7.61
1~3 人	139	22.03
4~6 人	80	12.68
7~8 人	31	4.91
9 人以上	233	36.93
不清楚	100	15.85
应急管理员工性质[a]		
专职	174	29.85
兼职	168	28.82
专兼结合	241	41.34
是否需要应急管理人才		
是	438	69.41
否	63	9.98
不清楚	130	20.6

注:a 此项仅调查所在单位有应急管理员工的调查对象,即回答此题目的总人数为 583 人;"专兼结合" 是指单位内应急管理员工由专职员工和兼职员工共同组成。

（三）用人单位对应急管理人员的期望和需求

48.94％的调查对象对应急管理人才的学历期望是本科生，27.29％是大专。应急管理与减灾技术专业职业资格（技能）方向，选择人数最多的是"消防设施操作员"（64.03％），其次为"应急救护员"（51.51％），其他还包括"安全员""灾害信息员""应急救援员"等。期望的应急管理人才来源中，82.41％希望选择来自办学资质较好的专业院校培养的学生，59.75％希望通过社会招聘方式选择有相关工作经验的人才。见表2.12。

表 2.12　对应急管理人员的期望和需求（N＝631）

应急管理人才学历水平期望[b]	N	%
研究生及以上	110	19.37
本科	278	48.94
大专	155	27.29
中专技校	9	1.58
普通高中	2	0.35
初中及以下	14	2.46
应急管理与减灾技术专业职业资格方向期望[c]		
消防设施操作员	404	64.03
应急救护员	325	51.51
安全员	300	47.54
灾害信息员	282	44.69
应急救援员	279	44.22
紧急救护员	138	21.87
地质调查员	56	8.87
应急管理人才来源期望[c]		
办学资质较好的专业院校	520	82.41
社会招聘（有相关工作经验）	377	59.75

注：b　此项排除所在单位不需要应急管理人才的调查对象，即回答此题目的总人数为568人；c　多选题。

（四）应急管理人员应具备的能力、素质和技能

应急管理人员应具备的能力得分中，外语应用能力和文字写作能力得分较低，分别为3.4和3.7，其他15项能力得分均在3.8分以上。责任意识能力得分最高（4.1），其次为实践操作能力（4.0）和团队合作能力（4.0）。见图2.3。

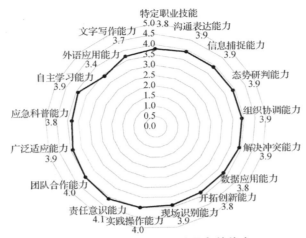

图 2.3　应急管理人才应具备的能力

应急管理人员应具备的素质得分中,审美素质(3.6)、创新素质(3.8)和工程素质(3.9)得分低于 4 分,其他素质选项得分均在 4 分及以上,包括身体素质、政治素质、心理素质、思想素质、业务素质和道德素质。见图 2.4。

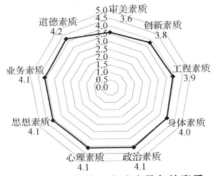

图 2.4　应急管理人才应具备的素质

应急管理人员应掌握的技能中,消防安全管理(79.75%)、职业健康与安全(72.36%)、灾害信息管理(61.80%)、应急救护技术(59.33%)、防灾减灾技术(52.99%)的比例均在 50% 以上。见图 2.5。

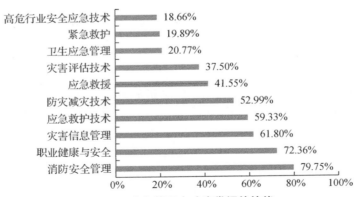

图 2.5　应急管理人才应掌握的技能

四 调研结论

1. 用人单位专职应急管理人员缺口较大

本次研究结果显示，用人单位现有应急管理员工数量普遍不能满足其实际需求，7.61%的单位目前没有从事应急管理与减灾技术的员工，69.41%的单位仍需要应急管理人才，有应急管理与减灾技术员工的单位中，仅29.85%工作性质为专职。这可能与应急管理人才的教育培养体系欠缺有关。尽管2007年《中华人民共和国突发事件应对法》明确提出，国家鼓励、扶持具备相应条件的教学科研机构培养应急管理专门人才，但目前我国拥有专业背景的应急安全方面人员只占到了三分之一，2020年全国安全监管队伍缺口达43万人，灾害防治、消防工程、应急救援等领域人才严重不足，而本研究结果显示，消防安全管理、灾害信息管理、防灾减灾、应急救护等均为用人单位最需要的专业方向。仍有9.98%的调查对象认为单位不需要应急管理人员，主要原因除应急管理专业人才较少外，还包括经费问题、岗位或编制配置问题，另外，单位的性质、规模、是否已有"应急管理岗"等因素也可能影响对应急管理人才数量上的需求，期望应急管理人才具备的特质也可能不同。

建议应急管理人才的培养立足于社会需求，加大培养数量，提高培养质量，并根据用人单位的实际情况，针对性地满足其应急管理人才需求。对于配备应急管理人员存在的障碍，一方面建议用人单位增强其应急管理意识，增加其对应急管理的投入；另一方面，政府协调应急管理相关部门及各方力量，通过设定应急管理岗位和编制、配备统一标准等方式，解决岗位或编制配置障碍。

2. 专业院校应急管理人才培养尚不能满足用人单位的需求

本次研究结果亦显示，用人单位更偏好专业院校培养的学生，占82.41%的期望选择办学资质较好专业院校的学生，占76.23%的倾向于本科生和大专生，但专业院校应急管理人才教育仍存在不足。目前高职高专院校中，应急管理类专业不受学生欢迎，消防指挥专业暂无在校生，防灾减灾专业和应急救援专业学生比例极低；本科教育中，2004年河南理工大学开设了我国第一个公共安全应急管理本科专业，但并未将应急管理专业纳入本科专业目录；国内开设应急管理相关本科专业的院校仅7所，而美国2012年设置应急管理专业的高校已高达257所。2020年教育部公布在19所高校增设应急管理学院，但由于受到家庭认知、社会认可度，以及就业时只能按公共事业管理等挂靠专业报考，生源质量并没有得到完全保证。

建议在教育部学科专业目录中设置应急管理相关一级学科，将应急管理学科独立出来，统一学科建设。其次，增加院校开设应急管理相关本科专业，以扩大高素质的应急管理人才队伍。最后，政府相关部门做主导，充分给予从事应急管理工作的人员政策倾斜，做好高校应急管理人才培养体系建设以及社会化应急保障机制建设等工作，保证其就业率。

3. 实践能力是应急管理人才培养的关键所在

本次研究结果显示，用人单位期望应急管理专业人才需具备的能力得分总体较高，其中多项为实践相关能力，包括数据应用能力、应急科普能力、解决冲突能力等。应急管理人员应掌握的技能中，消防安全管理、灾害信息管理、应急救护技术、防灾减灾技术等选择较多的选项也均偏向实践方面，说明用人单位对应急管理人才的实践技能要求非常高。

因此,在理论知识培养的基础上,建议加强校内外实践教学基地建设,培养实战能力。学校、应急管理部门和用人单位之间可建立协作体系,一方面,应急管理部门和用人单位可根据实际需求对学校的应急管理人才培养提出建议和要求,实现订单式在校培养;另一方面,学生可在用人单位进行实习和实战操作,用人单位予以配合,并可选择有留用意向的学生进行特定岗位的实践和培养,实现订单式岗位实践培养。此外,还可通过阶段考核和颁发相应资格证书的方式,保障应急管理队伍的高素质和应急管理人员职业的稳定性。

4. 应急管理人员的综合素质亟需重视和提高

本次研究结果显示,用人单位期望应急管理人才应该具备的素质得分总体较高,特别是职业道德素质、心理素质、政治素质等。然而,多年的应急管理实践发现,我国应急管理人才队伍素质参差不齐,现阶段我国应急管理人员不但专业能力较为缺乏,而且应急管理素质仍有待加强。而应急管理人员素质的高低,直接关系到处置突发事件的速度、应急处置的效果,甚至社会的安全稳定。

因此,建议重视和加强对应急管理人员综合素质的培训,应急管理人员应自觉提高自身思想素质、道德素质和业务素质,以提高自身的职业竞争力;另外,应急管理人员还需增强心理素质,具备一定的突发事件抗压能力和适应力,减少心理安全问题的发生。

综上所述,当前专业院校对应急管理人才的培养不能满足用人单位的需求,应急管理人员缺口较大,需根据用人单位的实际需求,加强应急管理人员教育,提高应急管理人员的综合素质,注重应急管理人员实践能力的培养。

第三章

职业院校安全应急教育与专业创新发展实施方案研究

3.1 职业院校安全应急教育实施方案设计

一 指导思想

为贯彻落实《国家中长期教育改革和发展规划纲要(2010—2020 年)》,根据教育部《关于在部分中等职业学校开展职业健康与安全教育试点工作的通知》精神,努力探索职业健康与安全应急教育的好经验、好做法,提高中职学生的安全意识和安全防护能力。江苏省南京工程高等职业学校被省教育厅确定为首批中等职业学校开展职业健康与安全教育的实验基地,为使试点工作有序开展并取得实效,特制订本方案。

二 组织领导

为加强对职业健康与安全应急教育试点工作的领导和落实,学校成立职业健康与安全教育试点工作领导小组,由领导小组负责各项主题活动的组织、协调、管理与考核工作。

三 目标任务

以科学发展观为指导,坚持"预防为主,综合教育"的方针,贯彻落实国家、省市关于职业健康、安全生产的各项要求,进一步提高学校师生对职业健康、安全工作重要性的认识,以生命健康、人身安全为根本出发点,切实开展职业健康和安全教育工作,避免学生在实训、社会实践、企事业单位实习等环节中出现安全事故,为学生将来走向社会的安全工作打下坚实基础。

（一）开展职业健康与安全应急教育课程教学

在一、二年级在校学生中开设"职业健康与安全应急教育"选修课程。

课程计划如表 3.1 所示:

表 3.1　职业健康与安全应急教育课程计划

教学内容	课时分配	课程性质	开设对象
职业健康与安全法律法规	2	选修课	在校一、二年级学生
职业健康	4	选修课	在校一、二年级学生

教学内容	课时分配	课程性质	开设对象
职业安全	4	选修课	在校一、二年级学生
校园安全	2	选修课	在校一、二年级学生
实践教学安全	4	选修课	在校一、二年级学生
饮食与用药安全	2	选修课	在校一、二年级学生
交通安全	2	选修课	在校一、二年级学生
自然灾害的防范	2	选修课	在校一、二年级学生
个人防护	2	选修课	在校一、二年级学生
急救与避险	2	选修课	在校一、二年级学生
考核	2	选修课	在校一、二年级学生
机动	2	选修课	在校一、二年级学生

（二）开展职业健康与安全应急教育实践活动

通过组织开展形式多样、丰富多彩的职业健康与安全教育主题教育活动、学生社团活动、宣传展示活动、社会实践活动以及生产实习活动等，在中职学生中营造关注职业健康、注重安全教育的氛围，提高中职学生的职业健康与安全意识。具体安排如表3.2：

表3.2 职业健康与安全应急教育实践活动安排表

序号	主题活动	负责部门
1	青春期心理健康讲座	学工处 校团委
2	运动安全（文体活动等）	保卫处 教务处 学工处 团委
3	人身及交通安全	保卫处
4	招募组织职业健康与安全教育的志愿者（社会实践）活动	校团委
5	消防安全、自然灾害安全	保卫处
6	法制教育	学工处 保卫处
	职业健康与安全应急教育主题活动课评比、展示活动	学工处
7	禁毒教育	校团委
8	在技能展示中关注职业健康与安全	教务处
	在生产实习活动中开展职业健康与安全应急教育	

序号	主题活动	负责部门
9	职业健康与安全应急教育知识竞赛	校团委
	职业健康与安全教育动漫与摄影大赛	
	职业健康与安全教育征文、演讲比赛	
10	职业健康及安全知识应知应会考核	教务处 学工处 校团委

四 时间步骤

（一）动员准备阶段。成立领导小组,大力宣传学校开展职业健康与安全教育试点工作的重大意义。

（二）全面实施阶段。根据学校专业设置特点和教学工作实际制定试点方案,安排教学计划,选用试点教材、组织实践活动等。

（三）深入推进阶段。深入开展学校职业健康与安全的各项教育活动,并对学校试点的各项工作开展实施的情况进行检查推进。

（四）总结提高阶段。总结学校试点情况。召开试点工作现场会,研究、探讨试点中存在的问题,形成解决方案。

五 评价考核

课程教学考核,即备课及上课考核参照学校现有教师教育教学考核实施细则(教务处负责组织编写符合专业特点的职业健康及安全教育讲义,组织本专业教师和相关班主任共同备课)。

实践活动考核,以各系部为单位进行考核,活动的成效列入班主任工作考核和系学期工作考核的内容。

六 保障措施

（一）加强领导。学校高度重视,把开展职业健康与安全教育示范点活动列入学校重要议事日程,加强领导,精心组织,做到认识到位、责任到位、措施到位。工作领导小组要加强指导和督查,确保工作健康有序开展。

（二）落实责任。定期召开会议,研究推进工作。各负责人要切实履行好直接责任人职责,做到各司其职、各负其责,形成一级抓一级、层层抓落实的良好工作局面。

（三）健全机制。健全经费保障工作机制,重点解决好开展职业健康与安全教育实践活动和任课老师课时经费问题;努力探索和创新职业健康与安全教育的长效工作机制,积极扩大社会参与,拓展工作领域,提升整体工作科学化水平。

学校试点工作依据《职业健康与安全教育》方案试行中,及时总结经验、完善方案,最终形成试行报告。

中职建筑工程施工专业安全健康与环保方向人才培养实施方案

一　专业名称与专业（技能）方向

专业名称：建筑工程施工（040100）
专业（技能）方向：安全健康与环保

二　入学要求与基本学制

全日制中等职业学校学历教育主要招收初中毕业生或具有同等学力者，基本学制3年。

三　培养目标与规格

（一）培养目标：本专业培养与我国社会主义现代化建设要求相适应，德、智、体、美等全面发展，具有综合职业能力，从事建筑工程施工现场安全与环境工程监理、工程项目安全评价的高素质劳动者与基层管理人才。

（二）规格要求：本专业毕业生应具备以下能力与素养：

——具备良好的道德品质、职业素养、竞争和创新意识；

——具有良好的人际交往、团队协作能力及健康的心理；

——具有运用计算机进行技术交流和信息处理的能力，勇于社会实践，提高学习新知识的能力；

——了解行业的法律法规和技术发展动态，以及具有人文、社会方面的基本常识；

——具有安全施工、节能环保等意识，能严格遵守操作规范；

——掌握建筑工程及其施工的基本知识；

——会选用建筑材料和构配件，能进行建筑材料取样、检测、保管；

——能识读建筑施工图，能进行测量定位放线；

——能正确使用常用建筑施工工具、设备，能制订主要工种的施工方案；

——掌握建筑工程主要工种施工方法及质量监控、检查验收、监理和安全管理的方法；

——具有建筑工程施工资料笔录、整理、建档能力。

四　职业岗位面向、职业资格及继续学习对应专业

1. 职业岗位面向

建筑工程施工专业安全健康与环保方向毕业生主要面向建筑工程领域生产、管理、服务一线以及环境安全和职业健康管理部门,在安全健康和环保工作岗位从事工程项目安全评价、项目安全管理、环境监测、工程监理、工程安全健康与环保咨询等工作。

2. 职业资格

根据建筑工程施工专业毕业生面向的具体岗位,达到职业技能鉴定中级水平或职业资格中级水平。

表 3.3　职业资格

序号	岗位面向	职业技能证书与资格证书
1	测量放线工	职业技能证书
2	CAD	
3	施工操作(砌筑工、抹灰工、钢筋工等操作)	
4	安全员	职业资格证书
6	施工员	
7	质检员	
8	监理员	
9	工程测量员	

3. 继续学习对应专业

专科:建筑工程技术、安全健康与环保

本科:安全工程、土木工程

五　职业能力

表 3.4　职业能力

工作领域	工作任务	对应的知识、技能和素质要求	专业方向课程	专业平台课程
安全健康与环保	施工操作	·工程施工图识图 ·材料计算与备料 ·测量放线 ·钢筋绑扎、砌筑、抹灰	安全用电常识 化学及分析化学 建筑设备 安全监测监控技术	建筑工程制图 建筑力学 建筑构造 建筑材料
	施工组织	·工程施工图识图 ·编制施工组织设计 ·施工现场安全管理	工程质量与安全管理 职业健康与职业安全 建筑施工组织与管理 EHS法律法规	建筑施工技术 建筑工程测量 建筑CAD
	质量检测	·试块检测 ·施工工艺、施工工序监督 ·工程质量检测 ·环保节能检测		
	资料与安全管理	·完成施工日志 ·填写检测报告 ·图纸修改记录 ·施工安全控制 ·法规、规范执行		

六 课程结构

表 3.5 课程结构

课程类型		科目名称		学时	学分
公共基础课程	德育课	职业生涯规划		36	2
		职业道德与法律		36	2
		经济政治与社会		36	2
		哲学与人生		36	2
		心理健康		36	2
		小计		180	10
	文化课	语文		252	15
		数学		216	13
		外语		216	13
		计算机应用基础		144	9
		体育与健康		162	10
		艺术(音乐、美术)		36	2
		物理		72	4
		小计		1098	66
专业技能课程	专业平台课	建筑工程制图		144	9
		建筑力学		144	9
		建筑构造		72	4
		建筑材料		72	4
		建筑施工技术		144	9
		建筑工程测量		90	5
		建筑CAD		90	5
		小计		756	45
	专业方向课	安全健康与环保方向	建筑设备	54	3
			安全用电常识	54	3
			化学及分析化学	72	4
			安全监测监控技术	72	4
			工程质量与安全管理	108	7
			建筑施工组织与管理	72	4
			职业健康与职业安全	72	4
			小计	486	28
	顶岗实习			500	29
任选(综合课程)		人文类、专业技能类及社会实践等		300	17

课程类型	科目名称	学时	学分
其他类教育活动	军训、入学教育、毕业教育等	约3周	3
总学时:3338学时,总学分:199学分			

七 指导性教学安排

表3.6 建筑工程施工专业指导性教学安排表(学分制)

课程性质		编号	课程名称	课时	教学进度安排						学分	考核安排
					一 18	二 18	三 18	四 18	五 18	六 18		
公共基础课程	德育课	01	职业生涯规划	36	2						2	
		02	职业道德与法律	36		2					2	
		03	经济政治与社会	36			2				2	
		04	哲学与人生	36				2			2	
		05	心理健康	36					2		2	
公共基础课程	文化课	06	语　文	252	3	3	3	3	2		15	
		07	数　学	216	3	3	2	2	2		13	
		08	外　语	216	3	3	2	2	2		13	
		09	计算机应用基础	144	4	4					9	
		10	体育与健康	162	2	2	2	2	1		10	
		11	艺术(音乐、美术)	36	1	1					2	
		12	物　理	72	2	2					4	
			小计	1278	20	20	11	11	9		76	
专业技能课程	专业平台课	13	建筑工程制图	144	4	4					9	
		14	建筑力学	144	4	4					9	
		15	建筑构造	72		4					4	
		16	建筑材料	72	4						4	
		17	建筑施工技术	144			4	4			9	
		18	建筑工程测量	90			5				5	
		19	建筑CAD	90					5		5	
			小计	756	12	12	9	4	5		45	

续表

课程性质		编号	课程名称	课时	一 18	二 18	三 18	四 18	五 18	六 18	学分	考核安排
专业技能课程	专业方向课程	安全健康与环保	建筑设备	54				3			3	
			安全用电常识	54				3			3	
			化学及分析化学	72					4		4	
			安全监测监控技术	72					4		4	
			工程质量与安全管理	108			3	3			7	
			建筑施工组织与管理	72				4			4	
			职业健康与职业安全	72			4				4	
			小计	504			7	13	8		29	
任选（综合课程）			人文类、专业技能类及社会实践等	300			4—5	4—5	8—10		17	
顶岗实习				500						500	29	

八　专业教师任职资格

具有中等职业学校及以上教师资格证书；具有本专业三级及以上职业资格证书或相应技术职称。

九　实训（实验）条件【实训（实验）装备】

1. 建筑工程绘图室

功能：适用于建筑工程施工专业建筑工程绘图技能实训项目。

主要设备装备标准（以每班 45 人配置）

表 3.7　建筑工程绘图室

序号	设备名称	用途	单位	基本配置	必备配置	适用范围（职业鉴定项目）
1	多媒体教学平台	教学	套	1	√	建筑工程施工图绘图实训 Auto CAD 职业技能鉴定
2	微型计算机	绘图实训	台	45	√	
3	计算机桌、椅	绘图实训	套	45		
4	计算机网络配套设备	绘图实训	套	1	√	
5	手工绘图桌、椅	绘图实训	套	45	√	
6	手工绘图工具	绘图实训	套	45	√	
7	实测与翻样工具	实测实训	套	45		
8	Auto CAD 软件（网络版）	绘图实训	套	1	√	
9	图纸输出设备	绘图实训	套	1		
10	资料、储物柜		套	适量		

2. 砌筑工实训室

功能:适用于建筑工程施工专业砌筑工技能实训项目。

主要设备装备标准(以每班 45 人配置)如下:

表 3.8 砌筑工实训室

序号	设备名称	用途	单位	基本配置	必备配置	适用范围(职业鉴定项目)
1	多媒体教学平台	教学	套	1		砌筑工实训和职业技能鉴定
2	皮数杆	砌筑实训	根	90	✓	
3	砌筑手工工具	砌筑实训	套	45	✓	
4	灰桶	砌筑实训	个	45	✓	
5	灰槽	砌筑实训	个	45	✓	
6	门型脚手架	砌筑实训	套	10		
7	检测工具	砌筑实训	套	45	✓	
8	手推车	砌筑实训	辆	10	✓	
9	砂浆搅拌机	砌筑实训	台	1		

3. 抹灰镶贴工实训室

功能:适用于建筑工程施工专业抹灰镶贴工技能实训项目。

主要设备装备标准(以每班 45 人配置)如下:

表 3.9 抹灰镶贴工实训室

序号	设备名称	用途	单位	基本配置	必备配置	适用范围(职业鉴定项目)
1	多媒体教学平台	教学	套	1		抹灰镶贴工实训抹灰镶贴工职业技能鉴定
2	抹灰手工工具	抹灰实训	套	45	✓	
3	砂浆搅拌机	抹灰实训	台	1	✓	
4	手推车	抹灰实训	辆	5	✓	
5	灰桶	抹灰实训	只	45	✓	
6	灰槽	抹灰实训	个	25	✓	
7	镶贴手工工具	镶贴实训	套	45	✓	
8	电动切割机	镶贴实训	台	20	✓	
9	专用打孔机	镶贴实训	台	20	✓	
10	自动安平标准仪	镶贴实训	台	1		
11	质量检测工具	实训	套	45	✓	

4. 钢筋工实训室

功能:适用于建筑工程施工专业钢筋工技能实训项目。

主要设备装备标准(以每班 45 人配置)如下:

表 3.10　钢筋工实训室

序号	设备名称	用途	单位	基本配置	必备配置	适用范围（职业鉴定项目）
1	多媒体教学平台	教学	套	1		钢筋工实训和职业技能鉴定
2	钢筋成型台	钢筋加工	工位	45	√	
3	钢筋调直机	钢筋加工	台	1	√	
4	钢筋弯曲机	钢筋加工	台	1	√	
5	钢筋切断机	钢筋加工	台	1	√	
6	钢筋对焊机	钢筋加工	台	1		
7	电渣压力焊机	钢筋加工	台	1		
8	交流电焊机	钢筋加工	台	1		
9	钢筋套筒挤压连接机	钢筋加工	台	1		
10	直螺纹套筒套丝机	钢筋加工	台	1		
11	锥螺纹套筒套丝机	钢筋加工	台	1		
12	砂轮切割机	钢筋切割	台	1		
13	手工附件	钢筋加工	套	45	√	

5. 建筑材料检测实验室

功能：适用于建筑工程施工专业建筑材料检测技能实训项目。

主要设备装备标准（以每班 45 人配置）如下：

表 3.11　建筑材料检测实验室

序号	设备名称	用途	单位	基本配置	必备配置	适用范围（职业鉴定项目）
1	多媒体教学平台	教学	套	1		建筑材料实训建筑材料试验员职业资格鉴定
2	检验检测实训操作台	实训操作	张	10	√	
3	压力试验机	混凝土强度测试	台	1	√	
4	万能材料试验机	材料强度测试	台	1	√	
5	标准养护箱	材料强度测试	个	1	√	
6	混凝土试模	混凝土强度测试	套	45	√	
7	坍落度测定仪	混凝土检测	套	10	√	
8	水泥净浆搅拌机	水泥实验	台	2	√	
9	水泥胶砂搅拌机	水泥实验	台	2	√	
10	水泥胶砂振实台	水泥实验	台	2	√	
11	电动抗折机	水泥实验	台	1		
12	沸煮箱	水泥实验	台	4	√	
13	水泥标准稠度与凝结时间测定仪	水泥实验	台	4	√	
14	水泥细度水筛析仪	水泥实验	台	4	√	
15	雷氏夹膨胀值测定仪	水泥实验	台	4	√	
16	石子标准筛	粗骨料实验	套	10	√	

序号	设备名称	用途	单位	基本配置	必备配置	适用范围（职业鉴定项目）
17	砂子标准筛	细骨料实验	套	10	√	
18	砂子标准漏斗	细骨料实验	只	10	√	
19	比重瓶/广口瓶	骨料实验	套	10	√	
20	容量筒（金属）	骨料实验	套	10	√	
21	烘箱	骨料实验	台	1	√	
22	砂浆稠度仪	砂浆实验	套	4	√	
23	砂浆试模	砂浆实验	套	45	√	建筑材料实训
24	水浴箱	试块	台	4	√	建筑材料试验员
25	万用电炉（或燃气设备）	通用	只	4	√	职业资格鉴定
26	防水材料检测设备	防水材料检测	套	4	√	
27	台秤	通用	台	4	√	
28	天平	通用	台	10	√	
29	混凝土搅拌机	搅拌砼	台	1		
30	书写板	试验记录	块	45	√	
31	橱、柜	储藏仪器	个	10	√	

6. 建筑工程测量实训室

功能：适用于建筑工程施工专业建筑测量技能实训项目。

主要设备装备标准（以每班 45 人配置）如下：

表 3.12　建筑工程测量实训室

序号	设备名称	用途	单位	基本配置	必备配置	适用范围（职业鉴定项目）
1	多媒体教学平台	内场教学	套	1		
2	水准仪及配件	测量实训	套	25	√	
3	自动安平水准仪	测量实训	台	10		
4	J6 经纬仪及配件	测量实训	套	25	√	
5	电子经纬仪及配件	测量实训	套	25	√	
6	测量标尺、标杆、钢卷尺	测量实训	套	25	√	
7	全站仪及配件	测量实训	套	4	√	
8	书写板	测量实训	块	45	√	建筑测量实训
9	对讲机	测量实训	套	10		建筑测量员
10	全球定位仪（GPS）	测量实训	套	1		职业资格鉴定
11	便携式计算机	外场作业	套	2		
12	数字化测图系统（选配）	内场作业	套	1		
13	储物柜及支架（尺/杆/架）	仪器存放	套	适量	√	
14	保险柜	仪器存放	套	适量		
15	资料柜	仪器存放	套	适量	√	

7. 工程质量检测实训室

功能:适用于建筑工程施工专业工程质量检测技能实训项目。

主要设备装备标准(以每班45人配置)如下:

表3.13 工程质量检测实训室

序号	设备名称	用途	单位	基本配置	必备配置	适用范围(职业鉴定项目)
1	多媒体教学平台	教学	套	1		
2	检验检测实训操作台	教学实训	张	10	✓	
3	材料见证取样工器具	教学实训	套	10	✓	
4	监理常用检测工具	实体检测	套	10	✓	
5	混凝土数显回弹仪	混凝土实体强度检测	台	10	✓	
6	钢筋位置检测仪	实体检测	台	4	✓	
7	验收表格	实体检测	套	45	✓	
8	书写板	实体检测	块	45	✓	
9	资料夹	教学实训	套	45	✓	
10	三联固结仪	土工检测	台	4	✓	
11	应变控制直接剪力仪	土工检测	台	4	✓	工程质量检测实训 监理员、质检员职业资格鉴定
12	流性限度仪	土工检测	只	10	✓	
13	铝盒	土工检测	套	10	✓	
14	开土工具	土工检测	套	10	✓	
15	毛玻璃板	土工检测	块	10	✓	
16	环刀	土工检测	把	10	✓	
17	调土皿	土工检测	只	10	✓	
18	电子天平(0.01 g)	土工检测	台	2	✓	
19	电子天平(0.001 g)	土工检测	台	2	✓	
20	干燥箱(电热恒温)	土工检测	台	1	✓	
21	预压仪	土工检测	台	2	✓	
22	吹风机	土工检测	只	4	✓	
23	光电式液塑限测定仪	土工检测	台	1	✓	
24	焊缝检测设备	焊缝强度	套	2		
25	螺栓检测设备	螺栓连接	套	2		
26	资料、储物柜	资料存放	套	适配	✓	

8. 安全健康与环保实训室

功能:适用于建筑工程施工专业安全健康与环保实训项目。

主要设备装备标准（以每班45人配置）如下：

表3.14　安全健康与环保实训室

序号	设备名称	用途	单位	基本配置	必备配置	适用范围（职业鉴定项目）
1	各类防毒面罩	安全健康实训	套	45		
2	各类灭火设备	安全健康实训	套	30	✓	
3	各类防护服装	安全健康实训	套	45	✓	
4	各类急救设备（全自动高级心肺复苏模拟人、创伤训练模型、紧急逃生呼吸器、担架等）	安全健康实训	套	45	✓	
5	医用型超净工作台	分析化学实验	套	1	✓	
6	玻璃器皿	分析化学实验	套	100	✓	
7	化学试剂	分析化学实验	瓶	200	✓	
8	分光光度计	分析化学实验	台	3	✓	ISO 14001内审员证OHSAS 18001内审员证
9	大气采样器	环境监测	台	20	✓	
10	烟尘采样仪	环境监测	台	20	✓	
11	分光光度计（紫外、可见、红外）	环境监测	台	3	✓	
12	分析天平	环境监测	台	2	✓	
13	声级计	环境监测	台	5	✓	
14	电导仪	环境监测	台	2	✓	
15	酸度计	环境监测	台	2	✓	
16	气相色谱仪	环境监测	台	1	✓	
17	原子吸收分光光度计	环境监测	台	1	✓	
18	★台式计算机	安全审核	台	100	✓	
19	交换机	安全审核	台	3	✓	

3.3 中职安全健康环保专业实施性人才培养方案

一 专业名称与专业（技能）方向

专业名称：安全健康环保（520901）
专业（技能）方向：建筑施工安全

二 入学要求与基本学制

全日制中等职业学校学历教育主要招收初中毕业生或具有同等学力者，基本学制 3 年。

三 培养目标与规格

（一）培养目标：本专业培养与我国社会主义现代化建设要求相适应，德、智、体、美等全面发展，面向施工现场安全健康环保与应急管理第一线，掌握建筑专业安全健康环保与应急管理基础知识和基本技能，具有良好的职业素质、安全素养及应急管理能力，服务于建设行业施工安全操作、环境监测和应急管理等工作的安全健康环保与应急管理一体化高素质劳动者与基层安全操作人才。

（二）规格要求，本专业毕业生应具备以下能力与素养：

——具备良好的道德品质、职业素养、竞争和创新意识；

——具有良好的人际交往、团队协作能力及健康的心理；

——具有运用计算机进行技术交流和信息处理的能力，勇于社会实践，提高学习新知识的能力；

——了解行业的法律法规和技术发展动态，以及具有人文、社会方面的基本常识；

——具有安全施工、节能环保等意识，能严格遵守操作规范；

——掌握建筑工程及其施工的基本知识；

——会选用建筑材料和构配件，能进行建筑材料取样、检测、保管；

——能识读建筑施工图，能进行测量定位放线；

——能正确使用常用建筑施工工具、设备，能制订主要工种的施工方案；

——掌握建筑工程主要工种施工方法及质量监控、检查验收、监理和安全管理的方法；

——具有建筑工程施工资料笔录、整理、建档能力。

——具有应急救护自救互救能力。

四 职业岗位面向、职业资格及继续学习对应专业

1. 职业岗位面向

安全健康环保与应急管理专业建筑施工方向毕业生主要面向建筑工程领域安全生产、应急管理、服务一线以及环境安全和职业健康管理部门，在安全健康环保和应急管理工作岗位从事工程项目安全评价、项目安全管理、环境监测、工程监理、工程安全健康环保咨询、应急管理等工作。

2. 职业资格

根据安全健康环保与应急管理专业建筑工程施工方向毕业生面向的具体岗位，达到职业技能鉴定中级水平或职业资格中级水平。

表 3.15　职业岗位面向与职业资格

序号	岗位面向	职业技能证书与资格证书
1	测量放线工	职业技能证书
2	CAD	
3	施工操作（砌筑工、抹灰工、钢筋工等操作）	
4	应急救护员	职业资格证书
5	安全员	
6	ISO 14001 内审员证	
7	OHSAS 18001 内审员证	
8	施工员	
9	质检员	
10	监理员	
11	工程测量员	

3. 继续学习对应专业

专科：安全健康与环保、应急救援。

本科：安全工程、环境工程、应急管理。

五 职业能力

表 3.16　职业能力

工作领域	工作任务	对应的知识、技能和素质要求	专业平台课程	专业方向课程
安全健康环保与应急管理	施工操作	• 工程施工图识图 • 材料计算与备料 • 测量放线 • 钢筋绑扎、砌筑、抹灰	职业健康与职业安全 安全用电常识 化学及分析化学 安全监测监控技术	建筑工程制图 建筑力学 建筑构造 建筑材料
	施工组织	• 工程施工图识图 • 编制施工组织设计 • 施工现场安全管理		

工作领域	工作任务	对应的知识、技能和素质要求	专业平台课程	专业方向课程
安全健康环保与应急管理	质量检测	・试块检测 ・施工工艺、施工工序监督 ・工程质量检测 ・环保节能检测	职业危害防控 建筑工程安全管理 环境检查与管理 职业安全健康防护 应急救护单项与综合训练	建筑施工技术 建筑工程测量 建筑CAD
	资料与安全管理	・完成施工日志 ・填写检测报告 ・图纸修改记录 ・施工安全控制 ・法规、规范执行		

六　课程结构

表 3.17　课程结构

课程类型		科目名称	学时	学分
公共基础课程	德育课	职业生涯规划	32	2
		职业道德与法律	32	2
		经济政治与社会	32	2
		哲学与人生	28	2
		安全健康教育	36	2
		小计	160	10
	文化课	语文	248	15
		数学	188	11
		外语	188	11
		计算机应用基础	128	8
		体育与健康	160	10
		艺术(音乐、美术)	32	2
		物理	64	4
		人文类综合	108	7
		小计	1116	68
专业技能课程	专业平台课	职业健康与职业安全	32	2
		安全用电常识	32	2
		化学及分析化学	64	4
		安全监测监控技术	32	2
		职业危害防控	56	3
		建筑工程安全管理	56	3

课程类型		科目名称	学时	学分
专业技能课程	专业平台课	环境检查与管理	72	4
		职业安全健康防护	72	4
		应急救护	72	4
		小计	456	28
	建筑工程施工方向课	建筑工程制图	64	4
		建筑构造	64	4
		建筑材料	64	4
		建筑施工技术	64	4
		建筑工程测量	56	3
		建筑 CAD	56	3
		专业综合课	72	4
		小计	440	27
	顶岗实习		500	29
任选(综合课程)		人文类、专业技能类及社会实践等	300	17
其他类教育活动		军训、入学教育、毕业教育等	约3周	3
总学时:2 672 学时,总学分:179 学分				

七 教学时间分配

表 3.18　教学时间分配

学期	学期周数	教学周数		考试周数	机动周数
		周数	其中:综合的实践教学及教育活动周数		
一	20	18	1(军训、应急救护训练)	1	1
			1(入学教育)		
二	20	18	1(办公自动化考工)	1	1
			1(建筑工种实训)		
三	20	18	1(建筑施工现场实训)	1	1
			1(建筑工种实训)		
四	20	18	2(测量实训))	1	1
			2(建筑 CAD 实训)		
五	20	18		1	1
六	20	20	19(顶岗实习)	—	—
			1(毕业教育)		
总计	120	110	30	5	5

八 教学安排

表 3.19 教学安排

课程性质		编号	课程名称	课时	教学进度安排						学分	考核安排
					一	二	三	四	五	六		
					16	16	16	14	18	18		
公共基础课程	德育课	1	职业生涯规划	32	2						2	考查
		2	职业道德与法律	32		2					2	考查
		3	经济政治与社会	32			2				2	考查
		4	哲学与人生	28				2			2	考查
		5	安全健康教育	36					2		2	考查
	文化课	6	语 文	248	4	4	4	4			15	考试
		7	数 学	188	4	4	2	2			11	考试
		8	外 语	188	4	4	2	2			11	考试
		9	计算机应用基础	128	4	4					8	考试
		10	体育与健康	160	2	2	2	2	2		10	考查
		11	艺术（音乐、美术）	32		2					2	考查
		12	物 理	64	2	2					4	考查
		13	人文类综合课	108					6		7	考试
			小计	1 276	22	24	12	12	10	0	77	
专业技能课程	专业平台课	14	职业安全健康防护	32	2						2	考查
		15	安全健康与环保法律法规	32			2				2	考查
		16	职业危害防控	64			4				4	考试
		17	环境检查与管理	32			2				2	考查
		18	安全用电常识	56				4			3	考试
		19	建筑工程安全管理	56				4			3	考试
		20	化学及分析化学	72					4		4	考试
		21	安全监测监控技术	72					4		4	考试
		22	应急救护	72					4		4	考试
			小计	456	0	0	8	8	12	0	28	
专业技能课程	建筑工程施工方向课	23	建筑工程制图	64	4						4	考试
		24	建筑构造	64		4					4	考试
		25	建筑材料	64			4				4	考查
		26	建筑施工技术	64			4				4	考试

续表

课程性质		编号	课程名称	课时	教学进度安排						学分	考核安排
					一	二	三	四	五	六		
					16	16	16	14	18	18		
专业技能课程	建筑工程施工方向课	27	建筑工程测量	56				4			3	考查
		28	建筑CAD	56				4			3	考查
		29	专业综合课	72					4		4	考试
			小计	440	4	4	8	8	4	0	27	
			周课时合计		26	28	28	28	26			
任选(综合课程)			人文类、专业技能类及社会实践等	300							18	
顶岗实习				500						500	29	
			总课时合计	2 672							179	

九 专业教师任职资格

具有中等职业学校及以上教师资格证书;具有本专业三级及以上职业资格证书或相应技术职称。

十 实训(实验)条件【实训(实验)装备】

1. 安全健康环保实训室

功能:适用于安全健康环保实训项目。

主要设备装备标准(以每班45人配置)如下:

表3.20 安全健康环保实训室

序号	设备名称	用途	单位	基本配置	必备配置	适用范围(职业鉴定项目)
1	各类防毒面罩	安全健康实训	套	45		
2	各类灭火设备	安全健康实训	套	30	√	
3	各类防护服装	安全健康实训	套	45	√	
4	各类急救设备(全自动高级心肺复苏模拟人、创伤训练模型、紧急逃生呼吸器、担架等)	安全健康实训	套	45	√	应急救护员 ISO 14001 内审员证 OHSAS 18001 内审员证
5	医用型超净工作台	分析化学实验	套	1	√	
6	玻璃器皿	分析化学实验	套	100	√	
7	化学试剂	分析化学实验	瓶	200	√	
8	分光光度计	分析化学实验	台	3	√	
9	大气采样器	环境监测	台	20	√	
10	烟尘采样仪	环境监测	台	20	√	

序号	设备名称	用途	单位	基本配置	必备配置	适用范围（职业鉴定项目）
11	分光光度计（紫外、可见、红外）	环境监测	台	3	✓	应急救护员 ISO 14001 内审员证 OHSAS 18001 内审员证
12	分析天平	环境监测	台	2	✓	
13	声级计	环境监测	台	5	✓	
14	电导仪	环境监测	台	2	✓	
15	酸度计	环境监测	台	2	✓	
16	气相色谱仪	环境监测	台	1	✓	
17	原子吸收分光光度计	环境监测	台	1	✓	
18	★台式计算机	安全审核	台	100	✓	
19	交换机	安全审核	台	3	✓	

2. 建筑工程绘图室

功能：适用于安全健康环保与应急管理专业建筑施工方向建筑工程绘图技能实训项目。

主要设备装备标准（以每班 45 人配置）如下：

表 3.21　建筑工程绘图室

序号	设备名称	用途	单位	基本配置	必备配置	适用范围（职业鉴定项目）
1	多媒体教学平台	教学	套	1	✓	建筑工程施工图绘图实训 Auto CAD 职业技能鉴定
2	微型计算机	绘图实训	台	45	✓	
3	计算机桌、椅	绘图实训	套	45		
4	计算机网络配套设备	绘图实训	套	1	✓	
5	手工绘图桌、椅	绘图实训	套	45	✓	
6	手工绘图工具	绘图实训	套	45	✓	
7	实测与翻样工具	实测实训	套	45		
8	Auto CAD 软件（网络版）	绘图实训	套	1	✓	
9	图纸输出设备	绘图实训	套	1		
10	资料、储物柜		套	适量		

3.4 中职安全技术管理专业人才培养方案

一 专业名称（专业代码）

安全技术管理（022600）

二 入学要求

初中毕业生或具有同等学力者

三 修业年限

3 年

四 职业面向与接续专业

（一）职业面向

序号	专业方向	对应职业（岗位）	职业资格证书和职业技能等级证书举例
1	物业安全管理	社会工作者 （2—07—09—01）	物业管理员 社会工作者 消防设备操作员
2	企业安全管理	安全生产管理工程技术人员 （2—02—28—03）	安全员 消防设备操作员

（二）接续专业

高职：安全技术与管理（520904）

本科：安全工程（82901）

五 培养目标与培养规格

（一）培养目标

本专业坚持立德树人，主要面向工商贸等企事业单位、社区基层、物业管理公司等相关单位,从事风险辨识与管控、隐患排查处理、灾情统计与上报、消防灭火等社区(物业)安全管理等工作,具备诚实守信、爱岗敬业、乐于奉献的职业道德和精益求精的质量意识以及良好的科学文化、身体和心理素质,德、智、体、美、劳全面发展的高素质劳动者和技术技能人才。

（二）培养规格

本专业毕业生应在素质、知识和能力等方面达到如下要求:

1. 素质

（1）具有坚定的理想信念、良好的职业道德和职业素养,德、智、体、美、劳全面发展;

（2）具有安全意识、职业健康防护意识、风险意识等素养,热爱安全事业;

（3）能自觉遵守国家法律、法规和企业规章制度;

（4）尊重劳动、爱岗敬业、知行合一;

（5）具有排查安全隐患的敏感性以及学习意识;

（6）具有遵守技术规范、精益求精、确保安全管理措施的质量意识和安全生产意识;

（7）具有吃苦精神、奉献精神和敬业精神,具有良好的文化、身体和心理素质,具有良好的人际沟通交流能力和团队合作精神。

2. 知识

（1）掌握扎实的英语、数学、计算机、哲学、公文写作等公共基础知识;

（2）掌握工程制图、人机工程、安全管理、安全系统工程、工业通风与除尘、安全检测与监控技术等专业基础理论知识和专业知识;

（3）掌握安全生产的基本理论与基本规律相关知识;

（4）掌握安全生产法律法规和安全质量标准化相关知识;

（5）掌握常用的安全评价通则和安全评价方法相关知识;

（6）掌握安全检测、控制、反馈等工程技术方法和手段相关知识;

（7）掌握事故预防的基本原理、事故调查的程序和处理相关知识;

（8）掌握生产现场安全技术管理方法与手段相关知识。

3. 能力

（1）具有探求和更新知识的终身学习能力;

（2）会总结、思考、提炼、创新;

（3）会信息采集、整理、分析、使用;

（4）能自我规划、约束、完善、发展;

（5）根据生产需要,能制定安全生产预案与技术措施;

（6）根据现场需求,能选择和安装安全装备、并组织施工和验收;

（7）能熟练使用安全装备,完成相关检测、数据处理与分析应用;

（8）能熟练使用计算机完成工程设计图纸的绘制;

（9）会编制企业安全技术措施计划,并组织实施;

（10）会进行良好的语言表达、沟通、协作、社交和公关。

专业方向一———物业安全管理

（1）具备物业消防设施的管理能力;

（2）具有采取各种措施、手段，保证业主和业主使用人的人身、财产安全，维持正常生活和工作秩序的能力。

专业方向二——企业安全管理

（1）具备排查事故隐患的能力；

（2）具备管理危险源的能力；

（3）能对初期的事故进行处理的能力。

六 课程设置

（一）课程结构

安全技术管理专业课程类型分为公共基础课程和专业课程。课程性质分为必修课程和选修课程，选修课程分为限定选修课程和任意选修课程。课程结构如图 3.1 所示。

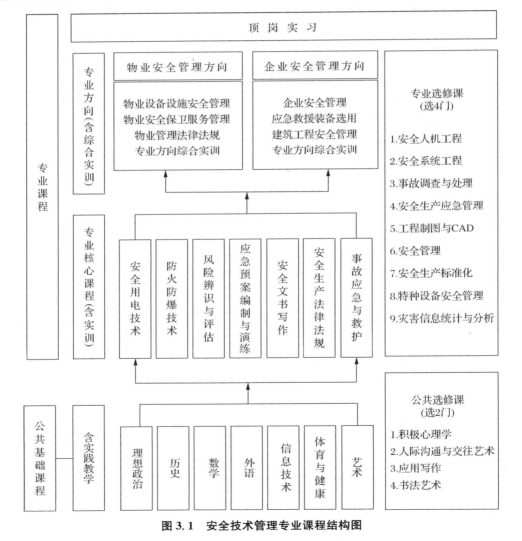

图 3.1 安全技术管理专业课程结构图

1. 公共基础课程

公共基础课程包括根据学生全面发展所需要设置的思想政治、语文、历史、数学、英语、信息技术、体育与健康、艺术等必修课程,以及根据学生职业发展、多样化需求设置的积极心理学、人际沟通与交往艺术、应用写作、书法艺术等选修课程。

2. 专业课程

专业课程包括专业核心课程、专业方向课程和专业选修课程。专业核心课程针对职业岗位(群)共同面向的工作任务和具有的职业能力,是不同专业方向必备的专业基础知识和基本技能。专业方向课程是针对某类职业岗位所需要的专门性知识和技能。实习实训是专业课程实践性教学的重要内容,实训包括专项实训、综合实训等多种形式,实习包括认识实习、跟岗实习、顶岗实习等多种形式。

专业核心课程设置安全用电技术、防火防爆技术、风险辨识与评估、应急预案编制与演练、安全文书写作、安全生产法律法规、事故应急与救护7门。

专业方向一课程设置物业设备设施安全管理、物业安全保卫服务管理、物业管理法律法规3门。专业方向二课程设置应急救援装备选用、企业安全管理、建筑工程安全管理3门。

专业选修课程设置工程制图与CAD、安全管理、特种设备安全管理、安全生产应急管理、安全系统工程、安全人机工程、事故调查与处理、安全生产标准化、灾害信息统计与分析9门。

结合调研形成的职业岗位群工作任务与职业能力分析,确定7门专业核心课程和两个专业方向的各3门专业课程。专业核心课程针对职业岗位群共同的工作任务和职业能力,是不同专业方向必备的共同专业知识和技能要求。各专业方向课的学时数相当,教学中学生至少要选择一个专业方向的课程学习。

综合实训是为强化综合技能训练、进一步提升专业知识与技能的综合应用能力、取得职业资格证书等而开设的。

顶岗实习一般安排在第三学年最后一学期,学生完成专业课学习后,到企业等用人单位的生产服务一线进行顶岗实习。

(二)课程设置及要求

本专业课程"主要教学内容和要求"应融入思想政治教育和"三全育人"改革等要求,把立德树人贯彻到思想道德教育、文化知识教育、技术技能培养、社会实践教育等各个环节。

1. 公共基础课程

表 3.22　公共基础课程主要内容及参考学时

序号	课程名称	主要教学内容和要求	参考学时
1	思想政治:中国特色社会主义	依据《中等职业学校思想政治课程标准》开设,并与学生专业能力发展和职业岗位需求密切结合	36
2	思想政治:心理健康与职业生涯		36
3	思想政治:职业道德与法治		36
4	思想政治:哲学与人生		36

序号	课程名称	主要教学内容和要求	参考学时
5	语文	依据《中等职业学校语文课程标准》开设,并与学生专业能力发展和职业岗位需求密切结合,注重在职业模块的教学内容中体现专业特色	198(课内训练18)
6	历史	依据《中等职业学校历史课程标准》开设,并与学生专业能力发展和职业岗位需求密切结合	72(课间参观6)
7	数学	依据《中等职业学校数学课程标准》开设,并与学生专业能力发展和职业岗位需求密切结合,注重在职业模块的教学内容中体现专业特色	144
8	英语	依据《中等职业学校英语课程标准》开设,并与学生专业能力发展和职业岗位需求密切结合,注重在职业模块的教学内容中体现专业特色	144
9	信息技术	依据《中等职业学校信息技术课程标准》开设,并与学生专业能力发展和职业岗位需求密切结合	108
10	体育与健康	依据《中等职业学校体育与健康课程标准》开设,并与学生专业能力发展和职业岗位需求密切结合,注重在职业模块的教学内容中体现专业特色	144(室外训练108)
11	艺术	依据《中等职业学校艺术课程标准》开设,并与学生专业能力发展和职业岗位需求密切结合	36
必修课小计		55学分	990(实习132)
选修课程	1. 积极心理学	涉及有价值的主观体验、积极的个体人格品质、群体的公众品质,是为引导学生形成优秀品质而开设的一门公共基础选修课程,主要学习的知识内容包括:理解什么是积极的情绪(幸福、快乐、乐观、希望)、个性特征(性格力量、价值、能力、自我),什么是积极的社会环境(人际关系、利他行为、家庭、感恩),了解积极的情绪对生理健康的影响,理解情绪情感、乐观与希望、幸福感、人格、价值与成就、兴趣和能力、目标与自我、人际关系、应对挫折、宽恕与感恩。培养学生建立积极情绪和积极的个人特质、创造积极的社会环境	28(二选一)
	2. 人际沟通与交往艺术	是针对中职学生的现状开设的一门公共基础选修课程,主要学习人际沟通与交往艺术相关的基本概念、基本内容、特征、原则、规范和方法,引导学生理解人际沟通与交往艺术的常规功能和特殊功能,思考人际沟通与交往艺术的基本方法和注意事项;能够将沟通与交往的知识和技巧应用于自己的生活和工作实践中,从而提高人际沟通与交往的能力,营造良好的人际氛围,提升学生在交往艺术方面的理论素养	

序号	课程名称	主要教学内容和要求	参考学时
选修课程	3. 应用写作	是针对中职学生的现状开设的一门公共基础选修课程,应用写作是人们交流思想、互通情况、传递信息、解决问题、处理事务的工具。主要学习诸如:通知、通报、请示报告、计划(方案)、合同协议、自诉状、答辩状、述职报告、总结、调查报告、日记、书信、请假条、邀请函、贺信、表扬信、感谢信、慰问信、求职信、投诉信、欢迎词、答谢词、告别词、悼词、申请书、启事、借条、收据、讲话稿等文体。掌握应用文体的写作基本技能和规律,提高语言运用能力,使其能够适应现实生活与未来岗位的需求,顺利融入社会、立足社会,成为合格的社会一员	36(二选一)(课内实习18)
	4. 书法艺术	是针对中职学生的现状开设的一门公共基础选修课程,书法艺术是中国传统文化的重要组成部分。在进行书法练习和书法欣赏过程中,探寻蕴含在书法艺术之中的民族文化精神,激发学生对民族文化的认同感和自豪感,培养学生对祖国优秀传统文化和传统艺术的感受能力、审美能力,培养人的观察能力、形象思维能力、专注力,启迪智慧,激发创新意识和创造能力,养成认真、细致的学习品质和干净、整洁的良好习惯,铸造学生良好的人格品质,塑造他们的灵魂世界,构筑他们的精神家园,提高文化艺术素养,增强爱国主义精神,树立正确的审美观念,抵制不良文化的影响,陶冶情操,发展个性,促进学生全面发展	
	选修课小计	4学分	64(实习18)
	公共基础课合计	59学分	1 054(实习150)

2. 专业课程

(1)专业核心课程

表3.23 专业核心课程主要教学内容及参考学时

序号	课程名称	主要教学内容和要求	参考学时
1	安全用电技术	掌握安全用电的基本知识,了解日常生产生活中的基本电路原理,掌握触电急救及电气火灾扑救,熟悉日常用电安全防范知识,掌握电气用具、线路的安全检测技术,熟悉生活用电的电气安全管理。主要内容包括:一种优质能源——电能,触电与触电急救,电气火灾与扑救,雷电与雷电防范,静电与静电防范,电气安全知识与接地装置,电气照明与节电技术,电气用具和电气安全管理,电气安全检测技术	72(课内实习54)
2	防火防爆技术	熟悉防火防爆现代理论和技术的发展趋势,了解新法规和技术标准,掌握燃烧与爆炸的理论基础、易燃易爆物品的理化特性、防火防爆的基本措施、工业建筑防火防爆、危险化学品储运防火防爆、烟花爆竹防火防爆、化工物料输送设备防火防爆、电气防火防爆知识,能运用相关设备熟悉操作进行火灾扑救	108(课内实习54)

序号	课程名称	主要教学内容和要求	参考学时
3	风险辨识与评估	熟悉现代工业风险现状、风险管理的思路策略,掌握风险辨识、评估和风险控制的基本理论和方法,熟练操作事故预测、事故预防、事故应急和风险控制工具;应急管理相关行业企业对管理人员的安全素质要求	108(课内实习36)
4	应急预案编制与演练	掌握应急救援技术和预案编制技术,熟悉各类事故的应急预案编制及能灵活处理各类企业事故,了解安全生产标准化、安全管理和安全系统工程并能运用在企业事故应急救援与预案编制技术中,能掌握应急演练脚本编制技术和组织演练与评估	108(课内实习54)
5	安全生产法律法规	熟悉安全生产有关的法律和法规,能够清楚了解我国的法律体系、出台背景,掌握使用范围和违法违规案例分析方法,运用法律法规的内容解决实际问题	72(课内实习8)
6	安全文书写作	了解安全系统工程的基本概念和发展现状以及系统安全与能量、可靠性和信息处理的关系,掌握常用的系统安全分析方法:安全检查表、预先危险性分析、故障类型和影响分析、事件树分析、因果分析图法、危险和可操作性研究、事故树分析等,能运用方法工具进行安全评价,安全预测分析	36(课内实习30)
7	事故应急与救护	了解企业安全生产事故应急救援管理以及企业及其班组生产安全事故应急处置与救护的相关知识,熟悉安全生产应急救护与不同行业企业的不同事故类型和相应的现场处置和急救措施,掌握常见事故应急救护技能,能够熟练运用相关知识,做好企业的安全管理和应急救护工作	144(课内实习90)
合计	7门	34学分	648(课内实习326)

（2）专业方向课程

①物业安全管理方向

表3.24　安全技术管理专业物业安全管理方向课程主要教学内容及参考学时

序号	课程名称	主要教学内容和要求	参考学时
1	物业设备设施安全管理	本课程从实际操作的角度对物业工程设施设备管理工作中应知应会的内容进行了系统的归纳和整理,具体包括物业设施设备管理概述、物业工程设施管理体系的建立、前期物业工程管理、物业设施设备常规管理、房屋日常养护与管理、设施设备运维外包管理、物业设施设备管理质量提升、智慧楼宇建筑设备管理系统等内容	180(课内实习及综合实训126)

序号	课程名称	主要教学内容和要求	参考学时
2	物业安全保卫服务管理	该课程是安全技术管理专业物业安全管理方向课。本课程以培养物业管理应用型中高级人才为目标，系统地介绍了物业管理实务的现状、目标、基本内容，物业管理招投标，早期介入与前期物业管理，物业的承接查验，入住与装修管理，房屋修缮管理，物业设备设施管理，物业公共秩序管理，物业环境管理，物业管理服务风险防范与紧急事件，物业服务企业客户服务与管理，物业服务企业的人力资源管理等物业服务企业日常实务管理内容。本课程理论体系完整，内容新颖、充实，具有较强的操作性与实用性，同时具有高职教育的特点，适应学生学习物业管理实务课程的需要，是作者近十年从事物业管理实务教学与科研学术水平的总结与创新	72（课内实习及综合实训54）
合计		15学分	252（实习180）

②企业安全管理方向

表 3.25　安全技术管理专业企业安全管理方向课程教学内容及参考学时

序号	课程名称	主要教学内容和要求	参考学时
1	企业安全管理	该课程是安全技术管理专业企业安全管理方向课。《企业管理实务》站在班组的角度，对班组在安全管理中要进行的精细化工作做了梳理，对班组精细化安全培训与教育，班组精细化安全检查，班组安全精细化作业，班组现场精细化安全管理，班组安全精细化管理要求与方法，班组安全文化建设等方面进行了理论和实践层面的阐述	108（课内实习及综合实训54）
2	应急救援装备选用	本课程对应急救援装备的作用、分类、体系进行了概述，从功能、结构、使用、维护等方面对现代预测预警、个体防护（头部保护、眼面部防护、呼吸器官防护、听觉器官防护、躯干防护、足部防护、手部防护、皮肤防护、坠落防护等）、通信信息、灭火、化工救援、医疗救护等应急救援装备进行了详细介绍。旨在让救援人员做到会选择、会使用、会维护、会排除故障，充分发挥应急装备的应急救援保障作用	36（课内实习及综合实训36）
3	建筑工程安全管理	本课程主要内容包括建设工程安全生产管理的基本理论知识，工程建设各方主体的安全生产法律义务与法律责任，建筑施工企业、工程项目的安全生产责任制，建筑施工企业、工程项目的安全生产管理制度，危险性较大的分部分项工程，施工现场安全检查及隐患排查，事故应急救援和事故报告、调查与处理	180（课内实习及综合实训126）
合计	3门	15学分	324（课内实习216）

（3）专业选修课程

为适应社会职业的发展，培养学生适应社会需求的综合素质，掌握物业安全管理和企业安全管理相关的专业知识，具备物业安全管理和企业安全管理的专业拓展能力，开设如下专业选修课程,课程的主要教学内容及参考学时如表 6 所示,其中参考学时项中括号内数字为课内实习课时。学生在校期间需要选修 4 门。

表 3.26　选修课主要教学内容及参考学时

序号	课程名称	主要教学内容和要求	参考学时
1	安全人机工程	该课程以安全科学、系统科学和人体科学为核心,强调人、机、环境类要素之间的相互关联与制约,十分重视对基本概念、基本原理、基本方法的阐述,强调内容的科学性、系统性、新颖性,全书共 13 章,涵盖了以下七大方面的内容:①人的特性及其数学模型;②机的特性以及人机界面的设计;③环境特性以及作业空间的设计;④人—机—环境系统的总体性能分析与安全评价计算;⑤安全人机工程学基础理论的应用;⑥人为失误事故的典型案例与分析;⑦人—机—环境系统的展望与发展	64(8)
2	安全系统工程	该课程以安全评价工作过程为主线,依次介绍安全系统工程的发展历史及研究内容、安全评价基础知识、危险辨识、定性/定量安全分析方法、风险评价方法及安全预测与决策相关内容	64(8)
3	事故调查与处理	该课程介绍事故预防与调查处理基本法规和知识的综合运用、经典案例分析调查、事故预防涉及的安全知识及在生产经营单位中的应用、生产经营单位事故预防和安全管理实操案例等事故预防与调查处理方面的实操知识	72(24)
4	安全生产应急管理	通过本课程的学习,学生应该掌握关于安全生产应急管理的一些基本事实;应对突发公共事件的预防、准备、响应和恢复四个阶段及各阶段所要做的工作;掌握安全生产应急救援体系的建设及运行;掌握应急预案的编制和管理;掌握危险分析与应急能力评估;掌握应急方案的实施和应急培训;掌握处理突发事件的应急响应、应急处置和灾后评估	72(24)
5	工程制图与 CAD	该课程主要内容有:制图的基本知识和基本技能,投影法及点、直线和平面的投影,基本立体及截切体和相交体的投影,组合体的三视图,轴测投影图,机件的图样画法,标准件和常用件,零件图和装配图,计算机绘图基础	72(48)
6	安全管理	该课程介绍了安全生产管理的科学原理和技术实践,具体内容包括安全管理基础知识、安全生产管理理论、不安全行为的分析与控制、人为失误的分析与预防、安全技术措施、安全生产法规与标准、安全管理制度、事故应急救援与伤亡事故统计分析、现代安全管理	72(48)
7	安全生产标准化	该课程内容为:概述,安全资料标准化,安全防护标准化,临时用电标准化,机械安全标准化,表格管理标准化,安全检查与验收,安全防护设施,安全管理信息化,国外现场安全管理介绍,相关安全生产法律法规标准	64

序号	课程名称	主要教学内容和要求	参考学时
8	特种设备安全管理	该课程注重对机械与特种设备安全基础知识的介绍,兼顾内容的通用性及系统性。体现生产实际,反映新理论、新技术、新装备以及近期新相关法规标准要求。注重机械与特种设备安全意识的建立与强化。使读者了解机械与特种设备的危险性、危险控制及安全管理的基本理论和方法。本课程共分七章,包括机械安全概述、机械零件的失效与防护、金属加工机械安全、特种设备安全概述、起重机械安全、锅炉安全、压力容器安全、压力管道安全、电梯安全、场(厂)内专用机动车辆安全、大型游乐设施安全和客运索道安全等内容,对机械和特种设备的使用安全做了较为全面、系统的介绍	64
9	灾害信息统计与分析	熟悉统计分析常用知识和工具,了解灾害信息收集方法、渠道,掌握国家、行业相关灾害信息统计要求和文本报送技术标准,运用常用工具对属地单位、区域灾害信息进行统计分析和形成相关报告	64(24)

(4)顶岗实习

顶岗实习是本专业重要的实践性教学环节。通过顶岗实习,学生能更好地将理论和实践结合,全面巩固和锻炼职业技能和实际岗位工作能力,为就业奠定坚实基础。本专业顶岗实习主要使学生了解顶岗实习的意义,掌握顶岗实习的基本知识,应用所学课程和专业知识,培养学生爱岗敬业、吃苦耐劳的职业素质,提高学生的职业能力。

顶岗实习安排,应认真落实教育部、财政部关于《中等职业学校学生实习管理办法》的有关规定,参照教育部《职业学校专业(类)顶岗实习标准》的有关要求,保证学生顶岗实习岗位与其所学专业面向的岗位群基本一致,内容符合标准要求。

顶岗实习安排在第六学期进行。学生到单位进行顶岗实习,可结合单位的生产任务对专业技能和职业素养进行综合锻炼,培养学生的动手能力和职业素养,提高其职业道德,为参加正式工作打下良好的专业基础。

七 教学进程总体安排

(一)基本要求

每学年为 52 周,其中教学时间 40 周(含复习考试),累计假期 12 周,周学时一般为 28 学时,每学时按 45 分钟左右计,顶岗实习按每周 30 学时(1 小时折合 1 学时)计算。课程开设顺序和周学时安排,学校可根据实际情况调整。实行学分制的学校,18 学时为 1 学分,3 年制总学分不低于 170 学分。军训、社会实践、入学教育、毕业教育等活动按 1 周为 1 学分,共 5 学分,另计。

公共基础课程学时一般占总学时的 1/3,但必须保证学生修完公共基础课的必修内容和学时。专业课程学时一般占总学时的 2/3,各专业方向课的学时数相当。顶岗实习累计时间按半年(扣除节假日,定为 20 周)计算,可根据实际需要集中或分阶段安排实习时间,按 600 学时计算。

公共基础课程和专业课程要加强实践性教学,实践性教学学时原则上要占总学时数一半以上。

(二)教学安排

表 3.27　课程总体教学安排

课程类别	课程名称		学分	学时	学期						备注
					1	2	3	4	5	6	
公共基础课程	思想政治(中国特色社会主义)		2	36	✓						
	思想政治(心理健康与职业生涯)		2	36		✓					
	思想政治(职业道德与法治)		2	36			✓				
	思想政治(哲学与人生)		2	36				✓			
	语文		11	198	✓	✓	✓	✓	✓		
	历史		4	72				✓	✓		
	数学		8	144	✓	✓	✓				
	外语(英语)		8	144	✓	✓	✓	✓			
	信息技术		6	108	✓	✓	✓				
	体育与健康		8	144	✓	✓	✓				
	艺术		2	36	✓						
	物理		2.5	45	✓						
	公共基础选修课		8	108				✓	✓		
	公共基础课小计		63.5	1143							
专业课程	专业核心课程	防火防爆技术	6	108	✓						
		安全生产法律法规	4	72	✓						
		风险辨识与评估	6	108		✓					
		安全用电	4	72			✓				
		安全文书写作	2	36		✓					
		事故应急与救护	8	144		✓					
		应急预案编制与演练	6	108				✓			
		小计	36	648							
	专业技能(方向)课程	企业安全管理方向 应急救援装备选择与使用	2	36	✓						
		企业安全管理	6	108				✓			
		建筑工程安全管理	10	180							
		专业方向综合实训	11	200							
		方向一课程小计	29	524							

课程类别			课程名称	学分	学时	学期						备注
						1	2	3	4	5	6	
专业课程	专业技能（方向）课程	物业安全管理方向	物业设备设施安全管理	10	180			√	√			
			物业安全保卫服务管理	4	72				√			
			物业管理法律法规	4	72				√			
			专业方向综合实训	11	200							
			方向二课程小计	29	524							
		小计		29	524				√			
	专业选修课程			9	162			√	√	√		
	顶岗实习			30	540						√	
	专业课小计			107	1 926							
合计				175	3 152							

说明：

（1）表中"√"表示建议相应课程开设的学期；

（2）表中括号中的数字为实践课时；

（3）本表不含军训、社会实践、入学教育、毕业教育的教学安排，学校可根据实际情况灵活设置。

八 教学基本条件

（一）师资队伍

1. 队伍结构

专任教师队伍要考虑数量、学历、职称和年龄，形成合理的梯队结构。本专业学生数与专任教师数比例不高于 20∶1，专任教师中具有高级专业技术职务人数不低于 20%。双师型教师占专业教师比应不低于 30%。兼职教师应占专任教师总数的 20% 左右。

2. 专业教师

专业教师应具有本专业或相关专业本科及以上学历，具有中等职业学校教师资格证书，获得本专业及相关专业中级以上职业资格。新招聘专业教师要求具有 3 年以上企业工作经历。专业教师应有坚定的理想信念、良好的师德和终身学习能力，具有风险辨识与评估、隐患排查与治理、应急预案编制与演练、事故应急与现场急救等专业知识和实践能力，具有信息化教学能力，能够开展专业课程教学改革和科学研究，以及有每 5 年累计不少于 6 个月的企业实践经历。

专业带头人原则上应具有副高及以上职称和较高的（技师以上）职业资格，能广泛联系行业企业，了解国内外相关行业发展新趋势，准确把握行业企业用人需求，具有组织开展学校专业建设、教科研工作和企业服务的能力，在本专业改革发展中起引领作用。

3. 兼职教师

兼职教师主要从相关企业的高技术技能人才中聘任,应具备良好的思想政治素质、职业道德和工匠精神,具有扎实的企业安全管理和物业安全管理专业知识和丰富的实际工作经验,具有中级及以上相关专业职称,能承担专业课程教学、实习实训指导和学生职业发展规划指导等专业教学任务。

(二)教学设施

1. 校内实训设备及设施

校内实训必须建设满足专业人才培养相关要求的实训室。配备满足教学和实训要求的实训设备、器材和软件。基本配置详见附件1。

学校根据需要建设校内实训基地,具有合适的地形条件,满足风险辨识、隐患排查、预案编制、应急救护、防火防爆等课程的实训需要,能满足若干个班级同时进行实训。

2. 校外实习基地

根据本专业人才培养的需要,建立两类校外实习基地,一类是以专业认识和参观为主,能同时接纳较多学生实习,为新生入学教育和专业认知课程教学提供条件;另一类是校企合作实训基地,以接收学生社会实践、跟岗实习和顶岗实习为主,能为学生提供真实的专业综合实践训练的工作岗位,根据专业人才培养目标和实践教学要求,校企双方共同制订实习计划,企业安排有经验的技术人员担任实习指导教师,开展专业教学和职业技能训练,进行实习质量评价,并组织开展相应的职业资格或职业技能等级考试。

(三)教学资源

主要包括能够满足学生专业学习、教师专业教学研究和教学实施需要的教材、图书及数字化资源等。

1. 教材选用要求

按照国家规定选用优质教材。应建立由专业教师、行业专家和教研人员等参与的教材选用机构,完善教材选用制度,按照规范程序,严格选用国家和地方规划教材。

教材的选用要与专业内容相契合,在难易程度和内容上能满足专业教学的需要,理论教学与实践教学参考教材也要考虑进去。同时,有条件的学校可适当开发针对性强的校本教学资源。

2. 图书资料配备要求

本专业相关图书文献配备,应能满足人才培养、专业建设、教科研等工作的需要,方便师生查询、借阅,且定期更新。主要包括:风险分级管控和隐患排查治理、安全标准化建设、物业服务、安全和应急法律法规汇编、事故调查与处理、电气安全等技术类和案例类图书,以及《中国安全生产科学技术》《安全与环境工程》《中国安全工程学报》等专业学术期刊。

3. 数字资源配备要求

结合专业需要,开发和配备一批优质的音视频素材、教学课件、数字化教学案例库、网络课程等专业教学资源库,有效开展多种形式的信息化教学活动,激发学生学习兴趣,提高学习效果。

教师要正确处理现信息技术与专业课程的教学关系,支持传统教学模式与混合学习、移动学习等信息化教学模式的有机融合,提高教学效果。

九 教学实施

(一)教学要求

公共基础课教学要符合教育部有关教育教学基本要求,按照培养学生基本科学文化素养、服务学生专业学习和终身发展的功能来定位,通过教学方法、教学组织形式的改革,教学手段、教学模式的创新,调动学生学习的积极性,为学生综合素质的提高、职业能力的形成和可持续发展奠定基础。

专业课坚持校企合作、工学结合的人才培养模式,利用校内外实训基地,按照相应职业岗位(群)的能力要求,强化理论实践一体化,突出"做中学、做中教"的职业教育教学特色,提倡项目教学、案例教学、任务教学、角色扮演、情境教学等方法,运用启发式、探究式、讨论式、参与式教学形式,将学生的自主学习、合作学习和教师引导教学有机结合,优化教学过程,提升学习效率。

专业课程的教学要落实立德树人的根本任务,遵循职业教育规律,始终以促进核心素养和核心能力的形成、发展为主要目标,以实践能力的培养为主,体现职业教育课程的实践性。

(二)学习评价

根据本专业培养目标和以人为本的发展理念,建立科学的评价标准。学习评价体现评价主体、评价方式、评价过程的多元化,注重行业和企业参与。注重校内评价与校外评价相结合,职业技能鉴定与学业考核相结合,过程性评价与结果性评价结合。

学习评价采用学习过程评价、实际操作评价、期末综合考核评价等多种方式。根据不同的课程性质和教学要求,通过笔试、口试、实操、项目作业等方法,考核学生的专业知识、专业技能和工作规范等方面的学习水平。

学习评价不仅关注学生对知识的理解和技能的掌握,更要关注学生在实践中运用知识与解决实际问题的能力水平,重视规范操作、安全生产等职业素质的形成。本专业课程的学业水平评价主要采用形成性评价,个别课程采用终结性评价。同时,根据各门课程特点,灵活把握多样化的评价形式。

对于课程中以偏向技能训练为主的课程,采用形成性评价的有:《防火防爆技术》《应急预案编制与演练》《风险辨识与评估》《事故应急与救护》《应急救援装备选用》《安全文书写作》《物业安全保卫服务管理》《安全宣传与教育》等。

以理论知识为主技能训练为辅的专业基础课程,采用终结性评价。课程有:《安全生产法律法规》《建筑工程安全管理》《物业设备设施安全管理》《安全人机工程》等。

对于专业课程要根据课程的性质进行合理评价,命题时要具有科学性、公平性、规范性。

(三)质量管理

完善教学管理机制,加强日常教学组织运行与管理,建立健全巡课、听课、评教、评学等制度,建立与企业联动的实践教学环节督导制度,严明教学纪律,强化教学组织功能。定期开展公开课、示范课等教研活动。

完善专业教学工作诊断与改进制度,健全专业教学质量监控和评价机制,及时开展专业调研、人才培养方案更新和教学资源建设工作,加强课堂教学、实习实训、毕业设计等方面质量标准建设,提升教学质量。

完善学业水平测试、综合素质评价和毕业生质量跟踪反馈机制及社会评价机制,对生源情况、在校生学业水平、毕业生就业情况等进行分析,定期评价人才培养质量和培养目标达成情况。各个学校可根据实际情况,根据职业教育的有关政策、规定或条文,灵活把握。

十 毕业要求

(一) 学业考核要求

(1) 推行"1+X"证书制度,学生考取本专业相关职业资格证书,其有关课程可开展学分置换。

(2) 完成顶岗实习且考核合格或完成毕业设计且成绩合格。

(二) 证书考取要求

(1) 学生在校期间必须取得安全员、安检员、保安员、消防设施操作员、物业管理员等至少一种职业资格证书。

(2) 鼓励考取 ICDL 咨询安全国际通用证书。

附件 1 校内实训室设备及软件配置

序号	项目	用途描述	主要器材、设备及软件	
			技术参数	数量
1	应急救护实训室	止血包扎 心肺复苏 骨折固定 伤员搬运	电脑心肺复苏模拟人	每2人一套
			自动体外除颤仪	每4人一台
			三角巾	每人一套
			绷带、医用纱布、止血带	每人一套
			医用消毒用品	每4人一套
			夹板	每2人一套
			衬垫	每2人一套
			急救救生担架	每4人一台
			投影仪	1套
			桌椅、电脑	根据工位需要
2	应急救援装备实训室	常见应急装备的使用,应急装备排障与维护;搜索、营救、应急照明、应急通讯、医疗急救、个体防护、后勤保障等八个模块的先进应急装备	侦检装备	每工位1机
			搜救装备	每工位1套
			通讯装备	每工位1套
			个人防护装备	每工位1套
			照明装备	每工位1套

序号	项目	用途描述	主要器材、设备及软件	
			技术参数	数量
3	预案编制与演练实训室	应急预案编制 应急演练组织与实施	桌椅、电脑	每工位1套
			投影仪	1套
			其他	根据功能需要,可选择设置沙盘等
4	风险辨识与评估实训室	用于学生的风险辨识和隐患排查实训	根据典型生产情景、物业管理常见隐患等构建真实或者虚拟的场景	实验室1个

说明:主要工具和设施设备的数量按照每班 40 人配置,有条件的院校可按实际情况调整。

3.5 五年制高职消防救援技术专业实施性人才培养方案

一 专业名称及代码

专业名称：消防救援技术

专业代码：420906

二 入学要求

初中应届毕业生

三 修业年限

五年

四 职业面向、职业资格

本专业职业面向如下表所示。

所属专业大类（代码）	所属专业类（代码）	对应行业（代码）	主要职业类别（代码）	主要岗位类别或技术领域举例	职业资格或职业技能等级证书举例	认证部门
资源环境与安全大类42	安全类4209	专业技术服务业（74）	消防装备管理员（3－02－03－03）、消防安全管理员（3－02－03－04）、消防监督检查员（3－02－03－05）4070504消防设施操作员	消防工程设计施工、消防工程质量检验、消防设置运行与管理、消防安全管理、消防控制室操作、消防设施操作等	消防设施操作员（中级）污水处理员（中级）	国家人力资源和社会保障部

五 培养目标与培养规格

（一）培养目标

本专业主要培养具有社会主义核心价值观、高度的思想政治觉悟、强健的体魄和军事化作风,掌握消防及应急相关法律法规、应急管理基础知识和消防救援业务知识;能够熟练佩用消防个体防护装备和使用消防救援仪器设备,熟悉建筑物消防设备设施、熟悉消防救援方法及技术要领,具备消防救援、消防指挥、消防检查等能力,能从事消防救援、消防指挥、消防检查及管理等岗位工作的高素质技术技能型人才。

（二）培养规格

本专业毕业生应在素质、知识和能力方面达到以下要求:

1. 素质

思想道德素质:

（1）热爱中国共产党、热爱社会主义祖国、拥护党的基本路线和方针政策,具有坚定正确的政治方向,事业心强,有奉献精神。

（2）具有正确的世界观、人生观、价值观,遵守相关法律法规、标准和管理规定,为人诚实、正直、谦虚、谨慎,具有较强的社会责任感和良好的职业操守,工作作风严谨务实,能爱岗敬业、团结协作。

科学文化素质:

（1）具有专业必需的文化基础,具有良好的文化修养和审美能力;知识面宽,自学能力强。

（2）能用得体的语言、文字和行为表达自己的意愿,具有社交能力和礼仪知识。

（3）具有终生学习理念,能够不断学习新知识、新技能。

身心素质:

（1）拥有健康的体魄,能适应岗位对体质的要求;具有健康的心理和乐观的人生态度。

（2）朝气蓬勃,积极向上,奋发进取;思路开阔、敏捷,善于处理突发问题。

（3）具有良好的人际交往能力、团队合作精神和客户服务意识。

专业素质:

（1）具有从事专业工作所必需的专业知识和能力;坚持安全生产、文明施工,具有"安全至上、质量第一"的理念。

（2）具有节约资源、保护环境和绿色施工的意识。

（3）具有创新精神、自觉学习的态度和立业创业的意识,初步形成适应社会主义市场经济需要的就业观和人生观。

2. 知识

（1）具有思想品德与法律基础,具有基本的人文社会科学知识和数学、计算机等自然科学、信息技术基础知识。

（2）能熟练运用消防法律、法规与政策,解决各类安全消防管理问题。

（3）掌握消防工程设计、施工、消防工程质量检验、消防设备运行维护基本知识。

（4）具备较强的火灾危险性分析与评定、消防设施维护、工业企业防火防爆和化工安全消防管理知识。

（5）掌握火灾调查、火灾的风险评估方法、火灾安全管理相关知识。

（6）掌握防火、防爆、应急救援相关知识。

（7）掌握建筑、石油化工等火灾的预防与扑救相关知识。

3. 能力

（1）基本技能

具有编制实际工程需要的计划、报告等应用写作能力及计算机文字处理能力；具有建筑施工图纸的识读与绘图能力、消防给水识图与绘图能力、计算机绘图能力、化学危险品分析检验能力，环保及消防设施使用能力和安全技术装备使用能力。

（2）职业技能

综合应用各种方法查询专业技术资料、获取信息的能力；熟悉相关安全、消防法律法规、安全教育能力和消防管理能力；消防工程施工、运行管理、消防安全管理能力；火灾危险性分析和评定能力；消防设备联动控制、火灾自动报警系统工程的设计、安装及维护能力；生产过程防火防爆能力和隐患排查处理能力；电气安全检查与分析能力和电气防火防爆能力；化工安全消防管理能力；能够熟练使用各类消防救援技术装备，完成相关检测、数据处理与分析应用；能够编制应急预案，并进行应急演练。

六 课程设置及要求

本专业课程设置框架主要包括公共基础课程体系和专业（技能）课程体系。公共课程体系包括思想政治课程模块和文化课程模块，专业（技能）课程体系包括专业（群）平台课程模块、专业核心课程模块、专业技能实训课程模块、专业方向课程及选修模块等。

（一）公共基础课程

表 3.28 公共基础课程主要教学内容及目标要求

序号	课程名称（学时）	主要教学内容	目标要求
1	中国特色社会主义（32）	中国特色社会主义的开创与发展，中国特色社会主义进入新时代的历史方位，中国特色社会主义建设"五位一体"总体布局的基本内容	紧密结合社会实践和学生实际，引导学生树立对马克思主义的信仰、对中国特色社会主义的信念、对中华民族伟大复兴中国梦的信心，坚定中国特色社会主义道路自信、理论自信、制度自信、文化自信，把爱国情、强国志、报国行自觉融入坚持和发展中国特色社会主义事业、建设社会主义现代化强国、实现中华民族伟大复兴的奋斗之中
2	心理健康与职业生涯（32）	职业生涯发展环境、职业生涯规划；正确认识自我、正确认识职业理想与现实的关系；个体生理与心理特点差异，情绪的基本特征和成因；职业群及演变趋势；立足专业，谋划发展；提升职业素养的方法；良好的人际关系与交往方法；科学的学习方法及良好的学习习惯等	能结合活动体验和社会实践，了解心理健康、职业生涯的基本知识，树立心理健康意识，掌握心理调适方法，形成适应时代发展的职业理想和职业发展观，探寻符合自身实际和社会发展的积极生活目标，养成自立自强、敬业乐群的心理品质和自尊自信、理性平和、积极向上的良好心态，提高应对挫折与适应社会的能力，掌握制订和执行职业生涯规划的方法，提升职业素养，为顺利就业创业创造条件
3	哲学与人生（32）	马克思主义哲学是科学的世界观和方法论，辩证唯物主义和历史唯物主义基本观点及其对个人成长的意义；社会生活及个人成长中进行正确的价值判断和行为选择的意义；社会主义核心价值观内涵等	了解马克思主义哲学基本原理，运用辩证唯物主义和历史唯物主义观点认识世界，坚持实践第一的观点，一切从实际出发、实事求是，学会用具体问题具体分析等方法，正确认识社会问题，分析和处理个人成长中的人生问题，在生活中做出正确的价值判断和行为选择，自觉弘扬和践行社会主义核心价值观，为形成正确的世界观、人生观和价值观奠定基础

序号	课程名称（学时）	主要教学内容	目标要求
4	职业道德与法治（34）	感悟道德力量；践行职业道德的基本规范，提升职业道德境界；坚持全面依法治国；维护宪法尊严，遵循法律规范	能够理解全面依法治国的总目标，了解我国新时代加强公民道德建设、践行职业道德的主要内容及其重要意义；能够掌握加强职业道德修养的主要方法，初步具备依法维权和有序参与公共事务的能力；能够根据社会发展需要、结合自身实际，以道德和法律的要求规范自己的言行，做恪守道德规范、学法尊法守法用法的好公民
5	思想道德与法治（64）	本课程包括知识模块和实践模块。知识模块：做担当民族复兴大任的时代新人，确立高尚的人生追求，科学应对人生的各种挑战，理想信念的内涵与作用，确立崇高科学的理想信念，中国精神的科学内涵和现实意义，弘扬新时代的爱国主义，坚定社会主义核心价值观、践行社会主义核心价值观的基本要求，社会主义道德的形成及其本质，社会主义道德的核心、原则及其规范，在实践中养成优良道德品质，我国社会主义法律的本质和作用，坚持全面依法治国，培养社会主义法治思维，依法行使权利与履行义务。实践模块：通过课堂讨论、经典回放、文献报告等课堂实践，校外参观学习、假期社会调查等社会实践，实现理论学习与实践体验的有效衔接	紧密结合社会实践和学生实际，运用辩证唯物主义和历史唯物主义世界观和方法论，引导学生树立正确的世界观、人生观、价值观、道德观和法治观，解决成长成才过程中遇到的实际问题，更好地适应学校生活，促进德智体美劳全面发展
6	毛泽东思想和中国特色社会主义理论体系概论（68）	马克思主义中国化理论成果的主要内容、精神实质、历史地位和指导意义，毛泽东思想的主要内容及其历史地位，邓小平理论、"三个代表"重要思想、科学发展观各自形成的社会历史条件、发展过程、主要内容和历史地位，习近平新时代中国特色社会主义思想的主要内容及其历史地位，坚持和发展中国特色社会主义的总任务，系统阐述"五位一体"总体布局和"四个全面"战略布局，全面推进国防和军队现代化，中国特色大国外交、坚持和加强党的领导等	从整体上阐释马克思主义中国化理论成果，既体现马克思主义中国化理论成果形成和发展的历史逻辑，又体现这些理论成果的理论逻辑；既体现马克思主义中国化理论成果的整体性，又体现各个理论成果的重点和难点，力求全面准确地理解毛泽东思想和中国特色社会主义理论体系，尤其是马克思主义中国化的最新成果——习近平新时代中国特色社会主义思想，引导学生增强中国特色社会主义道路自信、理论自信、制度自信、文化自信，努力培养德智体美劳全面发展的社会主义建设者和接班人

序号	课程名称（学时）	主要教学内容	目标要求
7	语文（320）	本课程分为基础模块（必修）、职业模块（限定选修）、拓展模块（选修）。 基础模块：语感与语言习得，中外文学作品选读，实用性阅读与口语交流，古代诗文选读，中国革命传统作品选读，社会主义先进文化作品选读。 职业模块：劳模、工匠精神作品研读，职场应用写作与交流，科普作品选读。 拓展模块：思辨性阅读与表达，古代科技著述选读，中外文学作品研读	正确、熟练、有效地运用祖国语言文字；加强语文积累，提升语言文字运用能力；增强语文鉴赏和感受能力；品味语言，感受形象，理解思想内容，欣赏艺术魅力，发展想象能力和审美能力；增强思考和领悟意识，开阔语文学习视野，拓宽语文学习范围，发展语文学习潜能
8	数学（320）	本课程分为必修模块、选修模块、发展（应用）模块。 必修模块：集合、不等式、函数、三角函数、数列、平面向量、立体几何、概率与统计初步、复数、线性规划初步、平面解析几何、排列、组合与二项式定理等。 选修模块：算法与程序框图、数据表格信息处理。 发展（应用）模块：极限与连续、导数与微分	提高作为高技能人才所必须具备的数学素养；获得必要的数学基础知识和基本技能；了解概念、结论等的产生背景及应用，体会其中所蕴含的数学思想方法；提高空间想象、逻辑推理、运算求解、数据处理、现代信息技术运用和分析、解决简单实际问题的能力；发展数学应用意识和创新意识，形成良好的数学学习习惯
9	英语（320）	本课程分为必修模块、选修模块。 必修模块以主题为主线,涵盖语篇类型、语言与技能知识、文化情感知识。 在自我与他人、生活与学习、社会交往、社会服务、历史与文化、科学与技术、自然与环境和可持续发展 8 个主题中,涵盖记叙文、说明文、应用文和议论文等文体,并涉及口头、书面语体。 语言与技能知识包括语音知识、词汇知识、语法知识、语篇知识、语用知识。 文化情感知识包括中外文化的成就及其代表人物、中外传统节日和民俗的异同、中外文明礼仪的差异、相关国家人文地理、中华优秀传统文化等。 选修模块:求职应聘、职场礼仪、职场服务、设备操作、技术应用、职场安全、危机应对、职场规划等主题	掌握英语基础知识和基本技能,发展英语学科核心素养。能运用所学语言知识和技能在职场沟通方面进行跨文化交流与情感沟通；在逻辑论证方面体现出思辨思维；能够自主、有效地规划个人学习,通过多渠道获取英语学习资源,选择恰当的学习策略和方法,提高学习效率

序号	课程名称（学时）	主要教学内容	目标要求
10	信息技术（128）	本课程分为基础模块（必修）和拓展模块（选修）。 基础模块：信息技术应用基础、网络技术应用、图文编辑、数据处理、演示文稿制作、程序设计入门、数字媒体技术应用、信息安全基础、人工智能。 拓展模块：维护计算机与移动终端、组建小型网络、保护信息安全	了解信息技术设备与系统操作、程序设计、网络应用、图文编辑、数据处理、数字媒体技术应用、信息安全防护和人工智能应用等相关知识；理解信息社会特征；遵循信息社会规范；掌握信息技术在生产、生活和学习情境中的相关应用技能；具备综合运用信息技术和所学专业知识解决职业岗位情境中具体业务问题的信息化职业能力

（二）主要专业（群）平台课程教学内容及目标要求

表 3.29　主要专业（群）平台课程教学内容及目标要求

序号	课程名称（学时）	主要教学内容	目标要求
1	职业健康与安全（32）	了解我国职业健康与职业安全现状及工作发展趋势，掌握职业健康和职业安全概述；知晓劳动者在职业健康与职业安全方面的相关法律法规，保障自身合法权益；能正确使用个人劳动防护用品，提高个人防护能力	增强学生的职业健康与安全意识，具备辨别和消除职业岗位上的危险源，从而防患于未然；掌握本专业数字媒体（平面、家装）事故现场救护的基本步骤，最终掌握事故现场救护技术以及个人的逃生、避险、自救的方法；能够运用所学理论知识，结合本专业的相关案例进行分析，培养学生解决问题的能力；树立关注安全、关爱生命和安全发展的观念，形成职业安全和职业健康意识
2	建筑工程概论（30）	建筑工程的内涵和发展简史，建筑工程材料、地基与基础、建筑工程，桥梁工程，道路与铁道工程，建筑工程施工，建筑工程管理，建筑工程防灾减灾，高新技术应用，建筑工程注册师制度等	了解建筑工程发展简史，掌握建筑工程材料、地基与基础，建筑工程施工，管理等方面的基础知识
3	工程制图（60）	制图基本知识，投影的基本知识，点、直线、平面的投影，立体的投影，轴测投影，剖面图和断面图，建筑施工图	掌握制图基本知识，掌握正投影的基本原理，掌握剖面图与断面图的绘制；掌握建筑施工图、结构施工图的绘制与识读方法，了解道路施工图、桥涵施工图基本知识
4	建筑设备识图（68）	熟悉建筑给排水、消防系统等工程的组成、分类，掌握给排水管道的敷设要求及安装方法，能够熟练识读给排水、消防工程施工图；熟悉建筑采暖系统的分类组成，掌握采暖系统、布置原则、敷设方式、安装工艺要求等，能够熟练识读采暖施工图；了解通风与空调工程的分类，熟悉通风空调工程基本组成，熟悉风管的制作安装要求，以及与建筑的配合；熟悉建筑供配电、电器照明、弱电与消防电器的基本组成及与建筑的配合，能够熟练识读电气照明、建筑弱电施工图	具有将给排水、采暖、通风空调、电气各专业与土建专业相配合的能力；能够正确选择给排水、采暖、通风空调、电气等各专业施工管材、线材、管件、部件、零件等；学会查阅各种相关的规范、图集和工程资料，能够正确领会并执行国家有关建筑标准；具有识读和绘制一般建筑给排水、采暖、通风空调、电气施工图的基本能力；能够利用所学知识处理施工中的有关问题

序号	课程名称（学时）	主要教学内容	目标要求
5	安全生产（64）	掌握安全生产政策与法律法规、生产安全、职业健康、工伤预防、个人防护、应急救援知识，帮助职业院校学生及从业人员有效应对学习、生活及工作中可能出现的安全问题，避免出现意外伤害，降低安全风险	通过融知识性与实用性、趣味性与教育性于一体，设置"情境导入"，引出"知识点精炼""典型案例"等栏目，并设置"思考与探究"环节，帮助读者巩固所学知识，强化职业安全意识，提升安全技能水平，提高应急处置能力，形成良好的职业安全素养
6	安全标准化与 HSE 体系（64）	熟悉工商贸易企业、危险化学品生产经营企业、矿山开采等行业的安全标准化要求，能够根据要求建立企业安全标准化管理体系	熟悉 ISO 14000、ISO 45000 等应急管理和安全生产相关的国际体系认证标准，对照这些标准建立相应的管理体系
7	消防事故与火灾案例分析	了解我国近些年发生的典型城市火灾案例，包括化工火灾、小商品场所火灾、公交车火灾等各类典型火灾案例。针对每起案例进行法律知识延伸，从法律方面找出每起案例的事故原因并总结经验教训	通过每个案例的案例回放、基本情况、名词术语、原因分析、经验教训、法律标准链接等内容分析，提高认识，提高学生分析问题、解决问题的能力
8	危险化学品应急救援	掌握危险化学品基础知识、危险化学品事故救援处置程序、危险化学品事故救援处置关键技术、常见危险化学品事故处置、危险化学品事故应急救援演练	通过注重内容与实际相结合，突出基础理论知识的学习和实战化应用，着重提高学生的知识应用能力和分析解决问题的能力
9	健康与安全应急处置（64）	掌握职业健康与安全相关的基本概念和发展历程；掌握职业病和职业危害因素的辨识，能够识别常见行业的职业危害因素、职业病和职业禁忌证	掌握职业危害因素的检测和评价的基本技能，能够运用正确的检测和评价方法对职业危害因素的危害性进行评价，并能够根据实际情况采用正确的措施控制职业危害
10	危机管理与风险防控（64）	掌握风险管理的基本的概念和理论，掌握危险有害因素的类型和识别方法，能够运用正确的方法识别危险有害因素	掌握风险评价的技术和风险研判方法，能够运用这些方法根据现场的实际情况进行的风险研判和评价，并根据实际情况对风险进行控制
11	应急救援及预案（68）	掌握应急预案的编制要求、行文规范、应急演练等知识，能够运用这些知识编制一般工商贸易企业和生产企业的应急预案，并按要求进行演练	使学生了解识别危险源及控制基本方法；能按标准制订预案、评审预案，撰写演练脚本，策划演练项目并组织简易的事故演练

（三）主要专业核心课程教学内容及目标要求

表 3.30　主要专业核心课程教学内容及目标要求

序号	课程名称（学时）	主要教学内容	目标要求
1	应急管理概论(32)	掌握应急管理分类、管理体系、管理体制、管理机制等基本概念和应急管理的基本原理，并能利用这些原理分析应急管理的利益相关者与组织	掌握风险沟通、应急评估、国际应急管理、应急管理职业化等基本知识和技能，了解应急管理的未来发展方向；掌握公共安全的基本知识和应急响应的正确程序，熟悉常见的公共安全事件的类型
2	消防救援装备▲(64)	能够掌握最新消防器材基础知识，使消防救援装备技能的学习与实际应用紧密结合，突出装备操作人员综合能力的全面提升	注重消防救援装备职业技能和动手能力的培养，突出消防专业技能的培养
3	消防救援技术(68)	能够掌握灭火救援的原理、指导原则和基本方法；能够根据不同性质的火灾正确选择灭火剂；根据各种灭火救援对象及火灾规律和特点，采取正确的灭火技术装备和具体的抢险救援措施	掌握灭火救援的原理、指导原则和方法；能够根据不同性质的火灾正确选择灭火剂；根据各种灭火救援对象及火灾规律和特点，采取正确的灭火技术装备和具体的抢险救援措施
4	事故现场急救(60)	国家关于安全生产法律、法规知识；事故现场救援的组织程序、要求与内容	正确使用通讯工具(电话、对讲机)的能力，掌握进行事故现场救援的组织程序、要求与内容
5	消防救援指挥技术(60)	以计算机技术为基础，介绍运用系统科学、消防救援指挥技术和信息科学的理论与方法，进行灾害类应急救援指挥系统的开发与实现	使学生了解和掌握消防救援指挥技术的基本理论与方法，初步掌握消防救援指挥技术的能力，培养学生的实践能力和创新精神，并为其从事消防救援指挥技术奠定基础
6	应急通信技术(68)	建立完整的通信系统的概念，理解通信的基本原理及通信系统的一般组成，了解现代通信技术；理解模拟通信技术；理解数字信号传输的基本原理；理解数字终端技术	通过实验培养工程测试的能力，锻炼学生的动手能力；通过计算机模拟仿真技术，在 System View 平台上仿真各个通信系统，培养学生分析问题、解决问题的能力
7	应急演练技术与实务▲(68)	掌握安全生产应急演练的概念与分类、国外应急演练现状与启示、应急演练活动组织与策划、应急演练组织实施、应急演练评估、应急演练总结与善后、模拟演练与相关案例等理论知识，提升安全生产应急演练技术实务操作能力	使学生了解和掌握应急演练技术和实务的基本理论与方法，初步掌握应急演练技术，培养学生的实践能力和创新精神，并未其从事消防应急救援奠定基础

（四）主要专业技能实训课程教学内容及目标要求

表 3.31　主要专业技能实训课程教学内容及目标要求

序号	课程名称（周/学时）	主要教学内容	目标要求
1	工程制图实训(1/28)	工程制图规范；识读建筑工程图纸；抄绘建筑工程图纸	了解工程制图规范；具备常见的工程图的识读能力；能按照工程制图标准与规范绘制完成常见工程图样
2	应急救援及预案实训(1/28)	培养学生应急预案的编制能力及应急演练的组织能力。主要内容包括：应急预案的编制、演练脚本的编写	通过教学达到以下基本要求：使学生能按标准制订预案、评审预案，撰写演练脚本，策划演练项目并组织简易的事故演练

续表

序号	课程名称（学时）	主要教学内容	目标要求
3	毕业设计（8周）	独立完成一份事故应急救援预案的毕业设计	毕业设计的选题,以真题真做,在条件不具备时也可紧密联系实际情况选题
4	顶岗实习（18周）	课程内容是以一个合格消防救援专业人士的身份要求学生,培养学生的综合工作能力。主要内容包括:矿山救援能力、危化品事故救援能力、火灾救援能力、水域救援能力、受限空间救援能力、水域救援能力等	严格执行教育部颁发的《职业学校学生实习管理规定》和《高等职业院校建筑工程技术专业顶岗实习标准》要求,与合作企业共同制定顶岗实习计划、实习内容,共同商定指导教师,共同制定实习评价标准,共同管理学生实习工作。通过顶岗实习,使学生成为具有建筑工程技术专业必需的科学文化水平,良好的人文素养、职业道德和创新意识,精益求精的工匠精神;掌握消防救援技术专业的基础理论和专业知识,具有较强的操作技能,具备消防救援技术专业的综合职业能力,成为面向消防、应急、建筑及其他单位的高素质技术技能人才

七 教学进程总体安排表

（一）教学时间表（按周分配）

表 3.32　教学时间表

学期	学期周数	理论教学		实践教学						入学教育与军训	劳动	机动周
		教学周数	考试周数	技能训练		课程设计大型作业毕业设计		企业见习顶岗实习				
				内容	周数	内容	周数	内容	周数			
一	20	16	1							2		1
二	20	16	1	信息技术实训	1						1	1
三	20	16	1	工程制图实训	1						1	1
四	20	17	1	建筑设备识图实训	1							1
五	20	16	1	消防救援装备操作实训	1							1
				事故现场急救技能实训	1							
六	20	17	1	危险化学品应急救援实训	1							1
七	20	17	1	污水处理技术实训	1							1
八	20	17	1	应急救援及预案实训	1							1
九	20	10	1			毕业设计	8					1
十	20	0	0					顶岗实习	18			2
总计	200	142	9		8		8		18	2	2	11

（二）教学进程安排表（见十一）

八　实施保障

（一）师资队伍

本专业依托江苏省许曙青职业安全健康与科技创新名师工作室、江苏省职业学校安全应急教师教学创新团队，采用校企合作学徒制建设、建立消防专业教师教学创新团队，服务地方消防救援技术专业人才培养。

1. 队伍结构

校内建立了一支以中高级职称为主的专业教师队伍，专业教师与在籍学生之比为1∶20。专任专业教师9人，专任专业教师团队中具有硕士学位的教师占专任教师的比例为45％，高级职称教师占比是30％，"双师型"教师占比为90％。

2. 专任教师

取得教师资格证；具有良好的思想政治素质，遵守师德师风；具有扎实的教育教学能力和专业素养；具有资源环境与安全大类相关专业本科及以上学历、扎实的专业理论功底和实践能力；每年到企业实践不少于1个月；具有实施教学改革的能力；具备进行信息化教学和资源开发、整合和应用的能力；具备较强的教学科研能力，能主动开展课程教学改革。

3. 专业带头人

专业带头人具有硕士研究生学位、三级教授，从事本专业教学21年，熟悉职业教育专业建设，了解安全类专业人才培养现状和行业发展趋势，为全国安全职业教育教学指导委员会成员，主持制订了该专业国家级相关专业教学标准，开发了本专业相关国家规划教材和教学资源，在国内具有一定的知名度和影响力。

4. 兼职教师

本专业拥有3名具备良好的思想政治素质、职业道德的兼职教师，均为从事消防行业、施工企业一线工作的高水平专业技术人员和能工巧匠，均拥有中级以上职称及安全行业的执业资格；具有丰富的实践经历和工作经验；具备一定的教育教学能力，能承担专业课程教学、实习实训指导和学生职业发展规划指导等教学任务。

（二）教学设施

1. 专业教室情况

配备黑（白）板、多媒体计算机、投影设备、音响设备，互联网接入，并具有网络安全防护措施。安装应急照明装置并保持良好状态，符合紧急疏散要求，标志明显，保持逃生通道畅通无阻。

2. 校内实训室

表 3.33　校内实训室

序号	主要实训（实验)室	主要功能	主要设施设备及工具	数量（台、套)
			名称	
1	消防实训室	消防实训	消防车	2
			灭火器	10
			消防水炮	5
			高倍数泡沫灭火器	3
			消防避火服	50
			消防监控系统	1
			便携式痕量爆炸物检测仪	1
2	应急救护实训室	事故应急救护技能实训	心肺复苏设施	5
			止血、包扎设施	20
			固定搬运设施	10
3	应急救援演练实训室	应急预案编制与演练实训	应急演练系统(仿真软件)	40
4	应急救援装备实训室	应急救援装备使用实训	个体保护装备	10
			通信信息装备	10
			灭火抢险装备	10
5	消防设备控制实训室	消防设备控制实训	智能化消防平台	1
			消防灭火实训中心	1
			消防职业体验室	1
			灭火实训室	1
			消防设备、器材实训室	1
			消防监控室	1
6	专项训练实训室	框架结构实训	框架结构构造与施工工艺模型	1
			框架结构节点	1
			框架结构实训工位	1
			框架结构施工现场环境	1
			质量检查工具	5
		砖混结构实训	砖混结构构造与施工工艺模型	1
			砖混结构节点	1
			砖混结构实训工位	1
			砖混结构施工现场环境	1
			质量检查工具	5

续表

序号	主要实训（实验）室	主要功能	主要设施设备及工具	
			名称	数量（台、套）
6	专项训练实训室	钢结构实训	钢结构构造与施工工艺模型	1
			钢结构节点	1
			钢结构实训工位	1
			钢结构施工现场环境	1
			质量检查工具	5
		装饰工程实训	装饰构造与施工工艺模型	1
			装饰基础节点	1
			装饰实训工位	1
			装饰施工现场环境	1
			质量检查工具	5
		基础工程实训	基础构造与施工工艺模型	1
			基础节点	1
			基础实训工位	1
			基础施工现场环境	1
			质量检查工具	5
		防水工程实训	防水构造与施工工艺模型	1
			防水节点	1
			防水实训工位	1
			防水施工现场环境	1
			质量检查工具	5
		招投标模拟	实训计算机与配套设施2台，投影仪1台，洽谈会议桌1张，座椅40个，资料柜，招投标软件、CAD软件	1
7	消防施工图识读实训室	消防施工图识读实训	建筑施工图、结构施工图、设备施工图	50
8	消防工程造价实训室	消防工程量清单与计价文件编制实训	计算机	50
			造价软件(网络版)	1
			消防施工图、结构施工图、设备施工图	50
9	消防工程资料实训室	消防施工技术资料编制实训	计算机	50
			资料管理软件(网络版)	1
			资料柜	3个

序号	主要实训（实验）室	主要功能	主要设施设备及工具	
			名称	数量（台、套）
10	绿色施工实训室	建筑节能实训	建筑节能构造与施工工艺模型、建筑节能节点、建筑节能施工现场环境	1
11	消防工程项目管理综合实训室	消防工程施工项目管理综合实训	施工现场项目部配套设施	1
			施工现场配套设施	1
			投影仪、桌椅、资料等	1
			砖混结构实训场	1个
			框架结构实训场	1个

3. 校外实训基地

依据消防救援技术专业的特点，拥有应急管理部消防救援局南京消防救援支队、苏宁集团等稳定的校外消防实训基地；能提供消防工程设计、消防工程施工、消防工程质量检验、消防设施操作、消防设施运行与管理等与本专业培养目标相适应的职业岗位，并满足学生开展轮岗培训的需要；具备必要的学习条件及生活条件；并配备相应数量的指导教师对学生实习进行指导和管理；有保证实习生日常工作、学习、生活的规章制度，有安全、保险保障。

4. 信息化教学方面

拥有数字化教学资源库如职教领军教学平台、泛雅教学平台、国家教学资源库等数字化资源库，引导教师在教学实践过程中开发网络精品课程、工作手册式教材等。并利用信息化教学资源开展课堂教学，使用平台数据开展学生学习状态研究，有针对性地开展个性化教学。利用信息化教学平台开展教育教学诊改活动，切实提高教育教学质量，培养学生的德智体美劳全面发展。

（三）教学资源

1. 教材选用基本要求

根据学校制定的教材管理制度及江苏五年制高职关于教材开发和教材选用的相关管理制度，严格按照规范程序择优选用教材。注重活页化教学资库建设，结合消防救援技术相关仿真软件和实训室，依托消防行业组织、合作企业开发安全生产活页式教材等教学资源，实现集理论学习、小组合作、实务操练等于一体的创新方式，建成高质量消防救援技术高技能人才教育培训和教学资源，更好地服务消防救援技术专业人才培养。

2. 图书文献配备基本要求

能满足人才培养、专业建设、教科研等工作的需要，师生查询、借阅方便。本专业类图书文献主要包括：消防行业政策法规资料，有关消防的技术、标准、方法、操作规范以及实务案例类图书等。

3. 数字教学资源配置基本要求

本专业拥有安全类专业的国家级职业学校共建共享精品课程资源平台,平台上拥有丰富的专业微课资源、数字化教学案例库、VR 安全体验平台,种类丰富、形式多样、使用便捷、动态更新,完全能够满足师生日常教学需求。

(四)教学方法

在教学过程中,确立以就业为导向的教学理念,根据本专业就业岗位能力需求,确定授课内容。按照工作流程对课程进行模块化改造。在对学情进行充分分析的基础上,创设真实的工作情境,灵活采用任务驱动、案例教学等教学方法,以学生为主体,教师主导。充分利用信息化教学手段,开展线上线下混合教学。

充分利用安全类专业的国家级职业学校共建共享精品课程资源平台以及南京市应急管理专业学院资源,积极开发《安全生产》等教材资源,实施模块化教学,主动在《安全生产》等专业核心课程中开展产教融合教学实践,严格按照学校《产教融合项目管理办法》组织教学,在真实的工作情境中开展探究性学习、互动性学习、协作性学习,校企合作,共同完成教学任务。

(五)教学评价

围绕消防救援技术专业培养目标、培养规格、技能素养和课程性质,严格落实培养目标和培养规格要求。建立多元化考核评价体系,建立学生学习过程监测、评价与反馈机制,充分发挥评价的激励作用,引导学生自我管理、主动学习,提高学习效率。强化实习、实训、毕业设计(论文)等实践性教学环节的全过程管理与考核评价。

本专业的评价方式包括:笔试、实践技能考核、用人单位评价等多种考核方式。每门课程评价根据课程的不同特点,采用其中一种或多种考核方式相合的形式进行。

(1)笔试:适用于理论性比较强的课程。考核成绩采用百分制,若该门课程不合格,则不能取得相应学分,由专业教师组织考核。

(2)实践技能考核:适用于实践性比较强的课程。技能考核根据应职岗位技能要求,确定其相应的主要技能考核项目,由专兼职教师共同组织考核。

(3)用人单位评价:适用于顶岗实习或工学结合课程。评价主要围绕学生实践过程中的表现、技能提升、职业素养等多方面开展。

(六)质量管理

1. 严格按照学校《教育教学质量管理办法》,对专业教学质量进行全方位的监控,根据学校《教育教学管理规范》,严肃课堂教学、实习实训、毕业设计以及顶岗实习、资源建设等各环节的流程和要求,通过教学实施、过程监控、质量评价和持续改进,达成人才培养规格。

2. 完善教学管理机制,加强日常教学组织运行与管理,定期开展课程建设水平和教学质量诊断与改进,按照学校规定开展巡课、听课、评教、评学等各项活动,建立与企业联动的实践教学环节督导制度,严肃教学纪律,强化教学组织功能,定期开展教研室研讨以及校级公开课研学等形式多样的教研活动。

3. 根据学校的《毕业生跟踪反馈机制及社会评价机制》，定期对毕业生情况进行调研，由学校质监处负责对教学情况进行全面监控并分析，对人才培养质量和培养目标达成情况进行及时反馈和诊改。

九 毕业要求

学生学习期满，经考核、评价，具备下列要求的，予以毕业：

1. 在校期间思想政治操行考核合格。

2. 完成本方案设计的各教学活动，各门课程成绩考核合格。鼓励学生主动参加由教育部门或劳动部门组织的各级各类技能竞赛，在校期间参加各级各类技能大赛、创新创业大赛并获奖的，按照获奖级别和奖项，可以替换本专业部分考查及选修课程学分，具体替换细则如下：

序号	竞赛及活动名称	替换课程名称	学分	证明材料
1	校级技能比赛一、二等奖	选修课程中任意一门课	1	相应技能大赛获奖证书

3. 取得通用能力证书、职业资格/职业技能等级证书，鼓励学生主动参加与本专业相关的"1＋X"项目考证，取得以上证书后，可以替换本专业部分课程学分，具体替换细则如下：

序号	证书名称	替换课程名称	学分	证明材料
1	英语三级 B 及以上证书	英语(5,6)	4	证书
2	ICDL	信息技术	4	证书

4. 本专业学生至少须修满 281 学分方可毕业。

十 其他说明

本专业实施性人才培养方案依据江苏联合职业技术学院《关于专业人才培养方案制(修)订工作指导意见》和教育部《普通高等学校高等职业教育(专科)专业目录及专业简介(截至 2019 年)》等文件，结合江苏联合职业技术学院建筑工程技术专业指导性人才培养方案进行编写。

(一) 编制依据

1.《国家职业教育改革实施方案的通知》；

2.《教育部关于职业院校专业人才培养方案制定与实施工作的指导意见》；

3.《教育部关于印发〈职业教育专业目录(2021 年)〉的通知》；

4.《江苏省政府办公厅关于深化产教融合的实施意见》；

5.《江苏联合职业技术学院关于专业人才培养方案制(修)订与实施工作的指导意见》；

6. 江苏联合职业技术学院《关于人才培养方案中公共基础课程安排建议(试行)的通知》。

(二)执行要求

1. 学时安排与学分。坚持"4.5＋0.5"模式,即第1~9学期同时进行理论教学和实践教学,第十学期安排顶岗实习。每学年教学时间40周,入学教育和军训安排在第一学期开设。

2. 理论教学和实践教学按16~18学时计1学分。军训、入学教育、毕业设计(或毕业论文、毕业教育)、顶岗实习等,1周计30个学时、1个学分。

3. 本方案总学时为5 082学时,其中公共基础课学时为1 912,占37.6％;专业(群)课程平台学时为664,占13.1％;专业核心课程平台学时为460,占9.1％;专业方向课程模块学时为272,占5.4％。其中集中实践课1 032学时,采用理实一体化形式开设课程的实践学时为1 506学时,所有实践学时共计2 538学时,占总学时的50％,选修课模块学时为682学时,占13.4％。总学分277学分。

4. 坚持以立德树人为根本任务,全面加强思政课程建设,整体推进课程思政,充分发掘各类课程的思想政治教育资源,发挥所有课程的育人功能。

5. 加强和改进美育工作,以艺术类课程为主体开展美育教育,艺术教育必修内容安排为每周2学时,在公共选修课程中,安排为每周10学时,鼓励学生积极开展艺术实践活动,在活动中提升艺术修养。

6. 根据教育部要求,以实习实训课为主要载体开展劳动教育,并开设劳动精神、劳模精神和工匠精神专题教育共16学时。同时,在第二学期和第三学期各安排1周的集中劳动实践,在其他课程中渗透开展劳动教育。

7. 明确毕业设计(论文)选题范围和指导要求,为每一位毕业生配备指导老师,鼓励学生真题真做,严格加强学术道德规范。

(三)研制团队

(略)

 附录

五年制高等职业教育消防救援技术专业教学进程安排表

类别				课程名称	学时	学分	第一学期	第二学期	第三学期	第四学期	第五学期	第六学期	第七学期	第八学期	第九学期	第十学期	考试	考查
				总学时			16+2	16+2	16+2	17+1	16+2	17+1	17+1	17+1	10+8	18		
公共基础课程	思想政治课	必修	1	中国特色社会主义	32	2	2										✓	
			2	心理健康与职业生涯	32	2		2									✓	
			3	哲学与人生*	32	2			2								✓	
			4	职业道德与法治	34	2				2							✓	
			5	思想道德与法治	64	4					2	2					✓	
			6	毛泽东思想与中国特色社会主义理论体系概论	68	4							2	2			✓	
			7	形势与政策	21	1							总8	总8	总8		✓	
			8	中华优秀传统文化	24	1							总8	总8	总8		✓	
			9	创业与就业教育*	32	2									2		✓	
		限选	10	党史国史、改革开放史、社会主义发展史	34	2						2					✓	
		必修	11	语文	326	20	4	4	4	4	2	2					1234	56
			12	数学	326	20	4	4	4	4	2	2					✓	
			13	英语	326	20	4	4	4	4	2	2					✓	
			14	信息技术	128	8	4	4									✓	
			15	体育与健康	284	18	2	2	2	2	2	2	2	2	2			✓
			16	历史	64	4	4										✓	
			17	艺术	34	2				2								✓

续表

类别				课程名称	学时	学分	第一学年 第一学期	第二学期	第二学年 第三学期	第四学期	第三学年 第五学期	第六学期	第四学年 第七学期	第八学期	第五学年 第九学期	第十学期	考试	考查
				总学时			16＋2	16＋2	16＋2	17＋1	16＋2	17＋1	17＋1	17＋1	10＋8	18		
公共基础课程	文化课	限选 18		化学 / 物理	32	2			2								√	
		必修		劳动教育	16	1		1W	1W									√
				小计1	1912	117	24	22	16	18	10	12	4	4	4			
专业（技能）课程	专业（群）平台课程	1		职业健康与安全	32	2	2											√
		2		建筑工程概论	32	2			2									√
		3		工程制图	64	4			4								√	
		4		建筑设备识图	68	4				4							√	
		5		安全生产▲	64	4					4						√	
		6		安全标准化与HSE体系	64	4					4						√	
		7		消防事故与火灾案例分析	68	4						4					√	
		8		危险化学品应急救援▲	68	4						4					√	
		9		健康与安全应急处置	68	4							4				√	
		10		危机管理与风险防控	68	4							4				√	
		11		应急救援及预案	68	4								4			√	
				小计2	664	40	2	0	6	4	8	8	8	4				
	专业核心课程	1		应急管理概论	64	4		4									√	
		2		消防救援装备▲	64	4			4								√	
		3		消防救援技术	68	4				4							√	
		4		事故现场急救	64	4					4						√	
		5		消防救援指挥技术	64	4					4						√	

类别			课程名称	学时及学分		周学时及教学周安排										考核方式	
						第一学年		第二学年		第三学年		第四学年		第五学年			
				学时	学分	第一学期	第二学期	第三学期	第四学期	第五学期	第六学期	第七学期	第八学期	第九学期	第十学期	考试	考查
			总学时			16+2	16+2	16+2	17+1	16+2	17+1	17+1	17+1	10+8	18		
专业（技能）课程	专业核心课程	6	应急通信技术	68	4						4					✓	
		7	应急演练技术与实务▲	68	4							4				✓	
			小计3	460	28	0	4	4	4	8	4	4					
	专业拓展课程	建筑与企业消防方向 1	污水处理技术	68	4							4				✓	
		建筑与企业消防方向 2	消防基础知识	68	4							4				✓	
		消防设施操作方向 1	建筑物消防给水和灭火设施设计实践	68	4								4			✓	
		消防设施操作方向 2	消防设施操作	68	4								4			✓	
			小计4	272	16	0	0	0	0	0	0	8	8	0	0		
	专业技能实训课程	1	信息技术实训	28	1		1W										✓
		2	工程制图实训	28	1			1W									✓
		3	消防救援装备操作实训	28	1					1W							✓
		4	建筑设备识图实训	28	1				1W								✓
		5	事故现场急救技能实训	28	1					1W							✓
		6	危险化学品应急救援实训	28	1						1W						✓
		7	污水处理技术实训	28	1							1W					✓

类别			课程名称	学时	学分	第一学期	第二学期	第三学期	第四学期	第五学期	第六学期	第七学期	第八学期	第九学期	第十学期	考试	考查
			总学时			16+2	16+2	16+2	17+1	16+2	17+1	17+1	17+1	10+8	18		
专业技能实训课程		8	应急救援及预案实训	28	1								1W				√
		9	信息技术实训	28	1												√
集中实践课程		10	顶岗实习	540	18									18W			√
		11	毕业设计	240	8									8W			√
			小计5	1032	35	0	1W	1W	1W	2W	1W	1W	1W	8W	18W		
专业（技能）课程	选修课模块	公共选修	详见公共选修课安排表	320	17			2	2	2	2	4	4	4		789	3456
		专业选修	1 地球科学导论	32	2	2											√
			2 应急心理学	34	2						2						√
			3 人际交往								2						√
			4 建筑工程测量	68	4								2				√
			5 消防施工现场专业人员岗前辅导										2				√
			6 建筑供配电与照明	40	4									4		√	
			7 建筑通风与防排烟											4		√	
			8 风险防范与应急管理	40	4									4		√	
			9 抢险救援指挥与技术											4		√	

续表

类别			课程名称	学时及学分		周学时及教学周安排										考核方式	
						第一学年		第二学年		第三学年		第四学年		第五学年			
				学时	学分	第一学期	第二学期	第三学期	第四学期	第五学期	第六学期	第七学期	第八学期	第九学期	第十学期	考试	考查
专业（技能）课程			总学时			16＋2	16＋2	16＋2	17＋1	16＋2	17＋1	17＋1	17＋1	10＋8	18		
	选修课模块	专业选修	10 消防工程监理	0	4									4		✓	
			11 建筑消防技术											4		✓	
			小计6	574	37	2	0	2	2	2	4	4	8	16			
	素质拓展课程	1	社会实践活动		2	开设说明：学生参加技能大赛、社团活动、社会实践活动											
		2	社团活动														
		3	各类大赛（技能、创新创业）														
		4	军训、入学教育	60	2	2W											✓
			小计7	60	4												
			合计	4974	277	28	26	28	28	28	28	28	28	24			

备注：（1）带▲的课程为工学交替课程。

（2）＊哲学与人生的32学时中,30学时为课堂教学,2学时为集中讲座;创业与就业教育的32学时中,20学时为课堂教学,4学时为集中讲座,8学时为集中实践。

4

第四章

职业院校安全应急教育与专业创新发展课程建设

4.1 职业院校安全应急教育与专业创新发展相关课程标准建设研究

一 《安全健康教育》课程标准

(一) 课程性质与价值

1. 课程性质

本课程是职业学校公共基础课程。本课程旨在帮助学生在掌握安全健康知识的基础上,树立正确的健康安全观,掌握常规的安全健康操作技能,提高职业素质和综合职业能力,做好适应社会、融入社会和就业创业的准备。

2. 课程价值

本课程秉持"以人为本、生命至上、安全第一"的思想理念,培养学生生命安全责任意识,增强学生学习安全健康教育的热情,提高学生安全责任感,提升自身的安全感、幸福感。

本课程蕴含丰富的思政元素。通过设置合理的教学内容,能够从更深层次让学生理解到课堂上学习的安全健康知识对人生发展的影响及意义。课程全面落实"课程思政"要求,能够帮助学生进一步掌握安全健康基本素养,明确其在社会中应当承担的安全责任,发挥对学生的价值取向的渗透和引导作用,助力"立德树人"目标的实现。

(二) 学时与学分

36 课时,2 学分。

(三) 课程目标

通过本课程的学习,理解安全健康是关系到自己一生幸福的大事,明确"健康第一、安全第一"的指导思想,掌握良好的安全健康知识与技能,提高对自己与他人健康的责任感,形成良好的安全健康素养。

(四) 教学内容及其教学目标

本课程采取模块化的组织形态,全课程分职业院校学生安全健康概述、职业院校学生公共安全、职业院校学生心理健康与安全、职业院校学生校园日常安全、职业院校学生意外伤害与应急救护 5 个单元 31 个模块。

表 4.1 安全健康教育课程教学内容及教学目标

序号	课程单元	课程知识点模块	内容及要求	学时
第一单元	职业院校学生安全健康概述（2课时）	学生安全的内涵概述	1. 正确理解安全的基本内涵、种类和意义 2. 提高对安全的重视程度 3. 在实际生活中能够灵活运用安全的相关知识以保护自身安全	0.5
		学生安全事件的现状	1. 认识目前的安全形势和学生安全意识的现状 2. 提高安全防范意识 3. 懂得如何用正确的方式保护自己的安全	0.5
		学生安全事件产生的原因分析	1. 了解安全事件发生的原因和应对的处理方式 2. 学会运用应对安全事件的处理方式并能够做到预防安全事件的发生	0.5
		学生安全教育的必要性	1. 了解安全教育的内容和重要意义 2. 提高认识危险的能力 3. 在危机发生时能够积极主动并善于自救援救，保障安全	0.5
第二单元	职业院校学生公共安全（8课时）	维护国家安全	1. 了解国家安全的定义 2. 熟悉维护国家安全的相关概念 3. 认识危害国家安全的行为和法律责任 4. 理解国家安全教育的重要性 5. 掌握维护国家安全的做法	1
		人身安全的预防与处置	1. 了解人身安全的定义 2. 认识职业院校学生遭受伤害的原因 3. 掌握人身保护的措施 4. 掌握人身伤害事故的预防与处理方法	1
		交通事故的预防与处置	1. 了解交通安全的定义 2. 理解交通安全的重要性 3. 熟悉校园交通安全的相关概念 4. 掌握预防交通事故的措施	1
		消防安全	1. 了解火灾的定义及特点 2. 认识校园火灾的类型、原因及预防 3. 掌握火灾处理的方法 4. 掌握火灾急救常识	1
		财产安全的预防与处置	1. 加强对财产安全的认识 2. 了解并掌握预防盗窃的方法 3. 了解并掌握预防抢劫、抢夺的方法 4. 了解并掌握预防诈骗的方法	1
		卫生安全的预防与处置	1. 加强对公共卫生安全的认识 2. 了解并掌握典型疾病的预防与处置	1
		网络侵害行为的预防与应对	1. 加强对网络侵害行为的认识 2. 掌握各类网络侵害行为的预防与应对	1
		灾害及意外伤害事故的防范与应对	1. 加强对自然灾害的认识 2. 掌握各类自然灾害的防范与应对 3. 加强对人为灾害的认识	1

序号	课程单元	课程知识点模块	内容及要求	学时
第三单元	职业院校学生心理健康与安全（4课时）	学生心理问题与调适	1. 理解心理健康与心理问题的相关概念 2. 知道诊断一般心理问题与严重心理问题的条件 3. 掌握学生容易产生的心理问题 4. 学会心理调适的方法	1
		心理障碍的预防	1. 了解心理障碍及其相关概念 2. 知道常见的心理障碍 3. 理解常见心理障碍的相关症状 4. 理解学生常见的心理障碍	1
		学生心理危机预防与干预	1. 理解心理危机与心理危机干预的内涵 2. 理解如何进行心理危机的干预 3. 掌握学生自杀心理进行干预	2
第四单元	职业院校学生校园日常安全（7课时）	校园教学安全	1. 掌握发生踩踏事故时自我保护的注意事项 2. 学会如何避免教室意外事故 3. 掌握如何保证实验室安全 4. 理解计算机机房内的安全	1
		校园公共卫生安全	1. 掌握预防食物中毒的知识 2. 掌握预防传染病的知识 3. 了解常见的传染病及其预防	1
		校园住宿安全	1. 了解常见的学生宿舍失盗方式 2. 学会基本的防盗措施 3. 了解常见的学生宿舍失火原因 4. 学会应对宿舍失火的基本措施	1
		体育娱乐活动安全	1. 掌握常见体育活动的安全要求 2. 掌握体育运动安全事故的预防办法	1
		校园生活安全	1. 了解有关校园生活安全 2. 了解有关校园饮食安全的知识	1
		实习与就业安全	1. 理解学生毕业实习的注意事项 2. 理解学生求职就业的注意事项 3. 理解并掌握如何应对关于毕业实习和求职就业的安全问题	1
		职业安全与职业健康	1. 了解职业安全与职业健康的基本概念 2. 了解我国职业安全与职业健康现状 3. 了解各类职业病的分类及防护	1
第五单元	职业院校学生意外伤害与应急救护（9课时）	意外伤害与紧急救护概述	1. 理解意外伤害与紧急救护的概念 2. 理解意外伤害与紧急救护的特点 3. 掌握紧急救护的步骤与原则 4. 知道紧急救护的注意事项 5. 掌握如何拨打紧急电话	1
		心肺复苏应急救护	1. 认识心肺复苏的概念和紧迫性 2. 掌握实施心肺复苏的步骤与方法 3. 掌握实施心肺复苏的转移和终止条件 4. 掌握实施心肺复苏的注意事项	1

续表

序号	课程单元	课程知识点模块	内容及要求	学时
第五单元	学生意外伤害与应急救护（9课时）	骨折应急救护	1. 了解骨折后的一般表现 2. 认识骨折应急救护的原则 3. 重点掌握骨折固定方法 4. 掌握现场搬运的常用方法 5. 了解现场搬运的注意事项	1
		止血应急救护	1. 了解出血的类型 2. 重点掌握止血的方法 3. 了解止血带的使用方法	1
		触电事故的防护与应对	1. 了解与触电事故有关的概念和知识 2. 掌握触电事故的预防方法 3. 掌握对触电者进行急救的措施	1
		溺水事故的防护与应对	1. 明确溺水事故的概念及原因 2. 掌握预防溺水事故的安全知识 3. 掌握溺水时进行自救与救助他人的方法	1
		烧伤、烫伤事故的防护与应对	1. 了解烧伤、烫伤对人的身体和心理带来的伤害 2. 学习烧伤、烫伤的伤势判断标准 3. 掌握正确的烧伤、烫伤事故的急救措施 4. 了解如何预防烧伤、烫伤事故的发生	1
		逃生与自救	1. 掌握火灾逃生与自救的基本技能与方法 2. 掌握被困电梯的自救与逃生方法 3. 掌握化学品毒气泄漏的逃生与自救方法 4. 掌握瓦斯爆炸的逃生与自救方法	1
		伤员搬运	1. 了解伤员搬运的相关知识 2. 掌握各种器械搬运伤员的正确方法	1
拓展模块	其他		其他	2
复习				2
考核				2
合计				36

本课程从学生个体的角度出发，普及安全健康知识，使学生初步了解并掌握学习、生活和未来工作场所可能存在的安全健康危害因素、自身的行为危害因素和需要遵守的行为规则，认识到缺乏安全健康意识可能造成的严重危害，掌握并学会运用一些基本的防护、急救与避险方法，懂得如何利用法律武器维护自己的正当权益，提高学生的安全健康意识，增强其生命意识，提升自身安全素质和技能。

（五）教学方式方法

1. 教学方法

（1）根据学生认知水平、年龄、学科特点、社会经济发展及专业实际，从学生的思想、生活实际出发，深入浅出，寓教于乐，循序渐进，课堂教学多用鲜活通俗的语言，多用生动典型的事例，多用喜闻乐见的形式，多用疏导的方法、参与的方法、讨论的方法，增强课程的吸引力。

（2）每一单元的内容以模块的形式给出，模块首先明确了学习目标，引出知识点，通过"案例事故"设置"情境导入"，贯穿"探究与实践—知识拓展—综合演练—综合评价"环节，从而达到教学目的。

（3）着力于"防、控、治、护"的逻辑体系，强调在"做中学，学中做"在实践中感悟，并将自己所学的知识应用到实践中。

（4）教学方法评价要以单元后的教学目标为依据，应有助于提高学生学习安全健康教育内容的兴趣，有助于增强安全健康意识，掌握有关安全健康的知识和技能，提高学生在学习、生活和未来工作中的安全健康防范能力。

2. 建议课时

本课程总学时为 32～36 学时，每周 2 学时。教学时间 32 学时，考核 2 学时，机动 2 学时。

（六）实施建议

1. 教学建议

（1）充分挖掘本课程思政元素，积极组织课程思政教育，让学生养成良好的安全健康素养，将立德树人贯穿于课程实施全过程。

（2）教学要贯彻"以学生为中心""理实一体"的教学理念，以能力为本位，推行模块组合教学，实现"做中学、做中教"。

（3）应以模块化安全健康知识为主线来组织教学，引导学生在学习过程中了解安全健康基本常识，掌握安全健康知识和技能。

（4）教学过程中，关于安全健康新理念、新方法的教学应融入相应的教学任务中实施，鼓励学生自主学习，关心安全健康行业发展。

（5）应在安全知识和技能训练过程中渗透职业意识和职业道德教育，使学生养成实事求是、严谨细致的工作态度。

2. 评价建议

（1）树立正确的教学质量观，强化以育人为目标的考核评价，充分发挥评价的教育和激励作用，促进学生的全面发展。

（2）评价的内容包括学生运用知识与技能的能力、学生主动参与课堂教学的状态以及学生的学习体验等。评价的主体应包括教师、学生及行业企业等，在条件成熟的情况下，可与社会评价相结合，如应急救护技能等级考核等。

（3）评价还应注重过程性和发展性，要把学生的当前状况与其发展变化的过程联系起来，由一次性评价改为多次性评价。

（4）要注重将评价结果及时、客观地向学生反映，指出被评价者需要改进的方面，师生共同商讨改进的途径和方法，调动学生的学习积极性。

3. 教材编写和选用建议

（1）教材编写和选用必须依据本课程标准。

（2）教材内容应体现先进性、通用性、实用性，所选用的一般案例要有代表性，在安全健康教育领域要能够跟上行业发展，保证教学的有效性。要将安全法规、安全规范等内容纳入教材，也要引入行业、企业和课程领域中的一些新理念、新技术和新方法，使教材更贴近本专业的发展和实际需要。

（3）本课程实践活动性较强，建议采用模块化主题活动项目形式进行呈现，强调理论在实践过程中的应用，将安全、健康、应急等知识及技能有机融入各教学项目中。

（4）教材呈现形式上应图文并茂，符合职业学校学生的阅读心理与习惯，穿插典型的安全教育案例，提高学生的学习兴趣，激发学习热情。

4. 课程资源开发与利用建议

（1）教师在教学实践中，应不断接受新知识、新方法和新理念，多参与安全健康教育活动实践，提高专业水平，为教学实施和教学创新提供知识和技能基础。

（2）注重常规工具书、拓展阅读材料等课程文本资源的配置和利用。教学过程中，教师要不断积累和丰富教学案例、课堂实录等辅助教学资源。

（3）充分发挥现代信息技术优势，校企合作开发信息化教学软件，开发并运用网络教学平台，实现教学资源和成果共享。

（七）说明

本标准适用于职业学校各专业学生。

二 《职业健康与安全》课程标准

随着我国经济的快速发展，职业学校培养的毕业生已成为经济建设的主力军，为地方经济发展做出了巨大贡献。但是，在当前我国的职场环境中，特别是在劳动密集型的行业，劳动者的健康与安全存在着极大的隐患。因此，在职业教育中要特别重视职业健康与安全教育，不仅为了保护劳动自身权利和福利，也是我国经济可持续发展的重要保障。

为了贯彻落实《国家中长期教育改革和发展规划纲要（2010—2020 年）》，根据教育部《关于在部分中等职业学校开展职业健康与安全教育试点工作的通知》精神，努力探索职业健康与安全教育的好经验、好做法，提高职业学校学生的职业安全意识和安全防护能力，制订本课程标准。

（一）课程性质与价值

1. 课程性质

职业健康与安全课程是一门以增强职业学校学生的职业健康与安全意识，促进学生职业健康与安全素质和技能提升为目的，以普及职业健康与安全知识和技能为内容的必修课程，是职业学校课程体系的重要组成部分。

2. 课程价值

通过本课程的学习，学生能够提高职业健康与安全的意识，掌握有关职业健康与安全的知识和技能，提高学生在未来工作中的风险管控和自我安全防范能力，避免或减少职业危害，有效地维护自身的职业健康与安全权利，不再让职业危害因素影响健康乃至生命。本课程对即将进入职场的新生代产业从业人员开展职业健康与安全教育，对学生本人、企业和社会无疑都具有重要的现实意义。

（二）课程的基本理念

1. 明确"以人为本，健康第一、安全第一"的指导思想

职业健康与安全课程构建了认知、技能、情感、行为等并行推进的课程结构，融合了心

理、医学、法律、安全、机械和电类等专业领域的有关知识,真正关注学生职业健康与安全的意识、职业病与事故的预防、职业健康与安全权利的维护,将增强学生职业健康与安全贯穿于课程实施的全过程,确保"健康第一、安全第一"的思想落到实处。

2. 培养学生的职业健康与安全意识

职业健康与安全意识是学生学习职业健康与安全课程知识与技能的动力。只有提高学生的职业健康与安全意识,才能使学生自觉、积极地进行职业健康与安全知识与技能的学习。因此,在职业健康与安全课程教学中,无论是教学内容的选择,还是教学方法的更新,都应提高学生对职业健康与安全的重视程度,培养职业健康与安全的意识,这是实现职业健康与安全课程目标和价值的有效保证。

3. 重视学生学习过程中的主体地位

职业健康与安全课程关注的核心是提高学生的职业健康与安全的意识,满足学生对职业健康与安全知识与技能的需要,为学生实现职业理想保驾护航。从课程设计到评价的各个环节,始终把学生主动、全面的发展放在中心地位。在注意发挥教学活动中教师主导作用的同时,特别强调学生学习主体地位的体现,以充分发挥学生的学习积极性和学习潜能,提高学生的职业健康与安全知识与技能的学习能力。

4. 建立全方位的课程评价机制

本课程要改变过分注重知识性和单一的纸笔测验的评价方式,立足职业健康与安全意识的提高,建立全方面考查学生职业健康与安全知识与技能的评价机制。首先,要考评学生掌握相关知识的水平和能力。其次,要考查学生实践操作水平和能力。最后,还要考查学生职业健康与安全意识的变化状况。

(三)课程目标

通过职业健康与安全课程的学习,理解职业健康与安全是关系到自己一生幸福的大事,明确"健康第一、安全第一"的指导思想,掌握良好的职业健康与安全知识与技能,提高对自己与他人健康的责任感,形成健康与安全应急一体化的职业工作习惯。

(四)教学内容及教学目标

本课程采取模块式的组织形态,全课程分职业健康与安全概述、职业健康防护、职业安全防护、个体防护、紧急救护5个模块,38个话题。

课程从学生个体的角度出发,普及职业健康与安全知识,使学生初步了解并掌握工作场所可能存在的职业病危害因素、自身的行为危害因素和需要遵守的行为规则,认识到职业健康与安全意识的缺乏所可能造成的严重危害,掌握并学会运用一些基本的防护、急救与避险方法,懂得如何利用法律武器维护自己的正当权益,从而提高学生的健康与安全意识,增强其生命意识,提升自身安全素质和技能。

(五)教学方式方法

1. 教学方法

(1)根据学生认知水平、年龄、学科特点、社会经济发展及专业实际,从学生的思想、生活实际出发,深入浅出,寓教于乐,循序渐进,课堂教学多用鲜活通俗的语言,多用生动典型的事例,多用喜闻乐见的形式,多用疏导的方法、参与的方法、讨论的方法,增强课程的吸引力。

（2）每一模块的内容以话题的形式给出，话题首先明确了学习目标，引出知识点，通过"案例事故"设置"情境导入"，贯穿"探究与实践—知识拓展—综合演练—综合评价"环节，从而达到教学目的。

（3）着力于"防、控、治、护"的逻辑体系，强调在"做中学，学中做"在实践中感悟，并将自己所学的知识应用到实践中。

（4）教学方法评价要以话题后的教学目标为依据，应有助于提高学生学习职业健康与安全内容的兴趣，有助于增强职业健康与安全意识，掌握有关职业健康与安全的知识和技能，提高学生在未来工作中的健康与安全的防范能力。

2. 建议课时

本课程总学时为 32~36 学时，每周 2 学时。教学时间 32 学时，考核 2 学时，机动 2 学时。

表 4.2 职业健康与安全课程内容

序号	课程内容	学时
1	课程介绍、新冠肺炎防控科普教育	1
2	模块一 职业健康与安全概述	1
3	模块二 职业健康	6
4	模块三 职业安全	10
5	模块四 个人防护	7
6	模块五 个体防护	7
	复习	2
	考核	2
	合计	36

3. 活动建议

以职业健康与安全调查、参观访问、模拟演练、小组讨论、主题辩论、角色扮演等活动为教学的重要形式。多数实践内容应安排在主题活动、实训、实习或课余进行。

教师要当好班主任、团委、学生科（德育处）开展学生活动的参谋，调动学生、家长、用人单位以及社会等各方面的积极性。

4. 教学资源

教师应发挥主观能动性，充分开发事业有成的毕业生、用人单位、企业家等资源，充分利用电视、报刊、网络等媒体，重视现代教学手段的使用和开发。

三 《应急救护技能》课程标准

（一）课程名称

应急救护技能

（二）适用专业

防灾减灾技术（62090103）

（三）学时与学分

72 学时，4 学分。

（四）课程性质

本课程是面向政府基层组织、企事业单位，特别是应急管理服务机构和应急、救护队、防灾减灾相关企业，从事安全管理、防灾减灾、应急救护、咨询服务、救护队员训练、安全检查等工作必须学习的课程，掌握应急自救、互救与现场急救知识和技能，意在为后续学习其他专业课程奠定基础。

（五）课程目标

通过本课程的学习，能完成应急救护基础知识、专业知识和实践操作技能基本任务，达到以下目标：

1. 素质目标

（1）具有应对风险与复杂环境必须够用的身体、心理素质及文化、专业理论知识，具有较强的安全生产、节能环保意识。

（2）具有良好的语言文字表达能力、社交能力，一定的形象思维和逻辑思维能力，具有良好的礼仪和行为习惯。

（3）具有良好的职业道德、遵守操作规程，具有法制意识和团队精神，具有熟练的职业技能和创新意识。

（4）具有健康的体魄、心理和健全的人格，掌握基本专业知识，养成良好的健身与卫生习惯、良好的行为习惯。

（5）具有一定的审美和人文素养。

（6）具有社会责任感。

2. 知识目标

（1）通过课程学习使学生能够掌握事故应急救护的基本概念，熟悉应急救护的内涵、原则和任务，了解应急救护的现状和发展趋势。

（2）掌握应急救护的流程体系，熟悉相关救护法律、法规。

（3）熟悉事故现场应急处置基本内容。

（4）掌握典型事故应急处置方法。

（5）熟悉应急救护常用设备结构原理和使用方法。

（6）熟悉应急救护常用工具的使用方法。

（7）熟悉各种事故灾害自救基本知识。

（8）熟悉事故应急救护人员培训内容，掌握应急救护演练实施过程。

3. 能力目标

（1）使学生具备应急救护基本知识以及运用专业知识分析现场情况和现场处置的能力。

（2）具备应急救护基本管理和协调能力。

（3）能够分析事故应急救护实施方案的合理性。

（4）具备组织、实施、协调和指挥应急救护演练工作的能力。

（5）能够针对不同事故类型采取正确的现场处理措施。

（6）能够正确使用各种常见的应急救护设备。

（7）可以处理常见的应急救护设备故障问题。

（8）能够根据事故性质的不同，进行科学合理的避灾自救，掌握心肺复苏、止血包扎、骨折固定等基本急救技能，掌握典型事故急救技能。

（9）具备应急救护宣传教育、应急救护培训教育的能力，能够对一线员工进行应急救护宣传和培训。

（六）课程内容与要求

本课程坚持立德树人的根本要求，结合中职学生学习特点，遵循职业教育人才培养规律，落实课程思政要求，有机融入思想政治教育内容，紧密联系工作实际，突出应用性和实践性，注重学生职业能力和可持续发展能力的培养。结合中、高、本衔接培养需要，根据防灾减灾技术专业教学标准中本课程的内容与要求，合理设计如下学习单元（模块）和教学活动，并在素质、知识和能力等方面达到相应要求。

表 4.3 应急救护技能课程内容及能力要求

序号	学习单元（模块）	职业能力	素质、知识、能力要求	教学方法	建议学时
1	必修一 红十字运动基本知识	应急救护运动的发展过程	1. 掌握红十字运动的基本原则 2. 了解红十字运动的发展过程	教师讲授法 任务驱动法	2
2	必修二 救护概论	落实救护员施救原则	1. 了解现场救护的重要 2. 了解现场救护的目的 3. 了解红十字救护员的定义、基本任务、施救原则 4. 具备社会责任意识	教师讲授法 任务驱动法 案例教学法	2
3		正确紧急呼救	1. 能准确拨打 120 急救电话 2. 能宣传紧急呼救技巧 3. 培养沟通能力	案例教学法	2
4		能够遵循现场应急救护程序	1. 熟练掌握应急救护六个程序以及各项程序中的操作方法 2. 能部署和组织现场急救任务 3. 培养急救意识	翻转课堂 任务驱动法 案例教学法	2
5		特殊情况下应急救护实施	1. 理解伤员分拣标志及标志卡的含义 2. 具备危急伤病情况的现场评估能力 3. 具备社会责任意识	任务驱动法	2
6	必修三 心肺复苏	掌握心肺复苏基础知识	1. 了解呼吸系统的解剖结构及生理功能 2. 了解心血管系统及其功能	情境教学法	

序号	学习单元（模块）	职业能力	素质、知识、能力要求	教学方法	建议学时
7	必修三 心肺复苏	掌握院外心搏骤停生存链	1. 能描述生存链的含义 2. 了解生存链的五个环节	任务驱动法	
8		心肺复苏	1. 熟练掌握心肺复苏操作流程 2. 能够规范进行心肺复苏操作 3. 能准确判断心肺复苏终止条件 4. 培养高度责任心和无私奉献的精神	角色扮演法	12
9		使用 AED	1. 掌握成人 AED 使用方法 2. 了解婴儿 AED 使用方法 3. 能够正确进行心肺复苏与 AED 联合救治患者	角色扮演法	
10		气道异物梗阻救护	1. 了解气道不完全梗阻及完全梗阻的表现 2. 掌握婴儿不完全梗阻及完全梗阻的救治方法 3. 掌握成人及儿童气道不完全梗阻及完全梗阻的救治方法	情境教学法 案例教学法	2
11	必修四 创伤救护	止血	1. 了解什么是创伤，主要致伤因素有哪些，创伤的分类 2. 掌握创伤现场救护目的及救护原则 3. 熟悉现场检查伤病员的程序及方法 4. 了解出血的类型 5. 掌握外出血的止血方法 6. 培养认真负责的工作态度	角色扮演法	12
12		包扎	1. 了解包扎的目的，包扎所需材料及包扎的注意事项 2. 掌握5种绷带包扎法 3. 掌握三角巾包扎方法	角色扮演法	
13		固定	1. 了解骨折的概念，常见的骨折类型 2. 掌握现场对骨折的判断 3. 了解骨折固定所需要的材料 4. 掌握骨折固定的原则（注意事项） 5. 掌握全身主要部位骨折固定的方法	角色扮演法	8
14		搬运	1. 掌握搬运伤病员的原则 2. 掌握徒手搬运伤病员的方法及注意事项 3. 掌握使用器材搬运伤病员的方法及注意事项	角色扮演法	
15		特殊创伤救护	1. 掌握颅底骨折现场救护 2. 掌握开放性气胸现场救护 3. 了解腹部开放性肠管溢出现场救护 4. 了解肢体离断伤的处理 5. 了解伤口异物的处理 6. 了解骨盆骨折的处理	情境教学法 案例教学法	8

序号	学习单元（模块）	职业能力	素质、知识、能力要求	教学方法	建议学时
16	选修一常见急症	晕厥救护	1. 了解晕厥急症的发病特征 2. 掌握晕厥应急救护原则	情境教学法 案例教学法	2
17		急性冠状动脉综合征救护	1. 了解急性冠状动脉综合征急症的发病特征 2. 掌握急性冠状动脉综合征应急救护原则	情境教学法 案例教学法	
18		脑卒中救护	1. 了解脑卒中急症的发病特征 2. 掌握脑卒中应急救护原则	情境教学法 案例教学法	2
19		糖尿病救护	1. 了解糖尿病急症的发病特征 2. 掌握糖尿病应急救护原则	情境教学法 案例教学法	
20		支气管哮喘救护	1. 了解支气管哮喘急症的发病特征 2. 掌握支气管哮喘应急救护原则	情境教学法 案例教学法	2
21		癫痫救护	1. 了解癫痫急症的发病特征 2. 掌握癫痫应急救护原则	情境教学法 案例教学法	
22	选修二意外伤害	交通事故伤害	掌握交通事故伤害应急救护原则	情境教学法 案例教学法	2
23		烧烫伤	1. 了解烧烫伤的伤害级别 2. 掌握不同级别烧烫伤的处理方法	情境教学法 案例教学法	
24		中暑	1. 了解中暑的病因 2. 掌握中暑的救治方法	举例说明法	2
25		电击伤	1. 了解安全用电常识 2. 掌握不同触电情况下的救护方法 3. 能够宣传安全用电知识	举例说明法	
26		淹溺	1. 了解淹溺伤害特点 2. 掌握淹溺情况下的救护原则 3. 能够进行安全教育宣传	案例教学法	2
27		犬咬伤	1. 了解狂犬病的症状 2. 掌握狂犬病的救护原则	案例教学法	
28	选修三突发事件	火灾救护	1. 掌握防火的基本知识 2. 掌握灭火器的使用方法 3. 了解火灾现场避险原则	情境教学法	2
29		地震救护	1. 了解地震基础知识 2. 了解地震避险原则	情境教学法	2
30		踩踏救护	1. 了解踩踏事故避险原则 2. 了解踩踏事故救护原则	情境教学法	2

（七）课程实施

1. 教学要求

将思想政治理论教育融入教学，针对不同生源结构，可采用项目教学、案例教学、情境教学、模块化教学等教学方式，运用启发式、探究式、讨论式、参与式等教学方法，推动课堂教学改革。建议使用翻转课堂、混合式教学、现实一体教学等教学模式，加强大数据、人工智能、虚拟现实等现代信息技术在教育教学中的应用。

2. 学业水平评价

根据培养目标和培养规格要求，采用多元评价方式，加强过程性评价、实践技能评价，强化实践性教学环节的全过程管理与考核评价，结合教学诊断和质量监控要求，完善学生学习过程检测、评价与反馈机制，引导学生自我管理、主动学习，提高学习效率，改善学习效果。

3. 教材选用及教学资源开发与使用

按国家和地方教育行政部门规定的程序与办法选用教材，人民卫生出版社出版的由中国红十字总会编著的《救护员》是中国红十字总会原有的《救护员指南》的修订版，是各级红十字会开展应急救护培训的指定教材。该书包括红十字运动基本知识、救护概论、心肺复苏、创伤救护 4 个章节的核心内容，同时收录常见急症、意外伤害、突发事件 3 个章节作为选修内容，与新修订的救护员培训大纲"4＋X"教学模式相适应。授课过程中，教师在教授核心内容的基础上，可以根据学生实际需求，选择选修内容。合理开发和使用音视频资源、教学课件、虚拟仿真软件、网络课程等信息化教学资源库，满足教学需求，提升学习效果。

4.2 职业院校安全应急教育与专业创新发展教材建设与课程思政研究

一 基于可持续发展《职业健康与职业安全》教材建设与应用

《国家中长期教育改革和发展规划纲要(2010—2020 年)》在战略主题中,专门提出了重视安全教育、生命教育以及可持续发展教育的要求。中共中央政治局第三十次集体学习中提出了"安全发展"的命题,把安全发展作为一个重要理念纳入我国社会主义现代化建设的总体战略。为贯彻相关精神,2010 年 8 月,教育部下发了《关于在部分中等职业学校开展职业健康与安全教育试点工作的通知》,江苏省教育厅随即制订了《关于开展职业学校职业健康与安全教育试点工作实施方案》,要求在省内职业学校开展课程教学试点工作。

职业健康与职业安全教育旨在培养职校生掌握职业安全防护与保护健康的技能,提高职业健康与安全综合素质,为职业生涯可持续发展提供保障。为有效开展此项工作,江苏省职业教育学生发展研究中心组在江苏省教育厅职教处及江苏省职业教育与成人教育研究所的关心和指导下,精心开发了《职业健康与职业安全》教材。

(一)调研广泛,论证充分,着眼课程实际教学安排,便于课程灵活设置

教材建设启动前,江苏省职业教育学生发展研究中心对省内 20 多所试点学校的"职业健康与职业安全"课程开设情况进行了广泛的调研。在调研的基础上,结合该课程特点,中心组核心成员进行了充分论证,确定采用"模块—话题"的教材结构,全部内容划分为 4 个模块,29 个话题。各职业学校可根据专业的培养方案和教学计划,以选修或必修形式,开设"职业安全与健康"课程,选择使用部分话题。开设时间一般为一个学期,也可根据需要在两个学期内开展该课程。并且,既可以作为单独设置的健康安全教育课程,也可与现行德育课、专业课相关内容结合使用,作为德育课、专业课的补充教材;还可以选择相关话题,在实训或实训准备阶段集中授课,将其列为实训的必修内容。

另外,在使用过程中,可以结合相关话题开展"职业健康与职业安全"主题教育、学生社团、宣传展示、社会实践、模拟仿真训练等活动,以增强学生职业健康与职业安全的意识。担任"职业健康与职业安全"课程教学的教师,可以是德育课教师、班主任、专业课教师等。

(二)定位准确,注重学生职业健康与安全素质的培养

"职业健康与职业安全"作为一门素质教育通识课程,既是职业学校德育的重要内容,也

是职业素质训练的重要内涵。该教材力图将职业健康与职业安全的五个要素,即知识、技能、思维、习惯、文化融合在教材建设中。教材重在让学生习得职业安全与健康知识,掌握职业安全防护与保护健康的技能;培养职教生的职业健康与安全的意识,形成关注安全、关爱生命和安全发展的观念;形成职业安全与健康的习惯,提高职业安全与健康素质,为学生顺利适应社会、融入社会和就业、创业创造条件;同时,促进学校、社会和职业人形成关注职业健康和职业安全的文化氛围。

(三) 融汇先进职教理念,强调情境建构与行动导向

1. 结合生活和工作实际,强调意义和情境的建构

建构主义学习理论认为,个体都是在一定的环境中通过意义建构进行学习的,教学设计可以利用环境对人的有利影响,促进学习者达到最佳发展状态,通过适当的引导,改变学习者接收信息、掌握知识和技能的学习习惯。因此,本教材注重提供给学习者建构意义的情境,从生活和实际工作环境中选择典型案例情境、任务,提高学生学习效率,从而使他们更好地将知识与技能运用到实际工作环境中,提高解决实际问题的能力。

2. 以行动为导向,注重培养学生职业行为能力

行为导向教学以全面的职业行为能力为目标,倡导多种教学策略与方法,调动学生的手、心、脑等多种感官去学习,培养其方法能力、社会能力和专业能力。在内容的组织上,本教材强调学生技能、方法的掌握,即进行健康问题和安全事故的识别、预防和处理。在此基础上,穿插所需知识,通过简单技能、措施的学习,学生能顺利解决职场中的健康与安全问题,从而达到职业素养与职业技能的提升,成为符合职业行为规范的合格的职业人。

(四) 综合考虑教学实际和需要,凸显职教特色

1. 从教学实际出发,兼顾通识性和选择性

本教材首先强调通识性,即教材内容符合中等职业学校学生的认知水平,能够涵盖中职各专业学生必需的、通用的教学内容,不同专业的学生均能使用。同时,教材兼顾选择性,各专业可根据教材中的话题与本专业的相关性选择学习。模块1为所有专业学生学习的共同内容,主要使学生了解职业健康与职业安全的重要性,学会辨识与预防安全事故的发生,并通过相关的法律法规保护个人权利并履行义务。模块2、模块3、模块4兼顾了职业教育各专业大类所需的专业相关的职业安全与健康的内容,学生可根据本专业需要选择学习。教材内容总量设计为44课时,考虑到各专业学习的选择性因素,实际课堂教学课时为20~25课时。

2. 在内容选取方面,强调严肃性和时效性

教材引用案例、数据均经过严格把关,具有一定的说服力,能够引起学生的重视。用最新的事实、最新的数据说话,让学生认识到职业健康与职业安全的重要性,从而在实习期间以及职业活动中能自觉遵守行为规范,形成内在的职业素养。

3. 以职业能力培养为目标,注重专业性和职业性

职业健康与职业安全是对学生从事某种职业所必需的知识、技能的训练。因此,本教材以学生所学专业以及未来从事的职业为基础,强调职业健康与职业安全的情境性、真实性。使学生能深入专业情境中,通过知识、技能的学习,为顺利适应未来工作岗位奠定基础。

（五）以学生为中心设计各话题板块，体现"做中学，学中做"

"职业健康与职业安全"课程的目标是：让学生认识危及职业安全和影响职业健康的因素，学会评估在职业情境下危及安全、影响健康的防护方法，形成在职业情境下保护自己的能力和素质。

本教材注重学生的体验，激发学生的兴趣，关注师生的互动，让学生在活动中了解、熟悉、学会知识，掌握技能，体现"做中学，学中做"。全书共涉及 29 个话题，各话题依据常发安全事故或健康问题，以某一个或几个典型事故或问题类型展开，按照"情境导入—探究与体验—知识拓展—综合演练—综合评价"5 个板块进行编写。

1. 情境导入

"情境导入"主要是以案例或者数据等形式呈现，案例多为近两年发生的安全事故、健康问题、法律问题等，有代表性，意义深刻。案例后附有案例问题或事故原因分析、教训分析或经验总结等。此板块的目的是让学生在遇到类似职业问题或职业场景时，能从各方面分析处理问题，加强识别，提高警惕。

2. 探究与体验

"探究与体验"是各话题的主体部分，该板块的主要编写线索为：分析典型安全事故或影响健康的事件原因—认清相关危害—列举预防措施—提供处理方法。内容高度概括，简单明了，多以步骤的形式呈现，突出技能、方法的掌握。该板块设计的主要目的是让学生能充分体验，充分参与，在实践中感悟，并将所学的知识应用到实践中去，从而获得最基本的技能。

3. 知识拓展

"探究与体验"重点关注的是典型的健康问题或安全事故。"知识拓展"是对"探究与体验"内容的补充，主要目的是补充各话题需要学生掌握的知识、技能，在内容选取方面强调职业性、普适性，有的是陈述性的知识，有的是一些实用的操作方法步骤。

4. 综合演练

"综合演练"板块的主要目的是让学生以小组学习的形式，梳理本话题所涉及的知识、技能，并结合个人专业调研，对于实验实训或未来职业场所可能遇到的问题或发生的事故，了解原因、学会积极预防，并能对事故进行积极正确的处理。

5. 综合评价

"综合评价"以评价表的形式呈现，采用综合评价方式，体现过程性评价与终结性评价相结合，学生自我评价与他人评价相结合，充分展示学生之间、教师与学生之间的交流与互动。在评价表中的考核内容包括各话题涉及的重点知识、技能、完成任务时的表现和完成任务的结果情况，学生成绩分为优、良、中、差 4 个等级。

"职业健康与职业安全"教材建设，进一步深化了职业健康与安全教育的内涵，为职业院校学生顺利就业、创业创造了条件，为学生的职业生涯可持续发展提供了坚实的保障。

二　职业院校"职业健康与安全"课程思政的实践研究

课程思政是在职业院校各门课程中渗透思想政治教育，达到掌握专业知识和提升职业素养、坚定理想信仰的统筹兼顾的一种教学活动。近年来,职业院校在推广课程思政方面做出了大量尝试,也积累了比较丰富的经验。对于"职业健康与安全"这门课程而言,在引进课程思政以后,首先要求教师要深刻领会思政教育内涵,创新课程思政教学方法,推进课程思政的稳步开展。与此同时,学校方面应健全保障机制,学生方面应积极配合,共同努力,保证"职业健康与安全"课程思政取得预期成果。

(一)"职业健康与安全"开展课程思政的必要性

1. 有助于提升人才培养质量

在我国产业升级背景下,各行各业对于人才的需求,正在实现从数量向质量的转变。对于新时代的职业教育来说,必须要培养更高素质、更高质量的人才,才能满足人才需求,顺利解决职校学生的就业难题。推行课程思政建设,要把思政教育渗透到职业院校各个专业、各门课程中,实现全员、全方位的育人。通过实施课程思政,以扎实掌握专业知识为契机,以提升职业素养为目标,帮助学生树立起正确的价值观,坚定职业理想和职业信仰,在将来步入工作岗位后,能够运用所学的知识、掌握的技能,在本职岗位上敬业奉献,为社会创造应有的价值。由此看来,无论是"职业健康与安全",还是职业院校的其他课程,开展课程思政都存在必要性和紧迫性。

2. 有助于创新职业教育理念

一直以来,职业院校的办学目标和教育理念是以培养实用性人才、提高学生就业率为主。但是在就业竞争日益激烈的背景下,用人单位提高了招聘门槛,单纯掌握专业技能但是没有良好职业素养、品德修养的学生,将会在就业竞争中处于劣势。市场用人需求的改变,也决定了职业院校必须要创新职业教育理念。课程思政的目的在于将专业知识的传授与职业素养的培育有机结合,这既是对职业院校传统教育理念的一次创新,也是迎合市场用人需求的必然举措。在"职业健康与安全"中融入思政教育,将引导学生提高对职业健康、职业安全的重视程度,在学习和掌握专业技能的同时,逐步养成按照规章制度作业、严格遵守安全手册、始终坚持安全第一的职业习惯。

3. 有助于打造高素质教师队伍

职业院校推进课程思政建设,对专业课的任职教师提出了更为严格的要求。以"职业健康与安全"为例,以往的课程教学中,专业课教师只需要掌握该课程相关的知识即可,如防火安全、饮食安全、职业健康与安全等,但是在推行课程思政以后,教师必须要重新学习思想政治教育相关的基础理论、教学方法。从这一角度来看,职业院校推行课程思政将有助于专业课教师复合能力的提升,对打造高素质教师队伍也有积极帮助。除此之外,课程思政不仅要求教师将"教书"和"育人"有机统一起来,而且也能让教师的思想观念、职业素养在这一过程中得到进一步的提升。可以说,专业课教师学习课程思政教学方法的过程,也是他们自我提升的过程。在"职业健康与安全"课程思政建设中,任课教师的师德师风也得到了明显提升,成为"立德树人"教育的忠实拥护者。

(二)"职业健康与安全"课程思政的实践路径

1. 明确课程教学目标,落实思政育人理念

"职业健康与安全"是职业院校课程体系中,以增强学生职业健康意识、掌握职业安全技

能为目标的必修课程。该课程的教学目标是让学生掌握职业相关的安全技能、健康知识,从而在步入工作岗位后,能够严格遵守规章制度、安全规范,具备谨慎小心、认真负责的职业素养,切实维护自己和他人的健康。在明确了课程教学目标后,把思政育人理念融入课程建设中,为推动"职业健康与安全"课程思政建设提供方向性的参考。在课程教学中,要强化生命关怀和人文关怀。对于职业院校的学生来说,毕业之后绝大部分都是从事技术型岗位,这也决定了在作业期间面临着潜在的安全隐患。在课程思政中要始终坚持"安全第一"的原则,对学生进行生命关怀教育,让他们无论是在实习实训中,还是在今后的工作中,都能够始终把个人和他人的安全放在第一位置,从而预防安全事故的发生。

2. 创新课程教学模式,提高课程思政成效

(1)"一体化"协同教学

在"职业健康与安全"中实施课程思政,要求从教学资源、教学方法、评价机制等方面有机结合,打造"一体化"协同教学体系,确保课程思政建设取得预期成果。具体来说:第一,丰富教学资源,在关注"职业健康与安全"教学内容的基础上,尝试引进与思政教育有关的课外素材。在这方面可以由职业院校的课程思政教研组自编校本教材,也可以利用互联网搜集相关的案例。这样就能够以比较轻松的课堂氛围,让学生在学习课程知识的过程中潜移默化地接受思想政治教育。第二,创新教学方法,教师应尝试将专业知识与思政教育结合起来。例如,根据学生的专业,以职业道德、职业精神作为切入点,帮助他们树立严谨认真、遵规守纪的职业态度。从学生的职业生涯成长角度出发,让他们认识课程思政对个人未来发展的重要影响,进而自觉、积极地加入到课程思政建设中。

(2)"德能并重"多元评价体系

完善评价机制,将思政素养纳入"职业健康与安全"课程的考评体系中,通过这种方式能够促使学生真正养成自我保护、珍惜健康、热爱生命的意识。围绕课程思政建设要求,打造"德能并重"的多元评价体系,具体又包含两层含义:其一是评价主体的多元化。除了直接教授"职业健康与安全"的专业课教师外,还应邀请职业院校专门负责思政教育的教师,以及学校团委、党委的领导、老师们组成评价团队,对"职业健康与安全"课程思政的教案准备、教学方法、学生表现等进行全面考察。一方面是判断课程思政的实施效果,另一方面也能提出改进建议,对推进课程思政建设大有裨益。其二是评价方式的多元化。课程思政中的思政教学情况属于定性指标,因此在评价时应坚持定性与定量相结合、过程性评价与终结性评价相结合,以及自我评价与他人评价相结合的方式。

(3)"互联网+课程思政"模式

在"职业健康与安全"中实施课程思政,如果教师只是在正常授课中简单地穿插讲解一些思政理论,一方面难以引起学生的重视,达不到预期的课程思政教学效果,另一方面也会打乱正常的教学节奏。为避免此类问题,可以采取"互联网+课程思政"模式,教师根据"职业健康与安全"的教学内容,提前从互联网上搜集与之相关的素材、案例。例如,在学习"防火安全"相关内容时,教师选择一些因为违规操作或疏忽大意导致火灾事故的反面警示案例,以图片或视频的形式加入到教案中。在课堂教学时,利用多媒体播放电子教案,起到活跃课堂氛围、吸引学生注意力的效果。课件播放完毕,先让学生讨论,再由教师讲解,这样既可以顺利引出本节课的教学内容,又能增进学生的防火意识,促使他们养成严格执行管理规

定、时刻小心谨慎的职业素质。

3. 建立健全保障机制,培养专业师资力量

课程思政建设是一项系统性的工程,要想让学生在掌握专业技能的同时,还能切实提高职业素养、品德修养,必须要提供全方位的保障。其中,专业的师资力量尤为重要。目前来看,职业院校中从事"职业健康与安全"教学的教师,虽然在专业课教学方面积累了丰富的经验,也具备较为扎实的理论功底,但是对思政教育的方法、技巧等则缺乏了解,这就导致在"职业健康与安全"的课程思政建设中,存在重视专业知识讲解而忽视思想政治教育的问题。因此,为确保课程思政取得预期的成效,达到培养复合型、高素质人才的目标,必须要健全保障机制。例如,推行专业课教师与思政课教师的交流探讨机制,让专业课教师掌握思政教育的内容、方法,然后结合"职业健康与安全"的内容,灵活渗透思政教育。除此之外,还要从考核评价机制、奖惩激励机制等方面,全面保障"职业健康与安全"课程思政的纵深推进。

(三)"职业健康与安全"课程思政的经验总结

课程思政的实施效果,受到多方面因素的制约,包括教师的素质、学生的态度、学校的环境等。为保证课程思政顺利推进,达到预期的育人效果,应当从学校、教师和学生三方面采取共同措施,营造有利于课程思政建设的良好环境。

(1)学校的大力支持是必要前提

为积极响应"立德树人"要求,近年来职业院校的各个专业中相继开展了课程思政建设。要想把专业课教学与思政教育有机结合起来,首先需要学校方面必须要给予大力支持,为课程思政建设的推进和实施提供全方位的保障。例如,在"职业健康与安全"中实施课程思政,就要求该专业课的教师不仅要熟悉"职业健康与安全"的教学内容,还要具备较为扎实的思政理论、掌握多种思政育人方法,对教师的综合能力提出了较高的要求。基于此,要想保证"职业健康与安全"的课程思政实施效果,学校方面应组织开展专门的培训,让专业课教师通过参加培训熟练运用课程思政教学方法;或者是每个月安排一次专业课教师与思政教师的教学研讨活动,彼此分享教学经验,有助于提升课程思政的育人实效。

(2)教师的响应推动是核心动力

在学校下达了课程思政要求,以及为实施课程思政提供支持的情况下,专业课教师要积极响应上级要求,充分发挥自身的能动性、创造力,确保"职业健康与安全"教学任务能够顺利完成、教学目标可以实现,在课堂之中渗透思政教育,保质保量地完成课程思政要求。教师要基于以往的专业课教学经验,结合通过培训掌握的思政理论及教学方法,把课程知识讲解与思想政治教育有机统一,让职校学生既能掌握"职业健康与安全"的核心知识,又能够形成热爱生命、珍惜健康、遵守规定的思想认识。根据职校学生的特点,经常性地创新课程思政教学方法,例如案例教学法,利用真实发生的案例,让学生了解职业中遵守规章制度、服从管理命令对保障作业安全的重要意义,对进一步提升课程教育效果和增强学生的纪律意识也有积极帮助。

(3)学生的密切配合是关键所在

在就业压力日益增加的背景下,很多职校学生把主要的精力放在了专业技能的实训上,而对于个人品德修养和思政素养的重视程度不高。但是随着人才市场趋于饱和,用人单位在招聘人才时,除了关注专业能力、实习经验外,对学生的个人品行也十分关注。这种情况

下,学生必须要及时转变思想观念,以更加积极的心态踊跃参与到课程思政建设中。在"职业健康与安全"课程中实施思政教育,学生需要联系已有的生活经验,以及结合未来的职业工作环境,深刻认识到良好的职业道德、坚定的职业信仰对个人职业生涯发展带来的巨大影响。然后端正心态,像学习专业知识一样,用心对待"职业健康与安全"课程中的思政教育内容,切实提高个人的综合素养,为将来的求职就业奠定基础。

(四)结语

推行课程思政是职业院校响应国家"立德树人"号召的具体体现。在"职业健康与安全"中渗透思政教育,除了要求学校方面提供便利条件外,重点要发挥任课教师的主观能动性。结合该课程的教学内容、教学目标,尝试推行"一体化"协同教学、"互联网＋思政"教学,让思想政治教育渗透到"职业健康与安全"课程的方方面面,让学生既能够掌握本课程的重点知识,又能够树立起关注职业健康、坚持安全第一的意识。除此之外,也要求学生能够从个人的职业生涯发展角度,重视并认真对待课程思政,为将来的求职就业和职业成长奠定基础。

三 "课程思政"融入职业院校建筑工程安全管理课程的路径研究

现阶段职业院校的办学目标,不仅要关注学生专业技能的掌握与运用情况,而且要从个人今后的职业生涯发展角度有意识地培养学生的职业道德和思政素养。"课程思政"就是在这一背景下提出的一种将思政教育融入到专业教学中的模式。建筑工程安全管理是土建专业的一门基础课程,将"课程思政"融入到该课程的教学中,将会极大地提升学生的安全意识和责任意识,培养严谨细致、一丝不苟的认真态度,在强化使命担当的基础上,为学生将来成为一名优秀的安全管理员奠定扎实的基础。

(一)必要性分析

现代建筑行业中现场安全管理的重要性得到了进一步凸显。安全管理员承担着贯彻安全生产法律法规、编制并监督安全生产管理制度实施,以及定期组织开展安全培训、安全演练,及时发现并监督整改安全隐患和违章行为等一系列责任。职业院校在开展建筑工程安全管理课程时,将"课程思政"理念运用到日常教学中,把安全管理知识讲解和安全事故案例分析相结合,进而引导学生从这些工程安全事故中总结经验、汲取教训。在这一过程中,既牢固掌握了安全管理的相关技能,同时也逐渐形成了细心、谨慎、负责的职业态度。今后他们参加工作、正式进入安全管理岗位后,才能以高度负责的态度、实事求是的精神、灵活应变的能力,真正胜任安全管理这一岗位,切实维护好施工人员的健康安全和工程项目的质量安全。因此,职业院校要重视"课程思政"的重要地位,推动思政教育和专业教育的协同进步,向建筑行业输送更多综合素质过硬的安全管理员。

(二)现实困境

1. 课程思政的教学目标定位不清

虽然职业院校响应上级要求在各个专业开设了"课程思政"活动,但是由于存在教学目标不明确的问题,日常教学中还是以讲解安全管理知识、进行安全技能实训等为主,将课程教学目标还是放在提升安全管理理论与实操的综合能力上,而对于学生的思政素养和职业品德这些"隐性"的能力则缺乏足够的重视。在目标定位不清的前提下,"课程思政"未能融入到专业课之中。

2. 课程思政的教学内容缺乏创新

实施课程思政，并不是在专业课教学环节简单地穿插一些思想政治教育，而是要将思政内容和专业知识密切地、有机地融合，达到既教授知识又提高职业素养的效果。调查发现，很多专业课教师在建筑工程安全管理课程上，没有精心准备用于与职业素养、思想品德有关的素材，教学方法也是单纯的理论说教。由于教学内容与授课方法的创新力度不够，学生也存在不重视"课程思政"的现象，这种情况下培养出来的人才虽然专业能力出众，但是职业素养不高，也不能很好地胜任建筑工程安全管理员这一职务。

3. 专业知识与思政知识的融合不够深入

职业院校的办学定位是培养紧缺的技能应用型人才，尤其是在就业压力日益增加的背景下，提升专业教学质量仍然是职业院校各个专业的中心任务。在推进课程思政的过程中，如何在不影响专业课教学质量的前提下兼顾思政教育，成为当前办好课程思政的关键点。从教学实践来看，思想政治课讲解的内容，很少联系学生所学的专业或将来从事的职业；而专业课上也没有围绕安全工程管理人员必备的职业素养开展思政教育。两者出现明显脱节，不利于课程思政建设成果的提升。

4. 缺乏一支复合型的课程思政教师队伍

建筑工程安全管理课程中开展课程思政能否达到预期成果，主要取决于专业课教师的职业素养。现阶段存在的问题是，职业院校负责建筑工程安全管理课程教学的教师，绝大多数没有在一线工作过的经验，对建筑工地现场安全管理的具体操作规程，以及施工期间有哪些安全隐患等缺乏必要的了解。这也导致在专业课教学时，教师很难针对学生应具备的职业素养展开深入教学。"双师型"教师的匮乏，也成为制约课程思政开展的一个重要障碍。

（三）可行性路径

1. 明确教学目标，坚持知识传授与思政教育的统一

对于专业课教师来说，认识到专业课与思政课属于"同向同行"的基本关系，是确保课程思政能够顺利融入建筑工程安全管理教学的前提基础。在形成这一共识后，还要从建筑企业安全管理岗位的具体要求、学生今后的职业发展等角度，确定教学目标，即培养既掌握专业知识、具备较强实操能力，同时又具备较强安全意识、严格遵循规章制度、始终把安全摆在首位等职业素养的复合型安全管理人才。由于当前就业压力较大，无论是教师还是学生，都将主要精力放在了增强专业技术水平上。针对这一情况，教师可以将思政教育渗透到日常的专业知识教学中，达到一种"润物细无声"的效果。例如，在讲解建筑工程安全管理的法律法规、制度规范时，有些学生对这些理论性的内容不感兴趣，注意力难以集中。这时，教师可以引用一些实际发生的工程安全事故案例，通过举例说明的方式，调动学生的积极性，在掌握安全管理常识和增强安全风险意识上达到统筹兼顾，显著提高教学质量。

2. 创新教学内容，打造具有思政特色的课程体系

（1）职业使命感模块

坚定职业理想、强化使命担当，是成为一名优秀安全管理员的必备条件之一。对于职业院校土建专业的学生来说，在校期间就要有意识地提高自身的职业道德，养成认真细心、严谨负责的良好习惯,无论是对当下的课程学习,还是对将来的职业发展都是大有裨益。在打造具有思政特色的安全管理课程体系时,要求教师通过创新教学内容,激发学生对所选专业和将来职业的认同感。在课程思政教学中,教师可以帮助学生进行职业规划,并结合当前用人单位在招聘时在安全管理岗上设置的招聘条件,让学生明白胜任这一工作应当具备的专业能力和思政素养。通过这种方式强化学生的职业理想和使命担当,使其在毕业后如果能够正式成为一名安全管理员,保证具备较强的岗位胜任力。

(2)安全与法律意识模块

建筑工程安全管理员这一职务,不仅直接影响着施工人员的安全,而且也与工程进度、投资成本、建设质量等各个方面产生一定的关联。如果安全管理人员的责任落实不到位,建筑工程施工中出现了安全事故,则极易引起法律纠纷。鉴于安全管理岗位的特殊职责,职业院校在开设建筑工程安全管理课程时,也必须利用课程思政这一契机,切实增强学生的安全意识和法律意识。例如,在课上向学生介绍工程安全管理相关法律法规和操作规程时,不仅要求学生要熟记这些规定,能够在今后的工作中加以运用,而且要侧重激发学生知法守法的意识,实现从"要我安全"向"我要安全"的转变。通过课程思政的建设,把培养安全和法律意识作为课程教学的一项核心内容,发挥思政教育辅助和提升专业教学的作用。

(3)务实创新模块

对安全管理要求日益严格,是建筑行业发展的必然趋势。为了实现建筑工程整个施工周期内的"零事故",除了要求安全管理人员要切实履行岗位职责、做好安全检查与监督外,也必须主动引进和应用一些安全管理新技术。例如,现阶段一些建筑施工单位使用无人机进行塔式起重机等重要设备的巡检,不仅显著提高了巡检效率,而且避免了以往高空巡检面临的安全隐患,对预防起重机出现安全事故提供了技术支持。因此,职业院校在开设基于课程思政的安全管理课程时,在教学内容的设置上也必须增加务实创新模块。在帮助学生养成求真务实良好工作习惯的基础上,使他们始终保持创新的习惯、创造的能力,这样才能在参加工作后,能发现问题、分析问题和解决问题,切实保障工程安全。

(4)责任与担当模块

如上文所述,安全管理工作对施工人员安全、工程建造质量、项目施工进度等方面均有影响。对于职业院校土建专业的学生来说,要想胜任这一工作,除了要充分了解工程安全的相关法律规定,以及熟练掌握安全管理技巧外,还必须具备较强的责任担当。具体又包括若干方面,例如要敢于指出安全隐患,决不为了顾及面子或害怕影响工程进度,而对安全隐患睁一只眼闭一只眼。要将课程思政渗透到日常教学中,教师有意识地培养学生敢于担当的意识。利用校内实训、企业实习等机会,为学生安排具有一定难度的实训、实习任务,既发挥增强学生专业实操能力的作用,同时也锻炼学生不惧怕困难、不推卸责任、勇于承担责任的优良品质。

3. 深化知识融合,挖掘专业课中的思政资源

(1)推进专业课程与思政课程的融合

课程思政是以专业课教学为基础,以渗透思政教育为手段,最终达到知识与素养同步提升的目标,培养复合型安全管理人才。因此,要求任课教师必须遵循"专业中有思政,思政紧系专业"的原则,挖掘并利用专业教材中的思政元素。例如,在"建筑施工安全管理"教学中,

帮助学生牢固树立"关注安全、关爱生命"的职业情感;在"建筑施工安全检查"教学中,引导学生养成一丝不苟、严谨认真、实事求是的职业精神;在"高处坠落事故案例分析"教学中,增强学生遵章守纪、履职尽责的职业态度。让思政教育体现在建筑工程安全管理课程教学的方方面面,在知识融合的基础上,利用思政教育深刻影响学生,从内心深处增强对安全管理的重视,确保在今后参加工作后能够胜任安全管理员这一职务。

(2)加深专业教师与思政教师的合作

在建筑工程安全管理的教材中,本身包含了许多可用于思政教育的素材,但是很多专业课教师在日常教学中,只关注专业方面重难点知识的讲解,对于思政元素的挖掘不够深入、利用不够彻底。鉴于此,要求建立专业教师与思政教师的密切交流、深化合作渠道。尝试以下列几种方式增进教师之间的经验交流:其一是定期开展专题讨论会,由教研组长统筹协调,专业课和思政课的骨干教师参与讨论,由思政教师从建筑工程安全管理教材中挑选可用于思政教育的元素,双方讨论如何在专业课教学中以学生喜闻乐见的方式渗透思政教育;其二是集体备课,打造课程思政的精品课,既要在专业课上穿插讲解思政内容,也要在思政课上联系学生所学专业和将来职业,这对提升课程思政开展成果将会有事半功倍之效。

4. 培育一支复合型的课程思政教师队伍

近年来职业院校各个专业均在推行课程思政建设,为满足课程开设需要,除了采取专业教师与思政教师交流合作的模式外,还应面向专业课教师加强专项培训,切实提高其自身的职业理想、政治素养、思想觉悟,使其承担起建筑工程安全管理课程思政建设的重任。职业院校应利用每年的寒暑假,选出若干名优秀教师,为其提供课程思政的主题培训机会。在培训形式上,可以邀请知名建筑企业的资深安全管理员,结合自身多年的安全管理经验,向专业课教师们讲述建筑工程现场存在的常见安全隐患,以及一名优秀的安全管理员应当具备何种职业精神,如何落实安全管理的监督、检查责任。如果条件允许,可组织教师观摩团到建筑工地现场参观,对安全管理岗位有更深入的了解,这对于"课程思政"融入安全管理课程教学也会起到促进作用。

(四)结语

在专业课中渗透思政教育,推进课程思政建设,已经成为当下职业教育改革的重要任务。对于建筑工程安全管理这门课程来说,融入课程思政的目的在于培养既熟练掌握安全管理常识,又具备优良职业道德和思政素养的复合型人才,对提高学生的就业竞争力乃至其今后的职业生涯发展大有裨益。为提高课程思政实施效果,职业院校必须要将知识讲解和思政教育统一起来,同时还要加强教师队伍建设、创新教学模式与方法,打造具有思政特色的安全管理课程体系,进一步提高课程教学质量。

4.3 职业院校学生安全应急救护体系建立与实施

一 问题的提出

职业安全是保证从业者基本权利的基础。但是,在工作过程中因意外造成的损害极大影响着人民的生命、健康以及安全,给家庭、社会带来了巨大的负担,这不仅使得社会总成本增加,同时还制约着社会经济的发展。国内外关于安全应急的法律体系建设日趋完善,为大众提供了较为成熟的法制保障,如美国 1970 年颁布的《职业安全与健康法》是国外颁布最早的职业安全健康法律,被视为职业安全健康管制的核心法律,对工伤事故与职业病的减少以及工作场所的安全条件的提高起到重要作用,尽可能地保障了从业者安全的劳动条件与环境。

制度的保障只是为社会从业者提供了安全的"外衣",而在具体社会生产实践中,却屡屡发生不必要的悲剧。据中国红十字总会训练中心相关资料,我国每年有 800 万人非正常死亡,其中近八成本来可以避免。也就是说,很多人不是死于疾病、意外灾害,而是死于无知。

《国家中长期教育改革和发展规划纲要》提出,要加强师生安全教育和学校安全管理,提高预防灾害、应急避险和防范违法犯罪活动的能力,切实维护学校和谐稳定,完善突发事件的应急管理机制,妥善处置好各种事端。学生作为重要的社会群体之一,其生活经验或者处理意外事件的能力相对较为缺乏,尤其在实习与从业期间发生意外伤害及突发事件的概率非常高,如果能掌握必要的职业安全应急常识,并且能够及时自救或者为他人进行救护,将大大减少不必要的伤害及损失。

二 安全应急救护的基本内涵及意义

职业安全是人们在职业活动中所呈现的健康不受危害、安全不受侵犯的状态以及为促进或保障安全而采取的各种行为。个人经验与技能的积累决定着其应对事情的反应情况,当对突发事件熟悉并且有较强的预见性时,此突发事件对其心理以及身体带来的影响就会小;相反,如果对突发事件较为陌生,那么事件突然发生将导致对个人的冲击力较大,从而产生不可控的影响。因此,积极的应急行为将会有效挽救不必要的损失,甚至会挽回生命和巨大财产。安全应急救护即是当突发事件发生对其产生威胁时,个人对其积极的规律性反应。

一项调查显示,美国公众的基本急救技术普及率高达 89.95％;而心肺复苏初步救生术的培训占总人数的比率,美国为 25％,新加坡为 20％,澳大利亚悉尼为 5％;中国公众急救知识普及率不超过 1％;对公众急救技术的培训与推广刻不容缓。

职业院校学生作为特殊的社会群体,由于接触社会的机会较少,因此应对突发事件的经验及技能较为欠缺,尤其对即将走上岗位的学生而言,在校期间学习必要的应急救护技能十分关键。这一方面是由学生的身体与心理发展阶段决定的,学生群体活泼好动,对新鲜事物较为敏感,因此在无防御措施的情况下,发生意外事故的机会非常大;另一方面,学生自身安全意识淡薄,责任心不强。据相关部门统计,在生产安全事故中,新上岗职工是最具有威胁性的事故发生源,新上岗职工自身职业安全素养的缺乏是最关键的因素,在生产过程中,极度缺乏安全生产认知,个人安全意识及责任心不强,处理突发事故的应变能力较差,因此,全面提升学生职业安全素养应该引起高度重视。学习职业安全与职业健康常识,提高应急救护技能,积极处理突发事件,可将损失降到最低。

三 安全应急救护体系的构建

通过对部分职业院校 853 名学生安全应急救护知识及技能培训情况进行问卷调查,了解学生对突发事件的性质认识、应急救护知识常识、突发事件应急处理、参加应急救护技能培训的愿望以及对培训方式等问题的看法。在问卷统计中发现,急需对学生进行应急救护的宣传,并且应该将其向社会大众进行普及;95％以上的学生有强烈参加应急救护培训的意愿及热情;最希望学习的应急救护知识与技能的项目先后顺序分别是:意外伤害创伤止血,包扎,常见急症救护,心肺复苏等。因此,面对学生如此高涨的学习热情与愿望,我们应该积极为其建设更为完善的安全应急救护体系,更加科学规范地从源头做好准备,使学生在校期间熟练掌握安全应急救护知识与技能,将来走上工作岗位才能降低安全风险,避免意外发生。

(一) 安全应急救护的内容体系

与职业安全相关的应急救护范围非常广泛,任何意外的发生都属于安全应急救护的对象,通过参考相关安全应急救护文献资料,并且根据从业者在职场环境中受到工业安全意外事件发生的频率(煤矿、交通、建筑等行业以及学校学生日常活动与实习、家庭老人、自然灾害等),设计安全应急救护的重点内容:一是心肺复苏知识(CPR),包含了检查生命体征,按压部位、按压呼吸比率、吹气频率,黄金时间;二是创伤应急救护技能,包含了止血、固定、包扎、搬运等;三是生活中日常应急救护知识,包含烧(烫)伤、食物中毒、中暑、触电、煤气中毒、鼻出血、扭伤、割伤、蛇咬伤等;四是应急救护知识的来源以及影响应急救护知识普及的因素等。

中南医院急救中心陈志桥博士曾指出,学生群体应该掌握必备的急救知识,当突发事件发生时才可以帮助他们正确地应对。因此,在安全应急培训过程中可以通过情境设计、现场模拟、角色扮演、对话互动等形式,让学生不断地反复练习和操作心肺复苏、创伤止血、创伤包扎固定以及搬运等应急救护技能,由此一旦学生遇到出血、中暑、中毒、晕厥、猝死等突发情况时才能够进行应急救护处理,提高自救互救能力。

然而,在日常工作中当有意外发生时,有许多让人痛惜的结局都是因为第一目击者不及时或者不适当的处置造成的悲剧。大量实践证明，院前急救越早，处置越规范恰当，存活率越高。因此，我们在应急救护技能培训过程中也要注意院前初级应急救护技能的学习，要学会判断患者意识是否清醒，呼吸道是否通畅，及时开展人工心肺复苏，有效进行胸外心脏按压等，挽救生命。

（二）职业安全健康应急救护培训体系

《中华人民共和国红十字会法》第十二条中明确规定"普及卫生救护和防病知识，进行初级卫生救护培训，组织群众参加现场救护"是红十字会的职责之一。鉴于以上法律法规，建议建立由政府主导、红十字会主体、高校主力、服务全民的应急救护体系。

政府建立健全安全应急救护法律保障体系，积极普及并推广安全应急救护知识与技能，并完善制度进行约束。另外，可将安全应急救护纳入企业安全管理制度中，以此督促应急救护工作的开展，避免或减少意外事件的发生。

红十字会是公益性质的社会救助团体，同时也是安全应急救护工作的专业和骨干力量。但是，通过调查发现，当前社会对安全应急救护培训的需求非常之大，仅靠红十字会的力量远远不够，因此，我们应该充分利用社会资源，特别是高校、职业院校，通过多种方式将安全应急救护贯穿教育始终。

学校应该是促进安全应急教育最理想的场所，安全应急意识可以融入课程建设以及学校教育的方方面面，尤其在专业课学习过程中，将应急救护知识、技能与专业密切结合，让学生真正从做中学、从学中做。另外，学校应该走出去，与政府、企业、红十字会甚至医院等部门与机构合作，通过举办专业大类的安全应急救护师资培训、开展教职工应急救护技能大赛和应急救护知识竞赛等形式推进应急救护教学团队建设，促进应急救护教师专业化发展，为安全应急救护全民推进奠定人力资源基础。

（三）安全应急救护的评价体系

1. 安全应急绩效评价。安全应急是劳动者安全健康和社会健康发展的保障，伴随着经济迅猛发展，安全应急体系的范围也不断扩大，这也导致职业过程中意外事件不断发生，久而久之形成了尖锐矛盾。在制定安全应急救护量化指标体系时应该注意定量分析与定性分析相结合，努力给出操作性强、具有普遍规律的指标选择方法，不可盲目依靠个人经验制定评价指标，同时，指标体系的建立也是一个逐渐调整和完善的过程，因此，在选择与制定评价指标时应遵循层次性与系统性相结合，应具有规范性、代表性。

2. 学生应急救护信息素质评价体系。应急救护信息素质是指应对突发安全事件时，能够有效地发现自身的应急救护信息需求，基于此能采取各种不同方法从不同的信息渠道中，发现、掘取、评估和利用应急救护信息以及传播交流应急救护信息的素质和能力。通过该定义可以发现，应急救护信息素质有四个关键要素，即应急救护信息意识、知识、能力、道德。在制定学生应急信息素质评价指标及权重时，应注意可比性和可持续性统一、系统性和灵活性统一、可操作性和可行性统一、科学性与客观性统一的原则。

四 安全应急救护体系的构建

(一) 加强阵地建设,营造育人环境

1. 以课堂为主阵地,开展面向人人教育

课堂是学生获取安全应急系统知识最有效也是最直接的途径,学校可通过开设应急救护的相关选修或者必修课程,尤其可将安全应急救护知识渗透到专业学习中,可丰富学生应急救护的知识,同时开阔视野,更能提高学生的应急救护能力。同时学校也要积极为开设此门课程提供更多的支持,鼓励教师们积极申报课程,同时为教学做好服务工作,例如应急救护课程相关的教学条件和应具备的仪器、设备等。在教学过程中,引导学生"做中学、学中做",通过教师示范、学生积极动手操作的方式展开多种形式的实践教学,例如角色扮演、情景模拟等。

另外,将培养学生应急救护能力与体育教学相结合。从对生命的敬畏和尊重的角度看,我们每个人都应该是生命的保护者同时也是被保护者,因此,教师将应急救护能力与体育教学相结合,将应急救护知识与运动技术和体质训练相互融合,将有效提高和发展学生的应急救护能力。

2. 以宣传栏、校园广播等为窗口,融入校园文化建设

学校安全应急教育应秉持"以人为本、生命至上"的理念,通过校园文化建设让学生理解生命的意义,学会学习、学会关心,让学生能够幸福健康地成长。学校以及班级的宣传栏是传播信息的重要窗口,更应该积极发挥导向作用,将安全应急救护知识、技能定期做成板报、墙报等专栏,可通过定期评比奖励的形式提高学生参与的积极性与热情。校园广播作为学校倍有特色同时也备受学生欢迎的一道风景线,可通过多种形式的科普活动,将与学生密切相关的案例传递到校园的每一个角落,让学生时刻都有安全应急意识,从身边的新闻中增强意识、提高技能。

3. 定期开展安全应急救护演练,建立常态化的演练制度

学校可针对学生特点以及学校专业开设情况编制演练预案,将应急救护演练上升到制度执行的高度,积极有效地监督落实。在实施过程中,要求全校师生共同参与、全程参与,组织有序,确保每次演练的组织性、纪律性、高效性,能够真正提高全校师生应对突发事件的能力。

做好全校范围的安全应急救护演练并不是一朝一夕的事情,需要不断培训、不断深化,需要全校师生共同努力,为自己也为他人负责。

(二) 以名师工作室为载体培育师资

名师工作室的作用是通过发挥名师骨干的示范、带动作用,促进教师专业发展。根据调查发现,在学校中开展职业安全应急救护的课程少,专任教师更是稀缺,大都是由其他专业教师兼任,因此,教师教学水平、教学效果等都参差不齐,由于尚未有合理的评价监督体系来衡量学生的学习效果以及应对突发事件的能力,因此,高水平、高质量的教师队伍尤为重要,在与安全应急救护相关的专业教师相对匮乏的情况下,名师工作室便能充分发挥它的优势。

一方面,学校应为名师工作室积极创造条件,为广大教师提供交流与学习的平台,名师

工作室可通过"走出去、请进来"的方式，加强校内外的参观、听课、科研、研讨等，以及把校外安全应急救护的专家请到学校中，以多种方式拓宽教师的视野、切实提升教师的业务能力。另外，学校应出台相应政策鼓励教师，尤其是专业课教师积极参与名师工作室工作安排，通过系统学习应急救护知识及技能，更加科学、合理地融入到专业课中，从而让学生将专业学习与应急救护联系得更加紧密，真正理解"从做中学、从学中做"的内涵。

（三）安全应急救护培训平台协同发展

安全应急救护培训可分为理论与技能培训两部分，理论部分的培训可通过课堂教学以及主题讲座的形式得以传授，甚至学生自学也可完成；而技能操作部分则需要科学规范地学会使用专业设备及器材工具等，这些决不可盲目地操作，需要有专业的培训师进行演示，学生要通过不断地实际操作学习才可习得操作技能。通过调查发现，无论是理论知识还是操作技能，当前的学习平台，如红十字会网站、专业课程学习网站等，这些平台的内容不够完善，不成系统，学生想要系统地学习安全应急救护的知识与技能仅仅依靠零散、片面的知识是不够的，因此，需要深度拓展应急救护培训的平台。

红十字会作为社会应急救援的主要力量，承担着重要使命；学校作为教书育人的基地，也要为社会负责。因此，学校可与红十字会合作，共同构建培训平台，在参照《现场救护培训手册》的基础上，结合学校实际情况，有针对性地开展合作平台。例如，在当前手机、电脑等电子通信设备如此发达、覆盖率如此之高的社会环境下，红十字会可与院校深度合作，充分利用院校资源将系统的应急知识与技能通过软件的形式，开发出安全应急救护 App，让广大师生甚至广泛的社会群体能够用上一款有效、有用的软件，通过文字、图片、动画等形式更加系统、直观地推广安全知识技能。

五 结论

安全应急关系到社会中的方方面面，从个人生命健康到学校及企业发展稳定，从从业者职业素养提升到社会经济发展，无时无刻不与安全产生着千丝万缕的关系。因此，重视安全是关爱生命、关爱社会的表现，安全应急救护恰好为其起到保驾护航的作用。加强学生安全应急救护知识与技能的培养，不仅能提高我们将来从业者的职业素养，发展其社会生存技能，更重要的是能使他们成为我们社会持续健康发展的中流砥柱，成为新时代的高素质人才。

4.4 职业院校安全应急教育课程资源开发与建设研究

《国家中长期教育改革和发展纲要》提出要"重视安全教育、生命教育"。2010 年 8 月,根据教育部《关于在部分中等职业学校开展职业健康与安全教育试点工作的通知》精神和总体部署,江苏省统一思想,加强领导,在坚持科研引领、教学渗透、活动推进、成果评审等方面齐头并进,组织江苏省 21 所职业学校率先开展职业健康与安全教育试点实践,并通过加强宣传和师资培训,及时推广经验成果,逐步在全省职业学校普及职业健康与安全教育,近几年来取得了初步成效。

一 职业院校安全应急教育课程资源开发的重要意义

1. 落实国家有关精神。进一步贯彻落实《国家中长期教育改革和发展规划纲要(2010—2020)》、教育部《关于在部分中等职业学校开展职业健康与安全教育试点工作的通知》精神。江苏选拔了 21 所职业学校开展了试点工作,为职业健康与安全教育的普及奠定了基础。

2. 具有前瞻性。职业院校职业健康与安全教育研究是一项具有开创性的研究工作。当前,我国的劳动者正处于从劳动密集型向知识密集型转化的关键时期,而职业健康与安全教育是前提条件,对于即将步入此行列的职校学生来说,显得格外重要。

3. 具有实践推广性。职业健康与安全教育既是一个崭新的课题,江苏省教育厅出台《江苏省职业学校职业健康与安全教育试点工作实施方案》,江苏省南京工程高等职业学校是首批参与的试点学校,也是省试点工作组织实施的牵头学校,开展职业健康与安全教育课程资源开发,进一步发挥龙头效应,凝聚群体智慧,编制相关课程标准、创新课程教学设计、制作多媒体课件,培育优秀教学团队和主讲教师,建立实训基地,建立课程资源网,对全省职业院校开展职业健康与安全教育教学具有很强的推广性。

二 职业院校安全应急教育课程资源开发的思路

基于江苏省职业教育学生发展研究中心组平台,通过课堂等渠道,推进职业健康与安全教育优秀教学团队和精品课程资源建设,建立职业学校职业健康与安全教育保障机制,构建职业健康与安全教育网络平台,率先在全国职业学校起到示范引领作用,促进职业院校为社会培养更多具有良好职业健康安全素养的高素质劳动者。

三 职业院校安全应急教育课程资源开发的目标

在试点实践基础上,进一步理清职业院校职业健康与安全教育基本内涵,开展职业健康与安全教育教学团队建设,完善《职业健康与职业安全》教材内容,推进国家示范性职业学校精品课程"职业健康与职业安全"课程资源建设,建立职业健康与安全教育基地和培训基地,组织开展省级职业健康与安全教育骨干教师培训,试点开展职业学校学生参加职业健康与安全教育特种行业三级安全员证书考证工作,制定职业学校职业健康与安全教育评价与管理机制,帮助学生树立职业健康与安全价值观、更好地服务企业,促进社会和谐。

四 职业院校安全应急教育课程资源开发的路径研究

1. 现状研究

通过问卷、访谈等方法,了解职业学校职业健康与安全教育现状,提高课程资源开发的针对性。

2. 基本内涵研究

运用文献研究方法,结合新形势下职业健康与安全方面的新法规、新政策完善《职业健康与职业安全》教材,进一步拓展职业院校安全应急教育的基本内涵。

3. 课程目标和内容研究

结合加拿大、英国学习职业健康安全教育基础上,借鉴国际经验,完善了江苏职业学校职业健康与安全教育课程标准,重点就课程教学目标、教学内容、教学方式方法、评价和考核办法等方面进行了实践。

4. 主题活动课创新设计研究

重点进行了形式和内容创新,开展原创性设计,组织以职业健康与安全主题教育活动为载体开展创新设计、多媒体课件等资源开发活动。

5. 课程实践研究

通过国家示范校建设项目教材《职业健康与职业安全》,通过全省试点校开展职业健康与安全教育备课、上课、说课、听课、评课教研工作。在此基础上开展省级研究课评比,培育一批教学团队和主讲教师,开发具有职教特色的职业健康与安全教育教学设计案例与多媒体课件、说课视频等资源。

6. 学生资源开发研究

重点结合学生专业特长、学校实训基地、校园文化、就业创业等方面开展职业健康与安全教育主题演讲比赛、摄影大赛和征文等大赛,开发学生资源。

7. 教学资源网站建设研究

重点做好职业院校职业健康与安全实践总结,选用优秀的省级职业健康与安全研究课成果、省级主题活动课创新设计成果、学生优秀作品等资源建设具有江苏职教特色的职业院校职业健康与安全教育网站,为课程的后续研究与推广提供操作范式和资源保障。

8. 保障机制研究

采用职业院校职业健康与安全教育听证会模式,通过调研,发现问题,收集国内外职业健康与安全教育政策,分析比较现有政策优缺点,制定合理方案,采取有效措施积极行动,向省人大、省教育厅、省应急管理厅等政府部门提出建议,为政府行政部门制定职业健康与安全教育机制提供参考。

五 研究技术路线

坚持走从"实践"到"理论"再到"实践"的行动研究技术路线,既进行理论上的思考、归纳、创新设计,更进行实践的探索,在职业健康与安全教育优秀教学团队建设和精品课程资源建设基础上,建立保障机制,为教师"教"、学生"学"搭建多种平台。

本研究将在试点实践研究基础上,以职业院校职业健康与安全教育的问题作为切入点,以学生的职业健康与安全意识的培养为关注重点,在分析相关理论的基础上,结合目前职业院校职业健康与安全教育的现状,借鉴加拿大、英国等国家在职业健康与安全教育方面的经验,探索职业健康与安全教育的途径与方法,建设职业健康与安全教育优秀教学团队、精品课程资源,建立职业院校职业健康与安全教育保障机制,构建职业院校职业健康与安全教育网,为普及职业院校职业健康与安全教育搭建平台,更好地促进学生健康安全成长,为政府制定职业健康与安全教育方面的政策提供参考。

六 研究方法

1. 文献法

查阅相关国内外关于职业健康与安全教育的文献资料,系统了解现状研究情况,发现新问题,寻找新的研究思路。

2. 例证法

通过对试点职业院校一些典型职业健康和安全事故和事件进行案例分析,查找案例发生原因,在分析的基础上提出相应的对策。

3. 行动研究法

探索职业健康与安全教育途径与方法,建设职业健康与安全教育优秀教学团队和精品课程资源,构建职业健康与安全教育保障机制,开展职业院校职业健康与安全教育机制听证会,向江苏省人大代表提交建议,以期建立江苏职业学校职业健康与安全教育促进机制。

七 实施步骤

1. 准备阶段:完成研究方案的设计,收集基础资料。

2. 实施阶段:按照实施方案全面实施研究,开展职业健康与安全教育优秀教育团队和"职业健康与职业安全"精品课程资源建设、组织省级师资培训和省级研究课、示范课评比、进行职业健康与安全教育保障机制研究,举办公民教育项目听证会,提交职业健康与安全教育保障机制合理性建议,建设职业健康与安全教育网站建设等。

3. 总结阶段:全面总结,完成研究成果整理、总结、撰写研究报告等工作,并结题。

八　研究结论及反响

1. 增强意识,明确目标

当前,职业健康与安全教育日益成为社会关注的焦点,对即将进入职场的新生代开展职业健康与安全教育,对学生、家长、企业和社会无疑都具有重要的现实意义和战略意义。职业院校开展职业健康与安全教育已成为职业教育领域刻不容缓的重要任务。因此,职业教育职业健康与安全教育必须关口前移,渗入课堂、融入活动、引领岗位,让学生习得职业健康与安全知识,掌握职业安全防护与保护健康的技能;培养学生职业健康与安全意识,形成关注安全、关爱生命和安全发展的观念,养成职业健康与安全习惯,提高职业健康与安全素质,为学生顺利适应社会、融入社会和就业、创业创造条件。

2. 把握特征,科研引领

在职业教育领域,职业健康与安全教育包含五个要素:知识、技能、思维、习惯、文化,如何有效地将这五个要素融合进职业健康与安全教育是一个值得深思的问题。为此,我们通过三个研究,一是主持完成了江苏省教育科学"十二五"规划青年专项课题"职业学校职业健康与安全课程资源开发与实践研究";二是主持完成了被教育部评为国家示范性职业学校数字化资源共建共享项目的"职业健康与职业安全"精品课程资源建设;三是主持了江苏省高校哲学社会科学基金项目"江苏职业学校职业健康与安全机制实践研究",把握职业健康与安全教育的要素内涵,构建内容体系,探索了途径与方法、师资培养与保障机制等,促进职业健康与安全教育向纵深推进。

3. 构建了职业健康与安全教育"防—控—治—护"体系

职业健康与安全教育是具有通识意义、行业意义、岗位意义的一种结构体系。职业健康与安全教育有"工作前"即"预防"的一块,"工作过程中"即"控制"的一块,"工作后"即"治理"与"保护",也就是说"防、控、治、护"构成了职业健康与安全教育内在的一个逻辑体系。

4. 开发了符合时代特征的《职业健康与职业安全》素质教育通识教材

针对试点阶段教育部推荐教材内容陈旧等问题,结合国家最新颁布的《中华人民共和国职业病防治法》(2012年最新修订)和江苏职业学校课程改革新要求,主编了新教材《职业健康与职业安全》,教材内容包括了职业健康与安全法规、职业健康、职业安全、个人防护四大模块、29个话题,每个话题首先明确了学习目标,引出知识点,通过"案例事故"设置"情景导入",贯穿"探究与实践—知识拓展—综合演练—综合评价"环节,帮助学习者学习职业健康与安全普适性知识,增强职业健康与安全意识,掌握安全技能,提高实际应用能力,形成良好的职业健康与安全素养。

5. 建设了国家示范性职业学校"职业健康与职业安全"精品课程资源共建共享项目

教材《职业健康与职业安全》经教育部认定为国家示范性职业学校数字化资源共建共享项目配套教材,13位骨干教师组成职业健康与职业安全课程团队,开发了职业健康与安全知识点积件数162个,PPT162张,测试习题205道,课程标准1份,教学论文11篇。这样,江苏版《职业健康与职业安全》教材和"职业健康与职业安全"精品课程资源的建设在全国职业健康与安全课程建设方面处于领先地位。

6. 形成了《职业健康与安全教育专题》读本,为师生提供指导

为了加强职业健康与安全教育的方法指导与知识普及,在试点实践基础上,编辑《职业健康与安全教育专题》读本,内容涉及职业健康与安全教育的方案、调研报告、典型案例、健康课堂、职业安全等方面,为职业学校职业健康与安全教育的普及与推广提供了很好的指导。

7. 推进了师资队伍建设

针对当前职业健康与安全教育师资不足等问题,一是参加国际培训。项目组 20 名职业健康与安全骨干教师赴加拿大进行了为期 21 天的学习考察和培训,考察培训的主要内容为学习加拿大职业健康与安全教育的成功经验、课程标准、课程实施、教材开发思路及考核方法等。二是参加省级骨干教师培训。项目组将职业健康与安全教育纳入近两年的省职业学校德育骨干教师和班主任培训班的重点培训内容,开展职业健康与安全教育主题创新活动设计,邀请专家现场指导。三是项目组骨干教师积极参加行业培训。邀请行业企业安全监督管理部门专家给教师现场培训。四是学校将职业健康与安全教育优秀教学团队作为国家示范校建设的特色项目。通过培训,提高了职业院校教师的职业健康与安全责任意识,形成了学校、政府、行业企业等多层次的专家和一线骨干技术人员一体化的职业健康与安全师资队伍。

8. 融入课堂,课程被纳入人才培养方案和省级"两课"评比领域

课堂教学是职业健康与安全教育的主渠道。学校率先将职业健康与安全课程纳入一年级必修课,所有学生都学职业健康与安全普适性知识和技能,一周 2 课时。校企共制职业健康与安全课程标准,以课堂教学和实践训练为主阵地,强调"做中学、学中做"。"做中学"即强调在实践中感悟,而"学中做"强调学生应将自己所学的知识应用到实践当中。

项目组牵头推进了将职业健康与安全课程纳入江苏省职业教育"两课"评比范围,2 位老师获得省级"示范课"、6 位老师获得"研究课"。

《省教育厅关于制定中等职业教育和五年制高等职业教育人才培养方案的指导意见》文件中将职业健康与安全课程纳入专业人才培养方案中,为职业学校将课程纳入专业人才培养方案课程体系提供了政策依据。

9. 实践活动推动学生形成良好的职业思维和职业文化

项目组开展了职业健康与安全教育研究课、主题教育活动创新设计、主题演讲和手抄报四项专题活动,其中主题教育活动创新设计 30 个团队、手抄报 40 篇作品、主题演讲 37 位选手参加。专题活动的开展,提高了职业健康与安全教育的针对性和有效性。职业健康与安全实践活动融入了学生的人生智慧,融入行业思维,形成了学生良好的职业思维和职业文化。

(1)强化了学生职业健康与安全素养的培养

学生职业健康与安全教育是职业素养的重要组成部分,它还是现代文明社会的一种标志。通过职业健康与安全教育典型活动,促进了学生良好的情绪和情感的产生,让职业健康与安全意识融入学生的价值观当中,让学生一到职业岗位就会形成条件反射,形成习惯,避免了学生最基本的技术规范和健康安全职业素养的缺失。

(2)创新机制,推动了江苏职业健康与安全教育立法进程

学校成立了职业健康与安全教育中心,制定了学校职业健康与安全师资培训制度、实训

基地制度等。为了建立职业健康与安全教育的长效机制,项目组提出的"关于制定《江苏省职业健康与安全教育条例》的建议"被江苏省人大代表提交江苏省十二届人大一次会议确定为提案,推进了江苏职业健康与安全教育的立法进程。

10. 应用情况

(1) 全国载誉:项目组唐老师 2011 年获全国中职校"创新杯"德育课程说课"中职生安全教育"说课比赛一等奖。

(2) 省级示范:项目组某老师获评为省级职业健康与安全教育"示范课和研究课"。

(3) 政府认可:《省教育厅关于制定中等职业教育和五年制高等职业教育人才培养方案的指导意见》中将职业健康与安全课程纳入专业人才培养方案中,为职业院校将职业健康与安全课程纳入专业人才培养方案课程体系提供了政策依据。

(4) 省人大采纳:成果"关于制定《江苏省职业健康与安全教育条例》的建议书"被省人大代表采纳并被江苏省十二届人大一次会议确定为"地方立法方面的提案"(第 0076 号)。

(5) 国际交流:许曙青作为江苏职业教育领军人才,赴英国开展英国职业健康与安全政策与教育等方面的调研,其研修成果《英国职业健康与安全专题调研》调研报告在英国苏曼中心结业成果展示会荣获"最佳成果展示奖",获得英国波顿大学马丁先生及英国曼城教育局等领导专家的高度评价。

(6) 成果发表:项目组成员关于职业健康与安全教育方面的文章在《教育与职业》《江苏社会科学》《江苏科技信息》《江苏教育》(专栏)等刊物公开发表 73 篇,得到了很好的推广和应用。

4.5 职业院校安全应急教育课程体系的构建

当前,随着社会经济迅猛发展,千千万万的劳动者为我国的经济增长贡献了巨大力量,然而其工作环境却不容乐观,特别是在劳动密集型的行业中,劳动者的健康与安全存在着极大的隐患。如何保护劳动者的健康与安全、保障劳动者的合法权益已被摆到了相当重要的位置。职业院校毕业生绝大多数将工作在生产第一线,在其上岗之前对他们进行系统的职业安全应急教育具有极其重要的作用。在具体的教学过程中我们将弱化学科性、理论性,强调针对性、实用性,突出与劳动者个体有直接关系的安全应急的知识和技能,并同时注重知识和技能的通用性。

按照《国家中长期教育改革和发展规划纲要(2010—2020 年)》和中央领导有关加强职业学校学生安全教育的批示精神,应提高广大职业学校学生的安全意识,普及安全知识,增强安全防护能力。根据教育部和江苏省职业学校职业健康与安全教育试点工作方案和实施计划的统一安排,江苏试点职业院校将职业健康与安全教育纳入课程体系。由于当前国内鲜有这方面的研究,笔者基于学校的初步试点实践要求,推进安全应急教育课程设计,以期通过职业安全应急教育课程设计探索职业安全应急教育实施新途径、新方法,将职业安全应急教育关口前移,将职业安全应急教育引入课堂、融入生活、渗透岗位实践,为学生的生活、学习和未来岗位的工作奠定良好的基础。

一 职业院校安全应急教育课程设计思路

从学生个体的角度出发,普及安全应急知识,使学生初步了解和掌握工作场所可能存在的职业病危害因素、自身的行为危害因素和需要遵守的行为规则,认识到安全意识的缺乏所可能造成的严重危害,掌握并学会运用一些基本的防护、急救与避险方法,懂得如何利用法律武器维护自己的正当权益,提高学生的安全应急意识,增强其生命意识。

二 职业院校安全应急教育课程内容的选择

安全应急教育课程设计必须要着眼于引导和帮助学生了解职业安全应急教育的相关知识,树立安全意识,增强自我防护能力,避免或减少不必要的职业危害,有效地维护自身的职业安全应急权利,在将来的职业生活中,懂得职业场所可能存在的职业病危害因素、自身的行为危害因素和需要遵守的行为规则,更好地利用法律维护自己的正当权益。因此,在选用教材和设置教学内容时,要充分考虑学生个性发展的多样化需要和未来职业发展中职业素养和安全意识与能力提升的需要。

课程分设 11 个模块,开设顺序可根据教材与学校的实际情况和学生的选择确定。课程教学安排建议每周 2 学时,教学周数 15 周,共 30 课时,2 个学分。

职业安全应急教育课程基本内容及课时分配见表 4.4:

表 4.4　职业安全应急教育课程基本内容及课时分配

课程类别			课程方向	研究视角	
				A	B
必选	公共基础类		职业健康与安全教育法律法规		
			职业健康		
			职业卫生与安全		
			校园安全		
			防火安全		
			饮食与用药安全		
			交通安全		
			个人行为安全		
			灾害自救		
			急救演练		
			其他		
限选	职业技能类	第一产业	农林牧渔类		
		第二产业	资源环境类		
			能源与新能源类		
			土木水利类		
			加工制造类		
			石油化工类		
			轻纺食品类		
		第三产业	交通运输类		
			信息技术类		
			医药卫生类		
			休闲保健类		
			财经商贸类		
			旅游服务类		
			文化艺术类、教育类		
			体育与保健类		
			司法服务类		
			公共管理与服务类		

课程类别		课程方向	研究视角	
			A	B
任选 技能拓展类	行业特殊工种	电工作业		
		金属焊接、切割作业		
		起重机械(含电梯)作业		
		企业内机动车辆驾驶		
		登高架设作业		
		锅炉作业(含水质化验)		
		压力容器操作		
		制冷作业		
		爆破作业		
		矿山通风作业(含瓦斯检验)		
		矿山排水作业(含尾矿坝作业)		
备注	1. 课程方向中"公共基础类"必须全部包含,课时控制在20课时左右; 2. "职业技能类"根据专业大类进行选择,课时控制在10课时左右; 3. "技能拓展类"根据专业工种有无任意选择,此类仅作为补充材料。 研究视角:A:预防认知;B:事故处理			

三 职业院校安全应急教育课程教学目标设计

1. 把安全应急知识与学生生活、专业及职业岗位相结合

提高学生安全应急意识,培养安全应急能力,要根据职业院校学生的特点和发展需要,立足校园,面向未来,把课程作为学生的生活过程来把握,与学生的生活目标、生活现实、生活内容紧密结合起来,紧贴学生的日常生活、社会生活、职业生活,具体实在,凸显浓浓的生活、专业气息,给学生以更多的人文关怀。

2. 坚持正确的价值导向,采用灵活的教学策略

要坚持正确的价值导向,必须重视在教学活动中灵活运用教学策略;把教师主导的"目标—策略—评价"的过程与学生经历的"活动体验表现"的过程结合起来;引导学生在范例分析中展示观点,在价值冲突中识别观点,在比较鉴别中确认观点,在探究活动中提炼观点;进而有效地提高学生理解、认同、确信正确价值标准的能力。

3. 强化实践环节,丰富教学内容

要积极开展多种形式的安全应急教育实践活动;教学内容可从教科书扩展到所有学生关注的、有意义的题材;党团活动、班级活动等也要与课堂教学建立互补关系;从而使安全应急教育课程的实施面向学生的整个生活世界,形成网络式的教学系统,以利于全面提高学生职业安全应急教育能力。

4. 倡导研究性学习方式

在明确基本标准的前提下,要结合相关内容,鼓励学生独立思考、合作探究,为学生提供

足够的选择空间和交流机会,能够从各自的特长和关切出发,主动经历观察、操作、讨论、质疑、探究的过程,富有个性地发表自己的见解,以利于培养求真务实的态度和创新精神。

四 职业院校安全应急教育课程评价目标设计

1. 把对学生安全应急教育的课堂评价放在突出位置

评价要全面、客观地记录和描述学生职业安全应急的发展状况,注重考查学生的行为,特别关注其情感、态度和价值观方面的表现。

对知识目标的评价,要注意"内容标准"对有关概念、原理、观点、方法等内容目标的陈述,使用不同的安全应急知识点在不同意义上表达了对相关知识评价的不同要求。

对能力目标的评价,主要伴随着安全应急教育相应的活动展开,根据学生在安全应急教育活动过程中的表现,进行动态的、综合的、有侧重的评价。既包括学习能力的评价,又包括实践能力的评价;既要注重对理论观点、原理的运用能力进行考评,又要强调对"动脑"思维、"动手"操作的能力进行评估。

对情感、态度与价值观目标的评价,主要依据学生在课程实施中参与各类活动的安全应急行为表现,以及学生对当前社会现象和问题所表达的关切、所持有的观点。

2. 强调学生既是评价对象,也是评价主体

重视学生参与评价,包括教与学两个方面。要采用多种方式培养学生的自我评价意识,发展自我评价能力。如对学生在集体生活中的各种表现,各自不同的学习观念和学习效果,都可提供相应的自我评价的机会和要求。

3. 对学生的能力发展给予肯定性评价

如学生的沟通、合作、表达能力,搜集与筛选多种社会信息、辨识社会现象、透视社会问题的能力,自主学习、持续学习的能力等,都要注重从积极的方面、用发展的眼光给予评价。

4. 把形成性评价与终结性评价结合起来

学生安全应急素养的培养,需要经历必要的过程;学生安全应急的状况,更要在一定的过程中表现。终结性评价应建立在形成性评价的基础上,与形成性评价相结合,才能保证评价的真实、准确、全面。

5. 采取多种学习评价方式

评价应为学生安全应急教育发展的动态过程,采取更为灵活的方式,如谈话观察、描述性评语、项目评议、学生自评与互评、教师评价等。

五 职业院校安全应急教育课程资源的开发与利用

职业院校安全应急教育课程资源是课程设计、编制、实施和评价等整个课程发展过程中可资利用的一切人力、物力以及自然资源的总和。

1. 丰富、拓展职业安全应急教育课程资源

(1)文字与音像资源。最主要的资源是安全应急教育教科书,其他涉及行业企业安全应急等方面的规范,以及图片、录音、录像、影视作品等,也是安全应急教育课程的重要资源。

(2)人力资源。企业师傅、德育课和专业实训课教师是最重要的人力课程资源,教师的

素质状况决定了课程资源开发与利用的范围和程度。学生是学习的主体,同时也是重要的课程资源。人力资源还包括行业专家、学生家长及其他社会各界人士。

(3)实践活动资源。广义的安全应急教育实践活动包括课堂讨论、辩论、演示等,也包括课堂外的参观、调查、访谈等。企业、行业、实训基地、教育基地等,都是实践活动课程资源的一部分。

(4)信息化资源。利用信息技术和网络技术,收集网上资源,包括文字资料、多媒体资料、教学课件等。

2. 主动开发职业安全应急教育课程资源

职业院校安全应急教育课程资源丰富,需要能动地去寻找、认识、选择和运用。课程资源的开发和利用,不仅是特定部门和人员的专业行为,更是教师主导的活动。

(1)自主开发。教师在安全应急教育课程资源的开发中要发挥主体作用,认真学习和领会课程的目标和内容;分析课程资源开发与课程目标实现的关系,评估课程资源的特点及其价值;根据实际情况选择和利用课程资源。

(2)特色开发。职业院校要从具体的地域特点、企业特点、行业特点、学校特点、教师特点、学生特点出发,发挥各自的优势,使课程资源的开发呈现出多样性、丰富性、独特性,有效实现特色开发。

(3)师生共同开发。教学活动是师生共同参与的过程,对于课程资源的开发与利用,要充分发挥全体师生的作用,鼓励他们积极参与,共同收集、处理、展示课程资源,有效利用。

总之,开展职业院校安全应急教育课程体系的构建是推进安全应急教育课程建设的一项重要措施,要立足学校实际和行业专业特点,精心设计活动载体,发挥教师的主导和学生的主体作用,把安全应急教育寓于学校实践活动和课堂教学之中,增强安全应急教育的感染力和说服力,通过课程设计和课堂教学资源开发,提高安全应急教育的针对性与有效性,培养广大学生良好的安全应急意识,加快江苏职业院校安全应急教育的信息化资源建设,创建具有地方特色职业院校特色安全应急教育体系,率先在全省各职业院校普及安全应急教育,率先在全国职业院校安全应急教育试点工作中起到示范作用,促进职业院校安全应急教育又好又快发展,为社会培养更多的高素质技术技能人才。

5

第五章

职业院校安全应急教育与专业创新发展
产教融合平台建设研究

5.1 职业院校健康与安全应急公共职业体验中心建设及运营方案

当前，我国正处于特定发展阶段，在快速城镇化过程中，一大批安全技能"零基础"的进城务工人员"洗脚进城"成为产业工人，在高危行业从业人员中占比达到40%左右，特别是小化工一线操作人员，基本都是进城务工人员，这些小型企业事故占有关行业事故总量的80%以上。一些中小高危企业自身无培训能力，又舍不得投入经费把员工送出去培训，不培训、假培训、低标准培训等问题突出。总之，高危行业职工队伍总体文化偏低，安全技能"零基础"的进城务工人员占比高，加上企业安全培训责任不落实，造成相当一部分从业人员安全意识淡漠、安全生产知识和能力缺乏，成为很多事故的直接肇事者，同时也是伤亡最多的受害者。

为了积极贯彻全国教育大会和《国家职业教育改革实施方案》精神，依据江苏省教育厅2019年3月28日发布的《省教育厅关于加强中小学生职业体验教育的指导》精神和江苏省中小学职业体验中心建设参考目录、江苏省中小学生职业体验中心建设标准的要求，江苏省许曙青职业安全健康与科技创新名师工作室在自2006年以来开展的职业安全与职业健康普适性教育和安全健康与环保专业、应急管理与减灾技术专业建设的基础上，推动"健康与安全应急公共职业体验中心"建设。

"健康与安全应急公共职业体验中心"创设了与职场健康与安全应急一线相匹配的体验环境，设备配置兼顾健康与安全应急专业教学和技能培训、技能鉴定，达到环保和安全的要求，符合时代需求；以使用为基础，具有前瞻性、先进性、开放性和可扩展性。

一 职业院校健康与安全应急公共职业体验中心建设的背景、必要性、可行性

当前，我国正处于工业化、城镇化快速发展期，职业院校毕业生已成为经济建设生产一线的主力军。江苏是经济强省，同时又是职业教育大省，职业院校每年为社会输送10余万名毕业生，为该省乃至全国的经济发展贡献力量。职业学校开展健康与安全应急体验教育以更好地维护青少年的基本权利，符合现实需要。

随着以人为本的理念不断深入人心，特别是随着现代人本管理的不断发展，健康与安全应急也成为所有职业活动的内在要求。政府和社会公众都期望职业院校能在促进和保障职业安全与职业健康方面承担更多的责任。

学校是学生获取职业安全与健康知识、掌握专业技能操作规范、树立安全健康价值观的"第一课堂",在职业安全与职业健康教育方面责无旁贷。特别是职业院校学生就业后一般都在生产第一线,就业环境很复杂,相当一部分学生还会到中小企业工作,工作环境更为艰苦。职业院校开展健康与安全应急教育可以有效弥补企业安全教育的不足,帮助学生规避职业伤害,保障个人安全健康,促进企业发展与社会和谐。

职业安全与职业健康作为人生存的必备素养,对其进行保障已经成为院校履行社会责任的基本内容,是学校教育之使命。值得注意的是,企业单位的职业安全与职业健康教育以及学生的终身自我教育,应与学校教育并行不悖,合力而行。为此,该中心基于前期开展职业安全与职业健康协同创新研究与实践的基础,加强政校行企合作,推进健康与安全应急教育与人才培养,打造健康与安全应急教育与科技创新团队,创新课程,创新技术,培养创新人才,创新科技成果,力求在健康与安全应急体验教育的深度和广度上取得突破。具体来说,职业院校开展健康与安全应急教育具有以下几方面必要性:

1. 符合国家安全发展战略需求。实施安全发展战略,是党中央、国务院在深刻认识和把握现阶段安全生产规律特点基础之上审时度势而做出的一项重大战略决策,是解决安全生产深层次矛盾的必经之路。开展健康与安全应急体验教育是解决职业安全与职业健康存在的问题、贯彻落实"安全发展战略"的迫切需要。

2. 是企业科学发展的需要。职业健康与安全应急教育培训管理是企业发展的核心生命力,事关企业稳定大局。开展健康与安全应急职业体验,整合行业企业职业健康与安全应急优势资源,建立政产学研用相结合的健康与安全应急公共职业体验中心,促进大众健康与安全应急素质和技能提升,最大限度地减少事故和职业病的发展,提高企业竞争力,改善劳动条件,促进职工身心健康,是稳定企业、提高劳动生产率、实现企业长远安全发展的需求。

3. 是健康与安全应急普及教育与人才培养的客观需要。我国在职业安全与职业健康专门人才的培养方面既没有对应专业,也没有系统的课程设置,现从事该方面工作的人员大多来自"安全工程""环境工程""劳动与社会保障""预防医学"等相关领域,远远不能满足监管部门和企业对该方面专业人才的需求。

目前国家需要大力普及健康与安全应急教育,江苏省南京工程高等职业学校多年来开展职业安全与职业健康教育,积累了很多经验,每年向约 15 万人开展健康与安全应急教育普适性教育,形式多样,并承担健康与安全应急公共职业体验中心建设,具有扎实的基础、厚实的师资力量和强大的资源优势。

建设实景模拟可亲身体验的健康与安全应急公共职业体验中心,以普通中小学生为主体,兼顾职业学校学生和社会大众,实践三生教育,给受教育者提供可亲身体验和亲手操作的环境和相应的设备,使其在安全状态下,身临其境体验危险情景,通过互动理实一体化教学方式,达到生动安全的教育效果。健康与安全应急公共职业体验中心采用开放式,以实景模拟的方式,结合实物展示、影像、音响、多媒体互动,图片和文字说明以及 VR 等多种方式进行全方位的宣传教育,其最大的特点就是使受教育者能够通过现场实景,亲身经历、体验在日常生活中极少经历、在课堂上无法展示的不安全状态,这种方式具有较强的参与性、实用性、针对性、趣味性和知识性,主要培养的是受教育者在临危状态下的防范和救护意识,把知识融入其意识中,使其在关键时刻能产生一种以正确的方式进行防范、自救和互救的理性反应,最大限度地减少灾难对生命造成的损失。健康与安全应急防范意识、素质和救护技能的提高也是国民素质提高的一个重要标志。

二 职业院校健康与安全应急公共职业体验中心建设与运行方案

1. 目标定位

国内一流的政校行企共同参与的职业学校健康与安全应急公共职业体验中心示范点;服务地方中小学健康与安全应急体验教育和推动职业健康与安全应急教育与人才培养的技能体验基地;全国健康与安全应急普适性教育的学习与应急救护技能交流平台;独具特色的国家级职业健康与安全应急科普知识普及与推广的科普教育基地。

2. 服务对象

(1) 全体青少年学生

通过各种健康与安全应急体验项目,增强青少年学生安全意识,提升安全应急素质和技能。

(2) 社会相关人员

通过模拟场景和互动体验,使劳动者和公众增强辨识隐患的能力,感受各类事故伤害发生及避险状况,提高劳动者及公众自我防护意识和能力。

3. 展示手段

现场体验、互动设备、互动多媒体、动画、视频内容、喷绘制作、VR 体验等。

4. 建设内容

(1) 安全救护大讲堂

①家庭安全常识。

②现场救护指南。心肺复苏,止血包扎,骨折固定,正确搬运以及昏厥、休克、冠心病、中风、癫痫、咆哮、中暑等的应急处理。

③突发事故处理。触电、溺水、咬伤、烫伤烧伤、中毒等。

④心理健康关照。青少年分离焦虑,青少年健康问题,更年期心理问题,自杀预防问题等。

(2) 消防安全体验区

主要有:消防知识大讲堂;模拟灭火体验;家庭隐患排查;消防标识互动认知;公交车/地铁 VR 逃生;烟雾逃生小屋;电话报警演示;电梯安全学习;消除静电装置体验;插座灰尘危险体验;电缆损伤危险体验;电箱危险体验;跨步电压;静电危险体验;低压电气危险体验;拥挤踩踏体验。

(3) 职业健康安全

①典型生产岗位体验:粉尘类;物理因素;化学类;生物因素;放射性类。

②职业病防护体验:眼面部体验区(冲击体验+焊接弧光体验);呼吸体验区(尘肺+密合性测试);听力损失体验区(听损体验+噪音环境体验);手部防护体验区;足部防护体验区。

③防护用具陈列:模特、PPE 产品陈列橱窗;劳防用品穿戴模拟。

④职业病发病机制和职业病风险体验与预防。

（4）安全生产

①事故体验区：危化品腐蚀体验；物体打击；触电体验；机械伤害（切割体验、残压体验、卷入体验）；弹出体验；视角误差体验；手推车体验＋叉车体验；电工焊接体验。

②高空作业体验区：高空作业安全体验区（高空逃生体验平台）；高空 VR 体验；安全帽撞击体验；安全带静态受力体验；坠落防护体验。

③机械加工体验区。

④安全文化长廊。

（5）警示教育：安全责任法律法规展示；典型责任处罚事故案例展示；事故场景还原（VR 虚拟＋场景还原）。

（6）交通出行体验：模拟交通沙盘；交警手势体验；安全带碰撞体验；醉酒驾驶体验；"三超一疲劳"驾驶；应急情况处理；安全知识连连看；交通标识认知。

（7）防震减灾体验区：校园地震；暴雨场景；泥石流；沙尘暴；台风；气象预警；防溺水。

三　职业院校健康与安全应急公共职业体验中心环境设计

健康与安全应急公共职业体验中心立足学校，服务社会，除能提供给普通中小学学生健康与安全应急职业体验、职业学校学生专业健康与安全应急实验实训和专业教师健康与安全应急技能培训外，还主动面向市场，开展在职人员健康与安全应急教育培训、职教师资健康与安全应急救护技能培训、就业与再就业健康与安全应急救护技能培训等，构成社会化开放性的职业健康与安全应急教育、职业培训、职业技能鉴定基地的格局，进一步提升学校职业健康与安全应急教育普及与推广功能。

1. 基础环境设计

学校根据中小学健康与安全职业体验中心建设总体布局方案，结合中小学生活动规律、成长特点，充分挖掘校内基础设施硬件资源，专门开发健康与安全应急职业体验中心体验场馆，其中核心活动体验区域位于学校校史馆和体育馆内部毗邻区域，主要功能分布包括健康与安全应急法规宣贯区、应急救护体验区、职业健康操体验区、健身体验区、心理压力减缓体验区、防震减灾体验区、职业安全体验区等七个核心集中体验区，约 2 500 平方米。学校结合特色专业还开发并开放了：防震减灾特色职业体验区一个（中央财政支持的建设实训基地），约 400 平方米，工位数 30 个；安全用电设计体验区一个（世界技能大赛集训基地），约 200 平方米，工位数 15 个；安全应急动漫设计制作体验区一个（校企共建实训基地），约 150 平方米，工位数 40 个；旅游安全应急职业体验区一个（3D 模拟仿真实训室），约 150 平方米，工位数 30 个；机器人应急救援体验区一个（江苏省示范专业实训基地），约 100 平方米，工位数 10 个；无人机操作体验区一个（江苏省特色品牌专业实训基地），约 150 平方米，工位数 5 个；建筑安全管理体验区一个（江苏省示范专业实训基地），约 350 平方米，工位数 50 个；职业安全健康操训练区一个，约 1 000 平方米，工位数 50 个。

2. 人文环境设计

学校结合专业和职业特点创设与其相匹配的人文环境，因中心是针对中小学生的健康安全应急职业体验开展项目，所以在体验场馆除了正常设置一些职业体验的操作程序外，还设置了一些安全提示，如职业工位体验流程图、应急处理操作流程图、体验设备使用说明、体验场馆使用规章制度等,场馆也准备了一些体验设备的提示卡,每个体验场所还安排了一定比例的专业指导教师,进行全过程指导、全方位服务,以达到体验环境安全、体验项目简单易操作、体验获得感较强。

3. 工作环境设计

所有的体验场所规章制度齐全,安全警示牌配备到位,体验集中区域的路线设置人性化,进口与出口分道设置,预防拥挤。

所有体验场所配备灭火器等消防设备,防震减灾体验馆配备了数字化讲解通道,只需要扫描二维码就可以收听自动讲解内容。防灾减灾体验区配备了专业制作加工台,因涉及汽油、焊接等燃烧材料,体验区要求必须在专业指导老师的指导下进行体验活动。职业健康操体验馆配备了专业的音响照明灯光设备,有专业健康操教师进行现场示范指导。职业健康体验区配备了专业的诊疗设备,有专业的医师现场讲解职业健康相关知识。所有的体验场馆场所都布设了高清监控系统,会不间断地进行场馆安全监控,保证场馆场所运行的安全环境。

4. 卫生环境设计

体验场馆实行物业专业化管理,每日都有专门的保洁人员进行定期定时保洁,对于特殊的体验场馆由专业的指导教师指导进行保洁活动,特别是一些特殊的工位风险程度高,对体验者的要求比较高,相应的场所还会提供相应的职业装备和服装等用品供体验者免费使用。体验过程中有的工种会产生一些废水、废液、废渣,学校将安排专业的人员进行无害化处理,确保体验环境安全,并符合相关职业标准。

四 职业院校健康与安全应急公共职业体验中心的使用和管理

1. 参加体验前所有人员到健康与安全应急法规宣教体验区观看教育宣传片,宣传片内容包括职场健康与安全应急常规案例,工地现场事故案例原因分析,我国近年中小学健康安全事故,工地现场受伤死亡人数统计,体验中心的由来及组织大家体验的目的、体验内容及基本的程序和注意事项。

2. 安排专人负责组织人员参加体验,进入体验中心的所有人必须统一着装,佩戴安全防护用品,排队入场体验,并做好影像记录。

3. 体验项目前,操作人员一定要检查体验设施及对体验人进行确认,防止意外发生。

4. 体验人员有责任和义务爱护体验设施,不得故意损坏,违者照价赔偿。

5. 体验人员不得在馆内吸烟、吃零食、打闹等。

6. 运营管理:由1名项目负责人、3名管理人员、4名讲解员负责日常的场馆运营。

5.2 职业院校健康与安全应急公共职业体验中心建设成效研究

 项目概况

自 2006 年以来,学校先后设立江苏省职业学校公民教育试点学校、江苏省科普教育基地、江苏省许曙青职业安全健康与科技创新名师工作室、江苏省红十字示范学校、南京市红十字会救护培训基地等,在此基础上创建了职业体验中心。

2020 年 9 月,学校申报的"健康与安全应急公共职业体验中心"获批立项为 2020 年南京市职业教育现代化建设项目。

项目成效

（一）功能发挥好

学校健康与安全应急职业体验中心立足职教,服务社会。建有中小学学生健康安全应急职业体验区、职业学校学生健康安全应急实验实训区、职业学校教师健康安全应急救护技能培训区、社区待业人员就业与再就业健康安全应急救护技能培训区。构成了社会化开放性的职业健康安全应急科普教育、职业培训,职业技能鉴定基地的格局,进一步提升职业学校健康与安全应急教育技能普及与推广功能,增强职业教育吸引力。

1. 普职融通,中小学走近职教,提升职教社会吸引力

面对中小学和职校生开发"职业健康与安全应急""职业健康心理学""应急救护操作""安全应急用电""灾害应急管理与减灾技术""职业安全健康操"等课程体验项目。已接待麒麟中学等学校的 3 000 余名学生,分类开展职业启蒙教育、应急体验等活动,提升了职教社会吸引力。

2. 虚拟仿真,服务公众,提升职教社会影响力

本体验中心创设与职场健康安全应急虚拟仿真、实际操作、交互体验的职业实践相匹配的体验环境。设备配置兼顾健康与安全应急专业教学和技能培训、职业技能鉴定、社会培训等,符合社会发展与人民追求健康、安全生活的需求。

（二）设备设施及环境良好

1. 体验区布局合理、设施齐全

本体验中心包括职业安全、应急救护、心理健康、防震减灾等多方面。主体建筑部分由健康与安全应急法规宣贯区、应急救护体验区、职业健康操体验区、健身体验区、心理压力减缓体验区、防震减灾体验区、职业安全体验区7个区域组成，总面积约2 500平方米，配备了多种体验设备，如模拟灭火系统、VR实景逃生系统、心肺复苏模拟系统、模拟电子除颤仪、应急救生包、高空逃生装置、健身器械、心理健康测评仪器、心理放松椅、沙盘游戏区、情绪发泄室等，中心配有空调、照明和通风系统，可同时容纳300人参观体验。

2. 职业体验环境新、安全可靠

在各体验区进行了美化设计和室内装饰。利用声光电等效果增强学生们的体验感，设置职业健康安全书籍文化角营造读书文化感，设置茶水供应室提供休闲服务感等，并在场馆内布置多幅职业健康安全宣传展板和海报，吸引观众，拉近观众与职业健康安全的距离。

设施齐全、安全可靠。体验中心主体及各体验区均是经消防验收合格的教学场所，安装了监控设备，每个场馆提供不少于两个安全出口，密闭场馆配有通风设备，且有明显标志指引。各安全出口、消防栓、烟感器、应急照明运作正常，安保人员24小时巡逻管理。日常有学生集体参观体验时会增加安保人员现场执勤，以正确引导、保证安全有序。部分职业安全体验区还加装了隔音材料。为保证体验中心内部设施设备用电安全，优化了体验中心内的电路，使线路布局合理、便于检修，并24小时提供水电抢修服务。

（三）体验课程（项目）开设多

1. 课程开发职业化、标准化

结合中小学生学习特点，遵循职业体验课教学规律，有机融入职业能力培养内容，突出应用性和实践性。开发了"职业安全健康防护""职业心理健康""应急救护""安全用电""地质灾害预防应急管理及减灾技术""职业安全健康操"等学习体验课程。

2. 课程教学模块化、信息化

体验课程设置教学模块（单元）并配备光盘、影像资料、教学课件、虚拟仿真软件、网络课程等信息化教学资源库，广泛采用案例教学、情境教学等教学模式，运用启发式、探究式、讨论式、参与式等教学方法，通过使用现代信息技术有效提高教学体验效果。

3. 课程教学普适化、专业化

建有安全应急职业体验质量保证体系，体验模式、管理运行模式达到职业发展先进水平。采用多元评价方式，加强过程性评价、实践技能评价，强化实践性教学环节的全过程管理和考核评价，完善学生学习体验过程监测、评价与反馈机制，提高学生学习体验效率，改善体验效果。应急救护课程采用应急救护员资格证书的标准进行考核，由鼓楼区红十字会发放应急救护志愿者证书等。

（四）师资队伍水平高

1. 队伍结构合理

健康与安全应急职业体验中心的13位指导教师中，有正高级职称的2人，副高级职称的 6 人，讲师或工程师 5 人；拥有博士学历的 2 人，硕士学历的 4 人。

2. 名师引领教师发展

学校健康与安全应急职业体验中心对外设立有政校行企参与的国内外应急管理领域权威专家智库团队，江苏省职业安全健康与科技创新名师工作室领衔人许曙青教授担任中心负责人。许教授还担任中国职业安全健康协会职业安全健康教育专业委员会副主任兼秘书长、全国安全职业教育教学指导委员会委员与应急管理专委会委员。

3. 专兼结合助力团队提升

本体验中心的 13 名专职教师在安全健康及应急管理方面有丰富的实践经验及专业背景，均具有教师资格证，并具有中级及以上专业技术职称或技师以上职业资格证书。

本体验中心 3 位长期兼职的教师是从事安全健康工作或应急管理工作的专家，短期应邀的兼职教师团队成员来自政府、行业、企业的研究人员和一线工作人员，兼职教师团队能够有效参与健康安全应急职业体验中心的高峰运行，为体验中心教师团队的发展提供了良好质量支撑。

（五）制度保障

1. 建全规章制度

中心建立了一套完整的健康与安全应急职业体验中心管理制度，涵盖工作、人员、设备、设施、安全、环保等管理制度，在第二章中明确了各体验区负责人任务分工及具体职责。

2. 发展规划科学

中心制定了 3 年建设发展规划，依据职业发展及时调整体验项目、更换设施设备以及优化环境流程。

三 项目特色

1. 小团队、大作为，受众面广

中心团队开发的健康与安全应急科普知识题库，自 2017 年以来连续 4 年为 268 所职业院校 115 万名学生提供了健康安全应急科普知识教育培训。许曙青职业安全健康科技创新团队获得全国职业院校安全健康环保科普知识竞赛活动"突出贡献奖"和江苏联合职业技术学院安全知识竞赛活动"突出贡献奖"。"全国安全生产万里行"采访宣讲团来校调研工作时，应急管理部宣传教育中心专家组高度评价团队"小团队、大作为"，建议在全国推广，江苏教育频道等媒体对团队进行了专题报道。

2. 创建高端平台，推动行业大赛

自 2017 年起，中心连续 4 年牵头承办全国职业院校应急救护技能竞赛与安全健康环保科普知识竞赛，为社会培养了近 2 万名安全应急科普员、职业健康科普员、安全应急救护能手、消防灭火能手。职业安全健康科技创新团队获全国职业院校应急救护竞赛活动"突出贡献奖"。

3. 打造精品资源，服务科普中国

中心团队开发了职业健康安全微电影、动漫、微课程，应急救护桌面推演平台，灭火安全应急仿真实训平台，建立了共建共享开放的健康与安全应急科普教育资源平台，每年为 200

多家社区人员、企业员工、中小学学生提供安全职业体验。2018 年开发的科普资源被选入中国科协科普素材库,中国科协授予许曙青"科普贡献者奖"。2019 年研发的"应急小宣——地震篇""应急小宣——台风篇"被国家应急管理部和国家减灾中心采用推广。

5.3 职业院校应急管理专业学院建设研究

一 职业院校应急管理专业学院建设规划研究

为推进职业教育现代化建设,提升办学基础能力,更好地服务社会经济发展,根据南京市职业教育"十三五"发展规划等文件精神,江苏省南京工程高等职业学校基于江苏省许曙青职业安全健康与科技创新名师工作室(考核优秀:《关于公布江苏省职业教育名师工作室建设第一批考核结果的通知》)在专业建设、教师队伍建设、教学改革、科学普及、技能推广、职业体验中心、人才培养、社会服务等方面的研究、示范、辐射、引领作用,依据省、市有关文件要求,建设南京市应急管理专业学院。为更好地推进专业学院健康发展,特制定建设规划:

(一)应急管理专业学院建设规划依据

1.《省教育厅省财政厅关于推进职业学校现代化实训基地建设的通知》

2.《关于推进南京市中等职业教育专业现代化建设工作的通知》

3.《关于开展职教现代化项目申报的通知》

4.《国务院办公厅关于深化产教融合的若干意见》

5.《国务院办公厅关于加快应急产业发展的意见》

6.《国家产教融合建设试点实施方案》

7.《关于加强大中小学国家安全教育的实施意见》

8. 教育部学校规划建设发展中心、应急管理部宣传教育中心应急安全产学研融合创新实验项目"应急管理专业学院"试点建设要求

(二)应急管理专业学院建设规划目标

应急管理专业学院突出"以人为本,生命至上"理念,落实国家总体安全观,在学校开设的应急管理与减灾技术、消防工程技术、安全健康与环保、建筑工程技术等专业建设和江苏省许曙青职业安全健康与科技创新名师工作室建设成果基础上,立足大安全、大健康、大应急,以服务政府和公共部门、学校、企业和社区公众安全素质和技能提升和培养专业人才为目标,充分整合政府、院校、科研院所、行业企事业单位、社会团体等优质资源,开展健康安全

应急管理政策研究和师资队伍建设、专业（群）建设、资源开发、教育与培训、科学研究与应用、技术推广、科普宣教、学术活动与咨询、国际合作与交流、社会服务以及应急安全智慧学习工厂建设、健康与安全应急职业体验中心建设等方面的研究与实践，共同打造健康安全应急领域产教学研融合的平台、知识创新与人才培养的场所。大力开展健康安全应急科普知识和技能提升活动，提升全民安全应急素质和技能，培养安全应急管理与技术技能专业人才，推动健康安全应急产业发展，"让更多的人更安全、更健康"，目标"零伤亡"。

（三）应急管理专业学院建设规划思路

应急管理专业学院依托中国职业安全健康协会职业安全健康教育专业委员会秘书长单位、全国安全职业教育教学指导委员会委员单位、江苏省大众创业万众创新研究会健康安全应急科技专委会秘书长单位、江苏省许曙青职业安全健康与科技创新名师工作室等平台，以中国科学技术协会重要学术会议项目"全国职业院校职场环境健康安全与应急科普知识和应急救护技能科普大赛"和教育部委托项目中职新增专业"应急管理与减灾技术专业教学标准制定"及江苏联合职业技术学院委托承办的"学院安全教育知识竞赛活动"等项目为载体，结合应急管理与减灾技术专业、安全健康与环保专业、消防工程技术等学科建设规划，在学科建设人才培养、教学改革、教师团队建设、职业体验中心、智慧实训平台建设等基础上，进一步推进职业安全与职业健康环保应急、防灾减灾知识进校园、进社区、进企业，普及应急救护技能和职业安全与职业健康环保知识，提升自救互救能力和防灾减灾意识，促进大众安全应急素质和技能提升，让更多的人更健康、更安全。推进应急管理与减灾技术专业的国家职业教育新专业教学标准的研制与实施，培养应急管理与防灾减灾技术专业人才，推进安全类课程国际化、教学团队国际化、学生境外学习国际化、基地育人国际化，培养复合型高素质技术技能人才，更好地服务地方经济和社会发展，助力健康中国发展和服务"一带一路"倡议。

（四）应急管理专业学院重点任务建设规划

1. 科研项目研究规划：重点依托江苏省"十三五"教育科学规划课题"新时代职业院校应急管理教育与人才培养路径的实践研究"、全国安全职业教育教学指导委员会科研立项课题"职业学校学生安全素质和技能提升的路径研究与实践"，进一步打造应急管理专业学院科研团队，开展应急管理专业学院建设与实践研究，以高起点、高目标培育项目，实现高层次应急管理专业学院建设。

2. 专业建设规划：加强安全健康与环保、应急管理与减灾技术、消防工程技术专业建设，承担国家职业教育新专业教学标准建设，组织团队开展教育部应急管理与减灾技术专业教育标准建设，组织开展行业标准建设，提升应急管理专业学院标准建设服务水平。

3. 师资队伍建设规划：加强专业带头人培养、优秀教学团队建设，组织开展省级职业院校应急骨干师资培训，提升师资安全应急专业建设能力、科研能力、资源开发能力、标准建设能力等，提升应急管理专业学院专业建设、人才培养、团队建设和社会服务水平。

4. 职业体验中心建设规划：推进健康与安全应急公共职业体验中心、智慧学习工作场所建设，服务师生、中小学、社区企业安全素质和技能的提升。

5. 科普宣教规划：组织开展安全应急知识普及，每年开展应急知识普及达到100所院校、100家企事业单位和社区等。

6. 应急技能提升活动规划：组织开展职业学校应急技能提升展示活动，服务社区、企业员工和院校应急技能的提升。

7. "1＋X"技能试点项目规划：引入教育部"1＋X"试点开展污水处理技能推广项目，提升安全健康与环保、应急管理与减灾技术、消防工程技术等专业学生的污水处理技能水平。同时引入消防设施操作员职业资格标准，课证融通、课堂推进，促进人才培养与社会化无缝对接。

8. 学术交流活动规划：牵头承办"全国职业院校职场环境健康安全应急素质和技能提升教育学术论坛"等学术交流活动，提升应急专业学院学术交流服务能力。

9. 成果转化规划：梳理成果，推进成果转化，为省人大提出建议和提案，为政府提供决策咨询服务。培育创新成果、教学成果、科研成果等，提升应急管理专业学院办学特色。

10. 国际化服务能力提升规划：对接国际职业标准，推动中职安全健康与环保专业、应急管理与减灾技术专业国际化人才培养，促进项目课程国际化、师资国际化、学生国际化、教学国际化、学术国际化，推动应急管理专业学院品牌化发展。

二 职业院校应急管理专业学院建设方案研究

根据省教育厅《关于推进职业学校现代化专业群建设的通知》和南京市《关于推进南京市中等职业教育专业现代化建设工作的通知》，对照《江苏省南京工程高等职业学校应急管理专业学院建设规划》，现制定应急管理专业学院建设方案。具体方案如下：

（一）政策依据

1. 省政府《关于加快推进职业教育现代化的若干意见》
2. 省教育厅《关于推进职业学校现代化专业群建设的通知》
3. 南京市《关于推进南京市中等职业教育专业现代化建设工作的通知》
4. 《江苏省南京工程高等职业学校应急管理专业学院建设规划》
5. 《国务院办公厅关于深化产教融合的若干意见》
6. 《国务院办公厅关于加快应急产业发展的意见》
7. 《国家产教融合建设试点实施方案》
8. 《关于加强大中小学国家安全教育的实施意见》
9. 教育部学校规划建设发展中心、应急管理部宣传教育中心应急安全产学研融合创新实验项目"应急管理专业学院"试点建设要求

（二）建设目标

应急管理专业学院建设以服务国家、江苏省安全应急发展战略和江苏地区安全应急行业产业转型升级为目标，主动对接区域健康安全应急产业，深度融入安全应急产业链，有效服务区域安全应急类产业结构优化升级，有效服务区域经济社会发展。通过三年建设，依托中国职业安全健康协会职业安全健康教育专业委员会秘书长单位、江苏省许曙青职业安全健康与科技创新名师工作室，通过机制创新建成集"人才培养、专业建设、教学改革、科学普及、科学研究、技术服务、技能鉴定、安全生产、职后培训、创新创业和社会服务"等于一体的专业学院。推行政行企校四方联动，产教深度融合，达到对接产业链、资源共享、共生发展的要求。

（三）建设思路

应急管理专业学院立足学校，服务社会，重点培养应急管理专业人才，普及应急管理知识，提升应急管理技能，促进公众安全应急素质和技能的提升。学院通过建设健康与安全应急公共职业体验中心，向普通中小学学生健康安全应急知识和技能职业体验，向职业学校学生提供专业健康安全应急实验实训，向专业教师健康安全应急技能培训。此外，还主动面向市场，开展在职人员健康安全应急管理教育培训和就业再就业健康安全应急救护技能培训等，构成社会化开放性的职业健康安全应急教育、职业培训、职业技能鉴定基地的格局，进一步提升学校职业健康安全应急教育普及与推广功能，"让更多的人更安全、更健康"，目标"零伤亡"。

（四）机制体制

1. 提升学校应急管理基础功能，推进融合发展

江苏省南京工程高等职业学校 2006 年起，基于江苏省职业学校公民教育试点学校、江苏省科学教育特色学校、江苏省科普教育基地、江苏省许曙青职业安全健康与科技创新名师工作室、江苏省红十字示范学校、南京市红十字会救护培训基地、江苏省职业学校学生健康与安全工作骨干师资培训基地、全国安全职业教育教学指导委员会委员安全健康与环保骨干师资培训基地、中国职业安全健康协会职业安全健康教育专业委员会秘书长单位、江苏省大众创业万众创新研究会健康安全应急科技专委会秘书长单位、江苏省教科研中心组学生发展组组长单位等平台推进应急管理专业学院融合发展。

2. 推行政行校企四方联动机制，推进协同发展

应急管理专业学院依托国家应急管理部宣传教育中心和培训中心、国家卫生健康委员会职业卫生安全研究中心、中国职业安全健康协会、江苏省应急管理厅宣传教育中心、江苏省疾病预防控制中心、江苏联合职业技术学院、江苏省红十字会、江宁区应急管理办、麒麟街道办事处、江苏省地质职业教育集团、复旦大学、河南理工大学、南京理工大学、南京师范大学、南京工业大学、南京科技职业学院、江苏海事职业技术学院、江苏城乡建设职业学院、江苏安全技术职业学院、江苏联合职业技术学院等单位支持，发挥专家优势、集聚群体优势，推进协同发展。

3. 建立混合式教学团队，打造教科研实践共同体

建立混合式教学团队，继续加强职业安全与职业健康资源研发团队、职业安全与职业健康教学团队、应急救护技能培训团队、公民教育团队、心理健康教育咨询团队、职业安全健康科技创新团队、安全健康与环保专业教学团队、应急管理与减灾技术专业教学团队、消防工程技术专业教学团队、职业安全健康科普教育团队等团队的建设。

项目负责人许曙青教授为教育部产业导师资源库技术技能大师，中国职业安全健康协会党委委员、常务理事，中国职业安全健康协会职业安全健康教育专业委员会副主任兼秘书长，全国安全职业教育教学指导委员会委员，江苏省十三届人大常委会决策咨询专家，江苏省"333 高层次人才培养工程"中青年科学带头人，江苏省高校"青蓝工程"学术带头人，江苏省职业教育领军人才。

应急管理专业学院现有教职工 20 人，其中博士 2 人，硕士 12 人；教授 5 人，副高职称教

师 10 人,建筑面积 2 500 平方米,设备价值 1 000 万元,教学团队负责人由国家"万人计划教学名师"、国务院特殊津贴专家、教育部职业院校技术技能大师、江苏省有突出贡献中青年专家、江苏省"333 高层次人次培养工程"中青年科学技术带头人、江苏省高校"青蓝工程"学术带头人、江苏省职业教育领军人才、江苏省应急救护技能能手、江苏省"十佳"优秀科技辅导员等骨干人才组成,形成了专兼结合、专业互补、资源共享、协同创新发展的教科研实践共同体。

4. 推进校企合作,创新共建共享机制

进一步推进应急管理专业学院健康与安全应急公共职业体验中心建设,中心的主要功能包括健康安全应急法规宣贯、救护技能体验、健康安全应急科普知识普及、个体防护体验、防灾减灾风险体验、工作压力体验、职业危害防护体验、职业安全防控体验、消防灭火体验、逃生体验等。专兼职管理人员 4 人,专兼职指导教师 13 人,体验课程授课教师 13 人。涉及专业 31 个、体验项目 10 个、体验工位 230 个,年度课时量(节/次)12 840 次以上,每年对约10 万人开展健康与安全应急体验教育培训,将健康与安全应急科普知识普及到学校 100 家、企业社区 100 家。

5. 加强专业群建设,推进中高职专业建设协同发展

学校现开设的应急管理专业或相近专业有 3 年制中职应急管理与减灾技术、安全健康与环保专业和 5 年制高职消防工程技术专业、建筑工程技术、建筑装饰工程技术等。"3+3"分段大专专业有工程安全评价与监理、安全技术与管理、信息安全与管理、医疗设备电子技术、环境评价与咨询服务等。"3+4"国际课程班有应急管理与减灾技术、与日本开展国际危机管理等。

6. 加强校内外合作,推进人才订单式培养

应急管理专业学院重点依托应急管理部消防救援局南京训练总队、南京市消防救援支队以及南京金鹰国际集团有限公司、苏宁易购集团股份有限公司、南京新街口百货商店股份有限公司、南京地铁运营有限责任公司、苏果超市有限公司、南京国际广场购物中心有限公司、江苏军地安全管理有限公司等合作单位,推进人才订单式培养。

(五)建设举措

1. 以科学发展观为指导,推进应急管理专业学院全面、协调和可持续发展。突出以人为本、生命至上理念,坚持全面、协调、可持续的科学发展观,优化健康安全应急教育结构和教育资源配置,树立创新意识,深化教育教学改革,不断在管理体制、管理制度、平台建设、师资培养、专业建设、人才培养等方面进行改革创新,注重办学效益。

2. 创新体制机制,建立非独立法人机构。成立应急管理专业学院建设指导委员会,建立相关规章制度,由委员会对学院的日常工作进行统筹规划和组织协调,按照"校企共同建设、共同管理、共同受益"的原则,以"校企共建、资源共享、风险共担"为建设理念,实现校企环境融合、校企文化融合、校企角色融合;落实激励补偿机制,构建多方协同、资源多元配置机制,实施健康安全应急管理协同联动机制和质量评估机制等。

3. 加强专业交叉与融合,提升人才培养质量。以应急管理与减灾技术、消防工程技术、安全健康与环保专业人才培养为基础,以培养学生健康安全应急创新精神与实践能力为出

发点,以学生的可持续发展为基本要求,明确健康安全应急高技能人才培养目标,构建相应的人才培养方案。加强专业课程体系建设,加强教学内容和课程体系改革进程,精选教学内容,反映健康与安全应急管理科学技术和社会发展的最新成果。在健康与安全应急管理人才培养方案和课程教学内容中真正体现学科的交叉和融合。

4. 紧密结合专业发展,进一步加强健康与安全应急公共职业体验中心、安全应急智慧学习工作场所实训平台建设。通过政行企校四方联动,推进产教深度融合,达到平台对接产业链、资源共享、平台共管、共生发展的要求。进一步满足江苏省健康安全应急及消防行业转型升级的需要,将健康与安全应急公共职业体验中心建成江苏公共职业体验中心,成为省内外同类院校产学研深度融合示范基地。

5. 多渠道筹集资金,加大学院建设投入力度。学校将加大应急管理专业学院建设的经费投入,确保项目配套经费及时到位。建立开放的专业学院建设机制,与应急管理部消防救援局南京训练总队、中国职业安全健康协会、江苏省安全宣传教育中心、南京消防救援支队、苏宁集团、中国水务公司江苏水务分公司、南京投石科技有限公司等单位建立战略合作关系,通过社会入股等形式募集建设资金,进一步优化经费投资渠道,加快建设步伐。同时,通过对地方经济建设和社会发展的服务,不断提高学院的自我造血功能,增强学院的自我发展能力。

（六）管理规划

成立管理委员会,建立管理制度,完善产教融合过程中的具体实施流程,根据实际情况规定应急管理专业人才培养的培训方式、时间、地点等,校企双方签订合作协议书,明确各方的权利和义务,成立组织机构。

（七）建设内容

1. 建立建设机制

广泛调研,精心选择共建行业企业,认真分析每个行业企业的优势及劣势,形成最有效的合作团队。组织专业学院建设及管理团队,根据职业教育特点以及健康安全应急行业发展情况,校企双方共同制定建设机制。

2. 设置典型生产性教学任务

结合应急管理与减灾技术、安全健康与环保、消防工程施工流程和技术路线,建设真实的安全、应急及消防生产作业环境,设置与现代安全、应急及消防安全生产相应的生产性教学任务,让学生在完成典型任务中体验安全、应急及消防工作岗位内容,树立岗位责任,实施、培育安全应急职业精神。

3. 开发教学资源,虚实结合

在已有的应急管理专业群数字资源的基础上,根据现代安全、应急及消防工程施工企业生产实际,与企业合作共同开发专业群职业方向核心课程资源,如健康与安全应急、安全标准化与 HSE 体系、应急救护技能、危机管理与风险防控、应急救援及预案、消防事故与火灾案例分析、危险品性能检测与评价、消防工程施工典型案例和施工故事等教材及讲义,为应急管理专业学院的产教融合教学提供教学文本、资源载体。根据安全应急行业的特点,强化学生的健康安全应急技能技术和标准意识。通过理论学习→岗位认识→校内安全、应急管理及消防实训→校外真实项目生产顶岗实训的校内教师和企业师傅双重培养的途径,逐层深入,从单向技能训练到安全生产综合技能技术操作的整个流程符合学生的安全应急技能形成规律。

4. 完成安全生产智慧学习工厂场所实训平台建设

在已有的救护技能培训实训基地的基础上,通过场地扩建、实训室增容和设备升级、工程原件更新升级、添置国内先进的安全应急专业设备等,完成安全生产智慧学习工厂场所实训平台建设。

5. 完成健康与安全应急公共职业体验中心建设

进一步加强健康与安全应急公共职业体验中心建设,完善健康安全应急法规宣贯、救护技能体验、健康安全应急知识普及、个体防护体验、防灾减灾风险体验、工作压力体验、职业危害防护体验、职业安全防控体验、消防灭火体验、逃生体验、安全应急智慧学习工厂等方面的建设。

6. 管理制度建设

构建包括教学管理、设备管理、人员管理、财务管理等在内的学院管理制度体系,提升管理效率。

(八) 建设保障

1. 成立以校长为组长、名师工作室领衔人许曙青为办公室主任、企业负责人和系部主要负责人共同组成的领导小组,主要负责学院建设方案的制定、建设过程的监督与协调工作。

2. 依托学校质量提升工程项目、省名师工作室、江苏省"333 高层次人才培养工程"科研项目"职业安全健康协同创新研究"专项经费,学院建设获得了强有力的资金保障。保证专款专用,随时接受各方监督。

5.4 职业院校应急管理专业学院建设成效研究

一 建设概况

2020年9月,学校申报的"应急管理专业学院"获批立项为2020年南京市职业教育现代化建设项目。一年多来,重点围绕管理体制机制、人才培养模式、专业群建设、校企合作课程、实习实训基地、教师队伍、产学研服务平台等建设任务,项目团队努力探索实践,基本完成各项建设任务,取得实效。

应急管理专业学院秉承"大健康、大安全、大应急"育人理念,弘扬"生命至上、安全第一"教学思想,构建了面向人人的安全普及、面向高危行业领域的专业渗透、面向特定岗位的专门化人才的安全管理服务与应急处置的教育体系。学院现有3个层次13个专业项目,在校生710人。拥有江苏省名师工作室1个、江苏省职业教育教师教学创新团队2个。学院建设成果辐射全国269所院校,助力100多万名学生安全素质和技能提升,为200家企业4 000名骨干提供安全生产教育培训服务。

二 建设成效

(一) 创新管理体制机制

建立"应急管理专业学院专家指导委员会",成立"应急管理专业学院工作领导工作小组",下设办公室、项目建设团队,各机构职责严明,任务分工明晰。确立了校企顶层设计、领导工作小组协调、项目建设团队执行的全员参与运行机制。

创新了三个协同发展共同体:一是应急管理专业学院学校与学校间的协作发展共同体,二是应急管理专业学院学校与企业间的命运共同体,三是应急管理专业学院安全类专业群团队队际之间的协作发展共同体。在"应急管理专业学院章程"框架下,形成各共同体协同协作、互信互惠、共同发展的崭新局面。

(二) 优化人才培养模式

应急管理专业学院构建了"四方联动、双核主线、课证融通、五化育人、分层进阶"的应急管理安全类专业人才培养模式。突出"核心能力与核心素养"双主线,推进"教学过程职业化,企业参与全程化,教学实践岗位化,实习管理与就业跟踪动态化,安全管理服务与应急处置人才培养一体化"的五化育人模式,实施"教、学、做、考、评"五位一体的教学模式,并促进课证融通,形成"认知训练、基本技能训练、专项训练和综合职业能力培养"分层进阶的培养模式,培养安全领域高素质劳动者和技术技能人才。

(三)提升专业群建设质量

1. 组建安全专业群。以消防工程技术为骨干专业,联合应急管理与减灾技术、安全健康与环保、安全技术与管理等专业组建专业群。专业群建有"3+3分段"现代职教体系项目2个、"3+4"国际课程项目1个:应急管理与减灾技术专业+日本危机管理专业国际课程项目;"5+2"国际课程项目1个:消防救援技术+韩国消防减灾专业国际课程项目。

2. 建立安全类专业群模块化课程体系。在应急管理专业学院专家指导委员会指导下,项目建设团队对照行业标准,进行安全岗位工作任务与课程内容的转换,构建了"课岗对接"图谱,研制了中职安全类专业人才培养方案及"公共基础课+安全专业群平台课+安全专业方向课程+岗位实习与拓展课程"的课程体系。

3. 牵头研制了国家中职安全类专业教学标准,创建了"四方协同、双核主线、课证融通、五化育人、分层进阶"的人才培养模式,构建了事前"防范"、岗位"练兵"、事中"应对"、事后"改进"的模块课程体系,建成了国家名师引领的省级跨界融合教学创新团队,开发了国家级安全领域立体化教学资源库,形成了"线上线下结合,教学做一体、学训赛相融"的服务于课堂、实践、行业企业培训的混合教学模式,健全了政校行企参与的"结果-过程-增值-综合"动态评价与人才培养质量改进反馈机制。

(四)开发校企合作课程

1. 科学构建,模块改造。以安全职业岗位(群)能力为导向,基于工作过程,结合学生认知结构特点,对课程体系进行模块化改造,构建了"主教学资源+实践教学资源+网络教学资源"三个维度构成的立体化教学资源体系。

2. 标准引领,本土改造。基于国家HSE职业健康安全管理体系标准,开发的国家级共建共享精品课程资源包、国家规划教材(2门)、立体化教材等课程资源22门被19所职校共享,其中《职业健康与安全》精品课程资源使用量达170万人次。

3. 校企协同,专普结合。依托江苏地质职业教育集团,协同打造"1+X"污水处理课证融通体系,将"1+X"污水处理证书课程融入安全技术与管理专业人才培养方案,促进课证融通,开发专业核心课程污水处理、应急救护、ICDL咨询安全课程标准与相关教学资源。团队开发了一整套普适性安全教育资源,开发了44个专业类职业健康与安全资源应用于省职校学业水平考试,2020年为223所职校96 373名学生学考提供服务。

(五)打造实习实训基地

1. 校企共建,设备精良。校内外共建实训基地,根据行业发展,及时更新设备。实习实训项目开出率100%,自开率100%。设备完好率96%以上。实训室年平均利用率达到80.6%。校内有安全应急公共职业体验中心、"1+X"污水处理等12个现代化实训基地,服务于学生综合实习实训和公众体验及培训。生均仪器设备价值达2.01万元,基地建筑面积2 200平方米,生均面积4.76平方米。

2. 分层进阶,工学交替。每学期安排实习实训,企业见习 1 周,生产实践 6 周,顶岗实习 18 周,促进应急救护技能、ICDL 咨询安全、"1＋X"污水处理等项目在校内单一实训与校外综合实习实训的融合,提升学生技能水平。近 3 年学生实习对口率在 98％以上。

(六) 建设高水平教师队伍

建成了江苏省许曙青职业安全健康与科技创新名师工作室、江苏省中职应急管理与减灾技术专业教师教学创新团队(培育对象)、江苏省职业教育安全技术与管理专业教师教学创新团队(直接认定)、教育部"1＋X"污水处理试点项目教学团队、南京市职业安全课程思政团队、ICDL 咨询安全国际混合教学团队、省级应急救护技能教学团队、江苏安全教育知识资源开发团队、校企合作安全仿真实训平台研发与教学团队、江苏省安全培训师培训团队等 10 个,有效促进了教师的专业成长。团队主持参与 19 项教改项目,获专利著作权 39 项,出版教材专著 11 本,获国家教学成果奖、中国职业安全健康协会科学技术奖等 15 项奖励。

(七) 搭建产学研服务平台

大力推进产学研服务平台建设,通过政校行企合作,搭建"中职安全类专业人才培养＋安全知识普及＋专业知识渗透＋技能提升"四大创新平台。

校政合作,研制中职安全专业教学标准。搭建全国安全职业教育教指委中职应急管理与减灾技术专业、防灾减灾技术教学标准建设平台,推动中职安全类专业人才培养集群化发展。

校会合作,普及安全知识与技能。搭建中国职业安全健康协会教育分会服务平台,面向全国开展安全知识普及、技能提升、学术交流、安全培训等活动,形成中国科协认证的全国职场安全应急知识科普大赛和应急救护技能大赛品牌。

校院合作,全省普及安全知识。搭建江苏职校安全教育知识在线学习与考核平台,依托江苏省许曙青职业安全健康与科技创新名师工作室开发职校安全知识教学资源库,面向所有学生普及安全知识,全员参与、全员认证,促进职校生安全素养提升。

校企合作,产教融合平台。依托江苏地质教育集团和省应急安全职业教育联盟服务专业建设,学校与江苏地质职业教育集团、南京市消防救援支队等 13 家校外实习实训基地签订稳定的长期校企合作协议,为学生工学结合创设优良平台。设置专业认知、应急救护、污水处理、消防安全管理、应急救援、防灾减灾等逐层递进、由浅入深的工学结合项目,推动教学与生产对接,提升学生技能水平。

校行合作,推动安全行业安全生产培训,服务社会。建成江苏安全教育培训在线服务平台,研制江苏安全生产培训机构教学管理服务规范地方标准,服务职后安全生产培训,推动高危行业安全技能提升行动,先后为 200 家企业提供安全培训。

第六章

职业院校安全应急教育与专业创新发展的
教师教学创新团队及名师工作室建设

6.1 职业院校安全技术与管理专业教师教学创新团队建设方案

一 职业院校安全技术与管理专业教师教学创新团队建设基础

1. 专业建设优势特色

本专业是国家示范校建设特色项目依托专业,始建于 1996 年,2021 年专业变更为安全技术与管理,近 3 年在校生 462 名。

(1) 全国首创,标准引领。基于安全专业紧缺人才,2017 年率先开设了安全专业,突出 3 个标准:学生应急救护行业技能标准通过率 100%;教育部"1+X"污水处理试点项目课证融通考试通过率 74%;ICDL 咨询安全国际通用标准认证合格率 100%。

(2) 名师引领,特色培养。依托名师工作室,搭建了多方协同创新育人平台,建构了"防-控-治-护"四位一体的课程体系,建筑、安全等政校行企四方联动,共育特色安全人才。

(3) 构建团队,专普结合。成立了研训一体、分工合作的教学团队。开展了专业渗透性与大众普适性安全教育一体化的教学研究、标准开发、资源建设。2020 年职业健康与安全部分内容纳入江苏省中职学校学业水平考试基础理论考试范围,覆盖 44 个专业类。

(4) 研训一体,成果丰硕。团队牵头研制了教育部中职安全专业教学标准,承担国家级骨干教师培训、开发国家级共建共享精品课程资源和国家级规划教材 22 门(仅职业健康与安全课程资源使用量达 170 万人次)。开展中外合作办学 2 项,获国家教学成果奖、科技奖等 15 项,开展的安全教育培训惠及全国 268 所职校、企事业单位 100 多万人次。

2. 校企合作基础

(1) 订单培养、工学结合。依托省应急安全职业教育联盟优势,学校与中国职业安全健康协会、应急管理部宣传教育中心及地方消防救援支队等 13 家校外实习实训基地签订了稳定的长期校企合作协议,为学生的工学结合创设了优良的平台。根据安全专业特点,设置了专业认知、环境监测、职业安全与职业健康防护等逐层递进、由浅入深的工学结合项目,符合学生的技能形成规律。学生参加工学结合后企业满意度达 98%。

(2) 校地共建人才培养基地。与政府、街道、科创园共建人才培养基地,38 家企事业单位常年提供学生实习就业岗位,确保学生实习就业一体化稳定发展。

（3）推进现代学徒制培养模式。与江苏职业教育 12 家单位开展现代学徒制项目和污水处理项目合作，实现专业建设与企业发展、课程内容与岗位要求、教材组织与项目任务、教学与生产"四同步"。

（4）校内体验中心育人。学校建有南京市健康安全应急职业体验中心，满足安全应急专业基础性实训、生产性实训、中高职衔接及现代学徒制培养以及各项社会服务的需求。实训基地中的数字化实体模型仿真实训中心在全省乃至全国均处于领先地位。

（5）集团化育人。学校牵头成立江苏地质职业教育集团，通过加强集团内各成员单位间的合作，在建设教学资源、开发科研项目、制定专业标准、举办技能竞赛等方面积极推进人才培养，取得显著成绩。

（6）社会服务广。学校获批建立江苏省安全培训示范院校、江苏省红十字示范学校、江苏省职业学校骨干师资培训基地，通过建设江苏省安全培训示范职业院校平台，大大提高了为安全领域培训人才的能力。社会培训成效显著，近五年近 100 万人普及安全知识、进行技能培训。

3. 实习实训设施设备情况

（1）制度健全，管理规范。本专业建立了政行企校共同参与的实训实习管理机制，形成了校—系—教研室三级管理体系，不断完善实习实训管理制度和实践教学质量监控平台，确保对每一项实训全程督导。

（2）校企共建，设备精良。学校与地方消防救援支队、江苏职业教育集团等单位共建校内和校外实训基地，根据行业发展，引入或购买最新设备。实习实训项目开出率 100%，自开率 100%。设备完好率 96% 以上。实训室年平均利用率达到 80.6%。校内有安全应急公共职业体验中心、"1＋X"污水处理等 6 个高水平现代化实训基地服务学生综合实习实训和公众体验及培训。生均仪器设备价值达 2.01 万元，基地建筑面积 2 200 平方米，生均面积4.76平方米。

（3）分层进阶，工学交替。每学期安排实习实训，企业见习 1 周，生产实践 6 周，顶岗实习 18 周，促进应急救护技能、ICDL 咨询安全、"1＋X"污水处理等项目在校内单一实训与校外综合实习实训相结合，提升学生安全技能。近 3 年学生实习对口率在 98% 以上。

（4）高端培训，彰显特色。团队承办全国中职院校应急救护技能竞赛和 HSE 科普知识竞赛。依托国家级、省级骨干培训基地承办安全骨干师资等培训，累计超 5 000 人通过国土资源国家职业技能鉴定所鉴定。

本专业充分利用江苏地质职业教育集团、中国职业安全健康协会、地方消防救援支队等校企合作资源，主动拓展校外实习实训项目和岗位，围绕专业面向的职业岗位核心技能，结合市场需求，对接企业生产过程、工艺要求、管理规范，产教融合，在实际工作岗位中提升学生的综合实践能力。

4. 课程体系及教学资源建设情况

（1）课程体系的构建。以安全职业岗位（群）能力为导向，构建基于职业工作过程的课程体系，包括公共基础课程＋专业平台课程＋专业方向技能课程＋专业群选修课程＋专业方向选修课程，构建"平台＋专长"的专业群人才培养路径。

（2）深化校企合作。与江苏地质职业教育集团等行业企事业单位紧密合作，协同打造

"1+X"课证融通体系,将"X"职业技能等级标准融入安全专业人才培养方案,促进职业技能等级证书与学历证书的相互融通,建设核心课程污水处理、应急救护、咨询安全国际通用标准。在课程体系中结合岗位需求和"1+X"相关能力要求,对传统的课程进行模块化改造,构建了"防—控—治—护"四位一体的模块化课程体系。

5. 教学资源建设情况

(1)科学构建,模块改造。以安全职业岗位(群)能力为导向,基于工作过程,结合学生认知结构特点,对课程体系进行模块化改造,构建了"主教学资源+实践教学资源+网络教学资源"三个维度构成的立体化教学资源体系。

(2)标准引领,本土改造。规范各种教学资源的建设流程,梳理工作过程中的典型工作任务,制定资源建设整体规划,明确资源建设标准。充分利用国外已有的安全类教学资源,结合实际情况进行本土化改造。开发了安全专业国家级共建共享精品课程资源、国家级规划教材、立体化教材及课程资源22门(其中国家规划教材课程"职业健康与安全"课程资源使用量达170万人次)。

(3)校企协同,专普结合。依托江苏地质职业教育集团,开发专业核心课程污水处理、应急救护、ICDL咨询安全相关教学资源。团队开发了1套普适性安全教育资源,应用于江苏省职业学校安全知识平台,服务职业院校268所,超过100万人次使用。开发了44个专业类职业健康与安全资源,应用于省级学业水平考试,2020年共计服务职业学校223所、96 300余人。

6. 行业影响情况

(1)专业首创,覆盖面广。本专业立足于民生紧缺领域,引领了全国中职安全类专业的建设。同时作为江苏地质职业教育集团理事长单位、江苏省应急安全职业教育联盟副理事长单位、中国职业技术教育学会理事单位、全国安全职业教育教学指导委员会委员单位,牵头制定了中职安全专业教学标准、专业简介等指导性文件。

(2)名师引领,成果突出。本专业负责人是全国安全职业教育教学指导委员会委员,中国职业安全健康协会党委委员,中国职业安全健康协会教育专委会兼秘书长,江苏省许曙青职业安全健康与科技创新名师工作室负责人。应急管理部专家组来校调研时给出高度评价:"小团队、大作为",建议在全国推广。

7. 社会服务情况

(1)国培引领,成效显著。本专业基于国家级建设行业技能紧缺人才培养培训基地、国家级培训项目、省级安全师资培训基地、"1+X"污水处理、省级国土资源鉴定所等项目,开展安全师资、安全员、小型安全项目管理师培训超过5 000人次。

(2)校部共建,全国推广。江苏省许曙青职业安全健康与科技创新名师工作室牵头开发职业安全与职业健康精品项目资源6项,应用于应急管理部宣传教育中心防灾减灾科普知识推广活动。

(3)研赛合一,普及大众。承办中日韩职业安全健康学术研讨会、全国科技工作日主题活动、全国中职院校应急救护技能竞赛活动、江苏联合职业技术学院安全知识学习与竞赛活动等,普及面达100万人次。

二　职业院校安全技术与管理专业教师教学创新团队建设目标

1. 目标定位

贯彻落实《国家职业教育改革实施方案》《"健康中国 2030"规划纲要》《关于高危行业领域安全技能提升行动计划的实施意见》等文件精神,聚焦民生紧缺领域安全技术与管理专业,坚持立德树人,对接国家安全行业安全技能提升计划,集聚国内外优质安全专业资源结构优化,发挥政校企行协同育人优势,引入国际安全标准、对接国家职业标准(标准引领)和专业教学标准重构人才培养方案,实施"1+X"证书课程(书证融通)融通制度,推进证书标准融入安全专业人才培养方案,重构模块化课程体系,深化"三教"改革,打造安全专业名教师、引入并开发安全专业活页化教材、深化新教法,聚焦企业安全技术与管理难点,提升安全技术与管理科技创新能力。经过 3 年的建设,建成一支体现安全特色的国家级教学和培训混合式"双师型""融创"团队。创建省级以上安全专业高水平示范专业(专业学院、职业体验中心、安全培训示范职业院校)。

2. 建设规划

(1)团队发展。坚持立德树人,建成安全行业认可的国内一流、国际知名的政校企会"双师型"教师教学团队,晋升三级教授 1 名,教授 1 名,副教授 2 名,引进高层次安全专业人才 1~2 名,双师结构比例逐年上升。获评优秀省级名师工作室 1 个,主持省级以上课题 3 项以上,获省级以上教学成果奖和科学技术奖 2 项。

建成跨界、跨专业融合安全特色专业团队,推进安全专业知识和技能渗透高危行业专业,形成安全特色鲜明的多方协同专业人才培养模式。

(2)专业发展。集中思政、文化、安全专业教师及行业企业协会安全技术骨干,融创团队;构建模块化课程体系,形成中职安全专业集群人才培养体系;研制 1 项安全类专业集群人才方案,促进安全类专业集群发展。推进"1+X"污水处理试点项目技能训练基地建设,促进"1+X"污水处理课程融通,逐年增大参加试点项目规模、提高通过率。树立省级安全培训示范职业院校品牌项目,建成 1 个省级安全应急公共职业体验中心。

(3)学生发展。加大校企合作力度,创新安全专业实习实训基地建设,通过学徒制、订单培养等路径推动学生工学结合,提升学生安全专业素质和技能水平,并要求学生具备 1~2 项职业技能准入资格。力争学生参加各类大赛并获省级以上奖项 2 项,就业升学率达 98%。

(4)社会服务。打造省级品牌安全培训示范职业院校、安全培训基地、安全应急公共职业体验中心。推动安全普适性教育校际融合团队建设,面向大众开展安全培训,普及人数力争达 60 万。促进职业健康与安全教育渗透 44 类专业中职学业水平考试,提升培训力度、扩大培训范围,力争培训安全专业人才 1 万人次以上。

(5)国际交流。引入安全国际通用标准,建设一支国际混合教学团队,创建海外国际安全应急救护培训基地。

三 职业院校安全技术与管理专业教师教学创新团体建设任务

1. 树一流标杆,提升团队教师能力

(1) 师德引领,实施名师工程,提升团队教师的领导能力。突出"以人为本、生命至上、安全第一"理念,通过坚持价值引领、师德为上、改革创新精神,全面加强教师师德师风建设,引导广大教师做有理想信念、有道德情操、有扎实学识、有仁爱之心的让党和人民满意的"四有"好老师。

(2) 完善团队教师能力提升方案。三年内,充分利用省名师工作室团队带头人培养方式,进一步提升带头人的专业素质和标准开发、课程开发、证书培训能力。

(3) 探索团队教师能力发展路径及能力标准。通过"走出去、请进来"、"理论＋实践"等多种方式,让教师参加职业教育理论培训与实践,包括新产品、新技术、新工艺等方面的国内外培训研修等,提升团队应用能力,积累教育教学改革成果,在行业企业和职业院校形成较大影响力。

(4) 聚焦团队管理制度与落实。依据"双师型"教师标准,完善团队制度设计与机制保障,实施安全专业教师"双师"工程。针对新引进的青年教师,推行校企双导师制培养模式:校内导师指导,加快提升执教能力;企业导师指导,提升工程实践经验和实践教学能力。

(5) 制定团队教师能力提升测评方案。实施"一师一企业"实践工程。团队成员分工协作,使每一个教师可在学校和企业即双地点接受培养,同时可接受学校指导老师和企业专家联合指导的双导师培养,并可在完成教学任务的同时完成企业的双任务。实行骨干教师下企业全员轮训制度,每学期至少选派 2 名专任教师进入企业参加岗位实践。教师在教学、实践、科技服务能力等方面有很大提升,"双师型"教师比例达 90% 以上。

(6) 团队教师考核评价制度。聚焦"1＋X"证书制度开展教师全员培训。对接安全技术与管理技术"1＋X"证书制度和行动导向的模块化教学改革需求,实施适应职业技能等级培训要求的教师分级培训模式,三年内超 50% 的骨干教师具备职业技术等级证书培训能力。

2. 创新三大机制,打造安全专业教学团队建设协作共同体

(1) 学校与学校间的协作共同体建设。借鉴学校牵头开展的全国职业院校应急救护技能大赛和安全健康与环保科普知识大赛、江苏省职业学校安全知识学习与竞赛平台、职业健康与安全国家级规划教材和教学资源库中院校协作共同体工作的经验,牵头组建中职安全类安全技术与管理专业教学创新团队协作共同体,每年召开国内中职安全技术与管理专业团队和专业建设专题研讨会,大力推进"1＋X"污水处理证书制度试点的安全技术领域专业集群人才培养模式改革与创新,进行安全类专业群教学标准和职业技能等级标准的开发、交流,实现教育教学资源共享,开展教师、学生与企业员工的认证工作。

(2) 学校与企业间的命运共同体建设。依托江苏地质职业教育集团和南京应急管理专业学院,以就业为导向,以能力为本位,坚持走产教融合、校企合作的道路,筹建安全技术与管理教学创新团队校企命运共同体。通过"产、学、研、用"相结合的形式,形成政校行企四方联动,探索新形势下的中国特色现代学徒制的人才培养机制,搭建政府、企业、院校资源优化配置平台,为安全公共管理与服务培养优秀技术技能人才。

依托与应急管理部消防救援局训练总队、地方消防救援支队、省安全生产宣传教育中心

等单位的紧密合作关系,与上述单位的下游企业和所服务的企业共同建立校外实习和就业基地,计划通过 3 年时间与不少于 30 家企业建立校外实习合作关系,积极推进校外实习就业基地示范工程项目建设,每年实习学生数量不少于 120。

(3)团队之间的协作共同体建设。为准确定位专业培养目标,实现团队成员协同发展,建立由专业带头人、知名企业专家、安全类专业协作课程群负责人组成的专业建设指导委员会。进一步优化专业自我完善机制,健全安全技术与管理课程体系及教学内容动态调整机制,定期进行专业评价,不断优化安全教育与专业教学资源。通过管理制度创新、体系优化,统筹安排教师交流培训、企业挂职锻炼、访学深造等计划,制定鼓励教师自我成长的激励机制,使团队的每位专兼职教师都有自己的发展空间和发展规划。

3. 标准引领,构建对接职业标准的课程体系

(1)制(修)订标准。按照安全技术与管理职业岗位(群)的能力要求,构建"防—控—治—护"四位一体的课程体系,完善安全技术与管理专业课程标准。

(2)重构体系。基于安全职业岗位工作过程重构课程体系,及时将安全领域新技术、新工艺、新规范纳入安全技术与管理专业课程标准和教学内容,将与安全相关的职业技能等级标准等有关内容融入安全技术与管理专业(技能)课程教学、竞赛训练、社会培训,促进职业技能等级证书与学历证书"课证融通"。建立地质、建筑、安监、卫生与环保等领域多方协同、开放融合的教科研实践共同体和立体化资源平台,形成了安全素质和技能提升的育人范式。

(3)课证融通。服务"1+X",构建课证融通课程体系。以安全技术与管理服务为主线,对接职业标准,有机衔接"X"证书,融合大思政教育理念,构建了由公共平台课程、专业群共享平台课程、专业方向课程、专业群互选平台课程、创新创业平台课程和培训模块组成的结构化、模块化课程体系。毕业生年终就业率、母校满意度、雇主满意度均达 98% 以上,专业领域高端岗位就业率在 40% 以上,学生就业现状满意度 85% 以上。

(4)资源升级。升级国家级职业健康与安全教学资源库,推进教学资源共享。与应急管理部宣传教育中心、江苏省安全生产宣传教育中心等行业企业技术专家组建校企混编安全资源开发团队,将安全应急产业新技术、新规范纳入安全技术与管理专业资源建设范围,不断充实职业健康与安全等课程教学资源库,新增教学案例 100 个。应用省级学业水平考核推广激励机制,并向全国职业院校在校师生、企业员工、再就业人员等进行推广,资源库资源数量更新和扩展年均超过 15%,使用率逐年提高。

(5)资源建设。引进国际标准,依托行业企业,开发集认知、操作、评价等功能于一体的立体化、信息化职业安全与职业健康资源库。依托国家级紧缺人才培养基地,发挥省级安全技术与管理教师教学创新团队培育优势,引进 ICDL 咨询安全国际通用标准、国际劳工组织的职业危害防治"工具包",率先开发成微视频和知识题库,应用于安全技术与管理专业课程教学、渗透于中职学业水平考试,应用于全国应急救护技能大赛、全国中职安全技术与管理科普知识竞赛,并融入课堂,服务企业。主编国家级规划教材 2 部,专业基础活页化教材资源 4 部,完成 5 项国家、省级共建共享数字化精品课程教学资源;参与国家职业教育安全应急相关专业教学标准研制。

4. 重构教学新生态,创新安全技术与管理专业团队协作的模块化教学模式

(1)坚持立德树人,生命至上,提升"四位一体"思想政治育人质量。完善安全技术与管

理专业"思政课程、课程思政、专业思政"融会贯通的课程育人体系。抓好课堂教学主阵地，完善以思想政治理论课为核心、以通识课程为支撑、以专业课程为辐射的思想政治教育课程育人体系。完善"学校—系部—班级—个人"四位一体的学生综合实践活动大数据信息采集平台和教学质量诊断体系。突出学生主体地位，强调成果导向，探索启发式、探究式、讨论式、案例式、体验式、沉浸式等教法改革，实施线上线下混合式教学，探索"数字化改造"的新型教学模式，重构教学流程，形成师生学习共同体。聚焦安全技术与管理数字化仿真平台应用，构建以学生为中心的双元教育场域，着力提升"教法"改革，推动课堂革命，全面育人。

（2）实施"课堂革命"，开展成果导向教学改革。以"互联网＋"等信息化手段，推进以学生为中心的教学设计与教法改革，着力打造职校"课堂革命"。多维度设计教学内容，探索项目式、案例式、情境式等教学内容设计方式，开展启发式、参与式、探究式的课堂教学方法设计。借助国家教学资源库、精品资源共享课、精品在线开放课程、微课等各类在线资源，开展线上线下混合式、项目式、情景式、实践式教学。进行成果导向教学改革，借助安全虚拟仿真实训中心、产教融合实训基地等，拓展教学空间和时间，促进学生自主的、个性化的学习与实践。

（3）紧跟新技术，校企合作开发引领性教材。以江苏省安全培训示范职业院校建设和江苏省中职安全应急教师教学创新团队培育对象等为基础，通过加强与安全行业领军企业的深度合作，对接职业标准和规范，引入安全企业生产案例、优秀资源，校企合作开发，将国家与行业标准和新技术、新规范等工作知识改造成教学案例，结合证书培训编写出版《职业健康与安全》《灾害监测与信息管理》《地质灾害防治与应急管理》等基于成果导向的活页式、工作手册式和工单式引领性教材。将纸质教材与数字化资源有机融合，出版"新形态一体化"引领性教材2部，其中《职业健康与职业安全》等获评国家级规划教材。

5. 引进—创生—输出，形成高质量、有特色的经验成果

安全技术与管理专业教学团队积极与国内外一流职业院校开展交流合作，学习先进经验并不断优化改进安全教师教学团队建设方案。总结、凝练、转化团队建设成果，并在全省职业学校中推广、应用，形成具有省内特色、国内一流的安全职业教育教学模式。落实"走出去"战略，加强安全技术技能人才培养的国际合作。

四 职业院校安全技术与管理专业教师教学创新团队实施措施

1. 加强安全团队教师综合能力建设。优化团队，组建高端"双师"团队。提升团队教师教学设计、课程开发和教学评价能力以及教科研和社会服务能力。提升安全应急教学团队的普及水平。

2. 推动安全应急"融创"团队协作共同体建设。推动校际安全应急协作共同体建设，融合学业水平测试方面职业健康、职业安全应急创新教学团队建设和教学改革等方面开展协同创新。推动校企合作，与南京消防救援支队、江苏安全生产宣传教育中心牵头企业深度合作，实行建筑、地质专业及安全应急专业现代学徒制。

3. 构建安全专业集群模块化课程体系。加快推进"信息技术＋专业"的升级改造，形成"基础相通，专业独立，选修融合"的安全应急集群模块化课程体系。

4. 推进团队协作的模块化教学改革。培养学校安全应急"模块化教学改革能手"，引领

学校其他专业教学改革。

5. 总结推广团队建设成果。形成一批安全专业建设标志性成果,申报高水平教学成果奖等。

6. 推进安全融创团队国际化,提升国际影响力。构建特色鲜明、与国际接轨的安全教育教学和培训范式。

五　职业院校安全技术与管理专业教师教学创新团队质量控制

1. 明确职责,创建机制

成立由校长牵头的"教师教学创新团队"建设专项工作领导小组,将团队建设规划目标纳入学校总发展规划和年度工作目标任务,对该团队建设项目进行领导与管理。建设专项工作领导小组下设办公室,负责制定团队建设工作管理制度,与团队带头人签订目标责任书,统筹全校优质资源,协同校内各部门联动,确保项目整体推进。

建立由校长领导、团队带头人与教学系部(安全应急管理学院)具体负责、相关职能部门提供保障支持、骨干教师分工协作的高效工作机制。同时,构建政校行企"四位一体"协同推进项目建设有效机制,确保团队建设项目"落地生根,开花结果"。

为团队成员发展提供软硬件环境,搭建专业建设、课程改革、教学资源建设、模块化教学模式改革、技术服务和研发、国际交流、国内外教师培训等一系列项目载体,对有突出成绩的教师给予物质和精神上的奖励,激发团队成员工作的积极性、主动性和创造性,提高教师成就内驱动力,将教师的个人价值同团队价值、学校价值紧密联系在一起。

2. 整体规划,分步实施

团队负责人全面负责建设目标、任务和举措的整体规划和组织实施工作。设团队秘书,围绕团队建设的总体目标、任务,负责编制团队年度工作总体计划与月程工作表,统计汇总信息平台数据,协助团队带头人编制月度、季度、年度总结报告,及时总结经验、纠正不足,确保团队建设项目的进度、质量和效益。各分项目标负责人及骨干教师分别编制相应的工作任务计划,排定工作节点,及时将任务完成情况上传到工作平台。

3. 全面监控,及时诊改

学校质量监督处进行全面质量监控,成立教学创新团队、教学系部(安全应急管理学院)和学校三级考核队伍,对教学团队人员的师德师风、教学改革、"1＋X"证书的试点、团队培养、人才培养、科研及社会服务等方面进行定期考核。在建设周期内,对照验收要点,邀请第三方进行年度建设工作评估,形成诊改和评估报告。

学校质量监督处负责制定项目实施管理办法,提出考核和奖惩意见,强化绩效考评,完善激励与约束机制,细化质量监控观测点,对团队建设目标、任务和举措,利用智慧校园平台进行项目的信息化监督和管理,及时掌握人员变更、需求变更、项目问题,妥善做出任务应对计划及应急措施,提高工作效率。在项目建设的前期,重点放在进度控制、质量控制和经费控制上,实现动态监控与调整。在项目建设的后期,重点放在成果的交流、展示与推广应用上。督促教学创新团队定期组织建设报告会,及时分享团队建设经验和特色成果,推进教育教学模式的改革创新,帮助和指导其他教学团队完成建设规划;通过讲座和研讨会议的形式,将高质量、有特色的经验成果推广到相关职业学校和专业,与协同建设同行、企业联合举办成果转化展会,吸引更多的行业企业、学校合作共建、共享人才、共用成果;依托中外合作办学项目,定期召开国际研讨会议,共同探讨教学改革方法,扩大与国际院校交流的规模、增强交流深度。

六 建设成果交流

1. 成果转化与推广方案

积极开展对外成果交流与展示,示范引领高素质"双师型"教师队伍建设,打造高层次、高水平新型国际化混合教师教学创新团队。

(1) 校内交流与展示。定期组织安全教师教学创新团队建设教育部"1+X污水处理试点"项目课证融通研讨会、三教改革教学研讨会、市级《职业健康与安全》课程思政课程项目建设研讨会、年度学术报告会,及时分享团队建设经验和特色成果,推进教育教学模式的改革创新,帮助和指导其他教学团队完成建设规划。

(2) 国内交流与展示。通过中国职业安全健康协会、全国安全职业教育教学指导委员会、海峡两岸及香港、澳门地区职业安全健康学术研讨会,国家社科基金项目子项目"职业安全专业人才培养"安全应急讲座和研讨会议等形式,将高质量、有特色的安全应急专建设经验成果推广到相关院校和专业。与企业联合举办成果转化展会,吸引更多的行业企业合作共建、共享人才、共用成果。

(3)国际交流与展示。落实国家"走出去"战略,推动中外合作安全应急专业办学项目,扩大与国际交流的规模、增强交流深度,共同探讨教学改革方法。积极参与国际安全应急技能大赛,加强与国际知名企业之间的交流与合作。

2. 创新性

(1) 标准创新:形成国内第一个中职安全类专业集群和教学标准,指导全国中职安全类专业教学。

(2) 资源创新:形成一系列中职安全类活页化教材、一系列课程思政模块化教材、大众安全知识普及数字化学习与教学资源等,服务于大众安全知识普及、职后培训、专业渗透和专业人才培养。

(3) 机制创新:依托中国职业安全健康协会教育专委会推动职业院校安全类大赛长效机制,依托江苏省安全培训示范院校建设推动高危行业安全技能提升长效机制、职业院校安全专业师资发展及培训长效机制,推动全民安全应急普及机制。

3. 特色

(1) 跨界融合:形成一支跨界融合、多方协同的服务民生安全领域紧缺的教师教学和培训创新团队。

(2) 覆盖面广:覆盖大众安全普及性、专业安全渗透性和安全专业技术性三维目标服务不同层面的从业者。

(3) 品牌示范:建成江苏省安全生产教育培训示范职业院校,打造品牌,服务地方,覆盖全省,引领全国。

七 保障措施

1. 组织保障

（1）加强团队建设组织管理。成立以校长、党委书记亲自挂帅的教学创新团队建设领导小组及办公室，加强对团队建设工作的咨询指导、业务培训、绩效评价和监督检查，通过第三方评价和目标责任考核，确保完成各项预期目标。

（2）成立专家咨询委员会，对项目的重大建设任务进行咨询与指导。

（3）建立协同机制，构建政校行企"四位一体"协同推进项目建设的有效机制。

（4）激发团队创建的主观能动性。进一步深化内部管理的体制机制改革，强化团队自身建设的责任意识，激发团队成员工作的积极性、主动性和创造性，用表彰先进事迹和先进个人推动团队干事创业的激情。

2. 制度保障

（1）制度保障。根据国家对人才培养的需要和学校的办学目标定位，学校制定了一系列行之有效的奖励政策、激励制度和管理措施，下重拳建设教学团队；出台了系列配套规章制度，为团队建设提供强有力的制度保障。

（2）政策保障。学校出台了人才培养和引进系列政策，鼓励青年教师攻读博士学位、出国访学、国内进修；支持教学团队梯队建设，为学术带头人、教学骨干和科研骨干的快速成长保驾护航。

（3）长期绩效评价与持续质量保证机制。将建设任务分解到年度，落实落细到人，纳入绩效考核；利用智慧校园平台，健全绩效评价机制，实现动态监控与调整；建立质量保障机制，确保建设成效。根据目标，从质量监控主体、监控层次和监控内容三个层面构建"多元化、多层次、全覆盖"的开放性质量监控与评价体系。

3. 条件保障

（1）建立健全全校联动推进机制。统筹全校优质资源，协同校内各部门间的联动机制，将团队建设规划目标纳入学校总发展规划和年度工作目标任务，制定团队建设工作管理制度，签订目标责任书，加大考核和奖惩力度，确保项目整体推进。

（2）经费保障与管理。提供足额的经费保障，配备足额的专项资金，保障建设所需资金；完善经费管理制度，使用经费严格遵循经费管理规定，制订专项资金管理办法，加强经费的使用管理；积极拓宽筹资渠道，通过校企合作、产教融合等方式争取社会各方资源，加强资金的筹措与使用。

（3）物质保障。在学校的大力支持下，教学团队的教学条件和科研条件明显改善，教学团队建设必需的硬件和软件支持得到保障，为专业带头人、教学骨干和科研骨干的成长创造了良好的工作、学习和科研环境。

（4）营造良好的发展环境。学校重视师资力量，集全校之力，营造良好的发展环境，做优、做强、做特，引领江苏，示范全国。

6.2 职业院校安全应急教育教学团队特色项目建设方案

一 职业院校安全应急教育教学团队建设的需求论证

1. 职业院校安全应急教育教学团队建设的背景

《国家中长期教育改革和发展规划纲要（2010—2020 年）》在战略主题中强调"坚持全面发展"时，专门提出了"重视安全教育、生命教育"以及"可持续发展教育"的要求。中共中央政治局第三十次集体学习时提出了"安全发展"的命题，把安全发展作为一个重要理念纳入我国社会主义现代化建设的总体战略。会议强调："各级党委和政府要牢固树立以人为本的观念，关注安全，关爱生命，进一步认识做好安全生产工作的极端重要性，坚持不懈地把安全生产工作抓细抓实抓好。"

近年来，随着江苏经济的快速发展，职业院校的毕业生也做出了突出贡献，他们是经济建设生产一线的主力军。然而，在辛劳工作的背后，一线人员的职业健康与安全存在着极大的隐患：职业健康与安全事故频繁发生；甚至一些行业企业工作条件相当恶劣，安全应急教育管理滞后；安全应急教育师资、职业健康与安全应急教育监管和专业服务体系非常缺乏等等。以上种种严重威胁到他们的生命健康与安全，给学校、企业及家庭等带来一定危害。因此，如何将职业安全应急教育关口前移，在职业学校中开展普及职业安全应急教育，加强职业安全应急教育师资队伍建设，是我们当前面临的一项十分紧迫而艰巨的任务。

江苏省南京工程高等职业学校 2010 年作为江苏省职业安全应急教育试点学校，将职业学校职业健康与安全教育作为必修内容纳入职业教育中，明确职业安全应急教育教学目标，在日常教育教学实践中融入职业安全应急教育的内容，这是保障学校正常运营与安全的需要，是教师、学生和员工拥有良好工作与学习环境的需要，也是保护教师和学生应对职业风险和避免职业伤害的需要，更是学生适应社会的岗位需求和企业发展的希望。

为进一步推进与普及职业安全应急教育，学校在"十二五"期间将职业安全应急教育优秀教学团队建设作为国家示范校创建的重要内容。

2. 职业院校安全应急教育教学团队建设的基础

学校自 2010 年来初步建立了职业安全应急教育教学团队。团队现有安全应急教育专兼职教师 15 人，其中在编教师 10 人，企业兼职教师 5 人。校内教师 10 人中有研究员 1 名，副教授 6 名,讲师 3 名;聘自企业从事职业安全应急教育理论或实践教学的校外兼职教师 5 人。

3. 职业院校安全应急教育存在的问题

(1) 职业院校安全应急教育制度不健全;

(2) 职业院校安全应急教育师资匮乏;

(3) 职业院校安全应急教育教材不健全;

(4) 职业院校安全应急教育团队整体的学术水平、科研能力有待进一步加强。

二 职业院校安全应急教育教学团队建设的目标

通过建设,完善 1 套职业院校安全应急教育规章制度;建成 1 支普适性与专业性相结合的安全应急教育教学团队;开发 2~3 部普适性教材;培养 3~5 名省级安全应急教育骨干教师,培养 3~5 名省级职业安全应急教育"示范课""研究课"骨干教师,申报立项 2 项省级安全应急教育课题;建设 1 批安全应急教育课程资源库,培训 100 名安全应急教育专兼职教师师资,使之成为推进与普及安全应急教育的新生力量。通过完成安全应急教育优秀教学团队建设,把学校创建为推进与普及"安全应急教育"的省内一流、全国领先的职业学校。

三 职业院校安全应急教育教学团队建设的思路

以国家中等职业教育改革发展示范学校建设方案为标准,以国家、地方教育改革与发展纲要相关精神与要求为依据,以培养安全应急教育名师与骨干教师为重点,以普适性与专业性相结合的"双师结构"教学团队建设为关键,以建设一支安全应急教育优秀团队为目标,在行业、企业选聘一批安全应急技术骨干为兼职教师,通过企业实践、进修、业务培训等方式提高整个安全应急教育教学团队的教研能力和科研水平,完善校园安全应急教育规章制度、研发《职业健康与职业安全》普适性教材和课程资源库。同时以学校为江苏省职业教育学生发展研究中心组组长单位,积极在全省推广与普及职业安全应急教育。

四 职业院校安全应急教育教学团队建设的内容

(1) 开展职业安全应急教育名师工程与骨干教师团队建设。

制定以许曙青名师为带头人的安全应急教育教学团队建设规划,制定相应的安全应急教育教师进企业实践、进高校进修、参加国内业务培训等管理办法与制度,将安全应急教育教学团队建设纳入制度化管理。

(2) 聘请行业企业安全技术专家型骨干为学校兼职教师,建立安全应急兼职教师管理规范,加强教学业务能力培训,形成一支专兼职相结合的安全应急教育教学团队。

(3) 针对原有教材案例内容滞后、职业性不强等因素,精心遴选 5 名德育教师和 6 名专业骨干教师组成普适性教材如《职业健康与职业安全》的教材研发团队,编写新教材研发方案、教材框架体系和样章格式,在专家论证的基础上分工编写新教材。

(4) 开展职业院校安全应急教育"五课"教研、"两课"评比教研活动,依托学校为江苏省职业教育学生发展研究中心组组长单位平台,开展省级"职业健康与安全教育"公开课,强化安全应急教育教研活动功能,使教研活动在安全应急教育教学研究、教师交流、教师培养等方面发挥示范辐射作用。

（5）以"名师建设""骨干教师建设"为主要工作内容，以培养高水平安全应急教育教学带头人和骨干教师为重点，两年内在学校目前的教师队伍中培养省级教学能手3~5名，在高校、行业、企业聘请在本地区有影响的"安全应急教育导师"2~3名；通过各级各类培训，培养出在行业内有影响的骨干教师5~8名。力争两年内有3~5名省级安全应急教育类"示范课""研究课"教学能手。

（6）积极开展安全应急教育科研工作，提高安全应急教育教学团队所属教师的教科研水平。在完成已立项的省级职业教育教学改革重点课题"职业学校职业健康与安全教育实践研究"的基础上，再申报1项省级教育科学规划课题，力争2年内完成安全应急教育课程资源库。

经过不断的努力，已全面完成职业安全应急教育优秀教学团队建设目标，打造成为结构合理、素质优秀、能力过硬、专兼结合的职业安全应急教育优秀教学团队。

6.3 江苏省许曙青职业安全健康与科技创新名师工作室建设方案

为充分发挥名师的专业引领、带动、辐射作用,加速教师专业化发展,培养造就更多的优秀教师,提高教师的教书育人水平,特制定本方案。

一 指导思想

工作室将在学校名师工作室领导小组的领导下,在工作室专家组的业务指导下,严格履行名师职责,以人的发展为本,遵循名师成长的规律,积极有效地开展教学、研究等活动,让名师工作室真正起到"培养名师基地"的作用,成为人才成长的前沿阵地。

突出针对性、实效性、实践性和先进性,按照理论与实践相结合、自主与交流相结合、学习与应用相结合、反思与提升相结合的原则,在观察体验、学习思考、参与研究、实践总结的循序渐进过程中,把先进的教育理念、独特的教学风格、精妙的教学技巧、灵活的教学方法,渗透和辐射到工作室成员的教学中。

二 目标和要求

以工作室为载体,以名师人选为领衔人,凝聚一批优秀的青年教师,在本校或一定区域内深入开展教育教学实践研究,有效推进职业教育教学改革,促进学生发展,全面提升教育教学质量。

1. 工作目标

以聚焦课堂教学、加强实践探索为主渠道,以课题研究为载体,通过 3～5 年的研修,产生一批教学实例,探索一些教学规律,收获一些研究成果;使成员在学科专业上得到明显的提高,能在一定区域内进行高质量的教学展示,并能逐步形成各自的教学风格和特色,为各自的专业晋升提供良好的保证;使成员的师德修养、心理素质、教育理论水平、教育教学能力、教育科研能力等综合素质有整体的提高,成为更高一级骨干教师,为推进本校青年教师队伍建设做出贡献。

2. 工作要求

(1)学习教育学、心理学及新课改的有关理论,使工作室成员自觉更新教育观念,树立适应现代化建设的教育观、质量观和人才观,自觉改进教学方式,使自己的教学在新的教育理念的指导下提高到一个新的水平,使教学更具有创造性、艺术性,形成自己独特的教学风格。

（2）开展教育、教学研究。提供高质量的观摩课、研究课,组织教学策略研讨,提高教师的教学水平,努力提高教学质量。

（3）开展教育科研活动,把握职业教育改革的新动态,把教学实践经验升华为理论,能独立主持或独立开展科学研究,在学校教改中发挥带头、示范和辐射作用,逐步提高教育科研能力。

（4）学会观察、评价,改进课堂教学的技术和策略,有效提高课堂教学效率,打造优质高效课堂。

（5）每位工作室成员每年在教育期刊上发表至少一篇论文。

三 工作要点

1. 认真组织学习,提高理论素养

加强学习,不断提高理论素养,才能始终占领理论"制高点"。工作室统一订购一批教育教学理论书籍和教学专业杂志,组织所有成员采取集中学习和分散自学相结合的形式,加强理论学习,及时做好读书笔记和心得体会,进行定期交流。并寻求合适的时机,采取"走出去、请进来"的方式,聆听专家学者的授课和讲座,为工作室成员的成长打下坚实的理论功底。

2. 狠抓课堂教学,努力形成风格

立足课堂,积极探索新课改背景下的高效课堂教学模式,为全校新课改的实施起到有益的补充作用。工作室所有成员将深入课堂,通过听课、评课等途径,为职业教育教学研究取得第一手资料。通过成员自身开课、开设讲座等形式和活动,相互学习,提高教学水平;帮助工作室成员在教学风格和特色上下功夫,让每位成员具有高品位的教育教学艺术,能够按照教育规律和学生的心理规律,智慧地、艺术地教育学生,灵活地、技巧地驾驭课堂教学,进而形成自己的教学风格和教学思想。

3. 积极从事科研,提高自身品位

工作室将以"学生发展"为切入点,引导全体工作室成员以课题为抓手,积极探索课堂教学案例,积累大量鲜活的案例素材,尤其是探究性学习的新素材,为构建高效课堂探索新路。

4. 开辟网页,建设教学资源库

工作室将依托校园网开辟名师工作室网页,以课程改革为背景,以课题研究为方向,紧密结合教学实际需要,针对个性化教案、专题研究成果、校本教研成果、教学反思记录、教学个案分析、教学课件建设、教学辅助材料建设等方面内容进行教学资源库建设,通过网络、研讨会、报告会等途径与全校教师共享与交流,起到辐射作用。

四 工作机制

1. 工作方式

（1）学习:学习职业教育相关文件;学习现代职业教育教学理论;学习各种现代教学方

法;学习课题研究方法等。

（2）实践:工作室成员本着探索职业教育教学理念与学科教学的整合与创新的目标,不断实践、反思,总结、探索课堂高效教学的策略。

（3）研讨:针对工作室成员的不同岗位和不同发展水平,拟采取以下方式开展研究活动。

①个别指导:针对个体的不同情况开展具体的指导。

②案例分析:通过实际教学从典型案例入手,解决现代职业教育教学理念与学科教学的整合和创新研究活动中的共性问题。

③专题讲座:针对成员在课题研究活动中急需解决的共同问题聘请专家讲课。

④参与研讨:围绕主题,现场研讨,帮助大家归纳、聚焦、提炼和扩展、延伸、迁移。

⑤相互观摩:将工作室成员达成一致的问题在活动中进行实践,相互观摩,学习评价。同时提炼和吸纳先进的教育理念、教育方法。

（4）展示交流:将课题研究成果通过各种途径进行交流展示。

2. 会议制度

（1）每学期召开一次工作室计划会议,讨论本学期工作室计划,确定工作室成员的阶段工作目标、工作室的教育科研课题及专题讲座内容。

（2）每学期召开一次工作室总结会议,安排本学期需展示的成果内容及形式,分享成功的经验、探讨存在的问题。

（3）每周三下午进行一次工作室研讨会议。

3. 活动制度

（1）工作室成员平时学习以自学为主,间周一次举办集中学习交流活动。

（2）工作室成员的自我发展计划中明确学习内容、学习目标,根据教育教学形势及改革趋势在教育教学理论等方面有选择地学习。

（3）工作室成员必须参加工作室布置的培训工作,完成工作室的学习、研究任务,并有相应的成果显现,努力实现培养计划所确定的目标。

（4）工作室成员积极参加各级各类教学研讨活动。工作室定期建立主题研讨制度。由工作室负责人根据研究方向确定主题,定期集体研究,将研讨成果发在工作室网页上。

（5）工作室网页及时更新以取得更好的交流效果,通过网页发布工作室工作动态、工作室成员论文、专题研究课例设计、典型案例及评析、活动图片等。

4. 档案管理制度

（1）建立工作室档案制度,并由领衔人兼管。

（2）对于工作室成员的计划、总结、听课、评课记录、公开课、展示课、教案等材料应及时收集、归档、存档,为个人的成长和工作室的发展提供依据。

6.4 职业安全健康与科技创新名师工作室三年发展规划

一 总体目标

在三年的时间里,以名师工作室为成长平台,以服务学生发展为宗旨,以科研项目为支撑,以课堂为主阵地,以实践活动为载体,充分发挥名师工作室成员集群效应、优势互补、示范引领、辐射服务育人功能,促进成员最优化发展,进一步普及职业安全与职业健康防护应急技能,创新青少年科技教育模式,提升学校实习与就业创业服务信息化能力,辅以班主任培训教育,培养一批名专家、名教师、名班主任、名学生以及实习与创业就业典型,创建一批具有江苏职业教育特色的教学成果。构建实习与就业平台,促进学生更好地学好知识、掌握技能、提升科技素养,安全健康成长,为学校和政府的决策提供参考。

二 具体目标

1. 力争 1 名成员晋升教授,2 名成员晋升副教授。

2. 力争培育省级技能大赛金牌教练 1 名,培育师生获省级以上奖牌 2 名,获省职业教育创新大赛奖 1 项。

3. 培育省级科技辅导员、教练员 4 名,力争获取省级青少年科技竞赛二等奖以上 30 名,争创江苏省青少年科技竞赛团体二等奖以上 2 项。争创江苏省青少年科技工作室 1 个,江苏省青少年科技教育五星级先进集体 1 项。

4. 力争获得江苏省教学成果奖 1 项,培育江苏省哲学社会科学优秀成果奖 1 项,开发 2 门数字化精品课程资源或教材,建成网站 1 个。

5. 每个成员每年至少阅读不少于两本教育类专著,每年至少撰写并在省级刊物上发表一篇论文。三年内,每人都需主持或者参加 1 项以上教学改革课题;指导学生或亲自参加各类大赛获得二等奖以上奖项不少于 1 次,取得不少于 1 次教科研成果;每年参加学生发展方面的培训一次,并开设专题讲座一次。

三 分年度计划

（一）第一年年度计划

1. 组织工作室成员制定个人未来三年发展规划，明确研究目标与任务。分小组开展职业安全与职业健康教育、青少年科学教育、实习与就业创业指导、班主任提高培训教育。重点培育职业安全与职业健康防护教育和实习与就业创业指导项目，冲击省级教学成果奖。

2. 组织工作室成员开展学生职业安全与职业健康防护应急技能教育。积极协同省红十字会和地方红十字会，开展学生职业安全与职业健康应急技能训练，重点在一年级建筑类部分专业班级、实习班级学生以及全省职业学校班主任培训中进行试点。提升学生职业安全与职业健康防护技能，初步达到学生在遇到紧急情况时能够自救与他救。通过试点、考核总结经验并进行推广。以年度海峡两岸职业安全健康学术论坛为契机进一步交流推广职业安全与职业健康教育成果。

3. 组织工作室成员积极开展学生科学教育实践活动。依托江苏省青少年科学教育特色学校和省青少年科学教育（培训）基地，组织工作室成员参加全国科学影像节培训、比赛以及省级科技竞赛活动，激发学生对科技的兴趣，大力普及科技知识，提升学生科学素养，创建科技特色班。

4. 组织培训班主任工作。依托省职业教育学生发展研究中心组、江苏省中等职业教育教师培训基地，开展江苏省职业学校班主任提高培训，积极完善江苏省职业学校班主任提高培训学习网站，为全省职业学校班主任经验交流、成果共享、共同学习提高搭建平台。

5. 组织工作室做好课题结题工作。完成工作室领衔人主持的江苏省哲学社会科学研究基金资助项目"江苏职业院校职业安全健康机制实践研究"结题工作。汇编成果，撰写研究报告。

6. 开展职业学校顶岗实习管理与毕业生就业跟踪服务工作。为工作室领衔人参与开发的"江苏省职业学校学生顶岗实习管理与毕业生就业跟踪服务系统"采集相关数据，撰写年度数据分析报告；为职业学校和政府进一步了解学生顶岗实习与毕业生就业状况提供技术支持；为建立以"就业质量"为核心的毕业生就业状况评价体系提供数据参考，为学校改进招生结构、优化专业及课程设置提供服务。

（二）第二年年度计划

1. 组织工作室成员研讨职业学校职业安全与职业健康防护教育改革趋势和前沿动态，开发校本教材《职业安全健康防护》，建设课程资源，开展课堂教育，组织学生深入社区进行职业安全与职业健康体验学习，提升自我防护意识。组织编写《职业安全与职业健康防护手册（教师版）》。

2. 组织工作室成员开展青少年科技教育实践活动，激励学生开发微电影、科学影像、微动漫项目，积极参加全国科学影像比赛。组织学生参加江苏省青少年科技教育竞赛，申报江苏省青少年科技工作室。

3. 开展职业学校班主任培训教育。积极申报省级职业学校班主任提高培训项目，优化江苏职业学校班主任培训学习网站，搭建远程学习与现场答疑平台。构建职业学校班主任远程学习模式。

4. 实习与就业创业指导。

（1）数据分析。根据采集的上一年度的全省职业学校学生顶岗实习管理与毕业生就业跟踪数据，研制系统分类数据分析模型，提取分类指标统计数据，撰写实习与就业状况分类数据分析报告。

（2）系统应用改进及实习与就业特色项目创建。根据系统运行情况，召开专题研讨会，查找问题，予以改进与完善，出台实习与就业促进制度，开展系统管理员再培训，启动下一年度数据采集及实习与就业特色项目创建任务。

（3）系统运行与系统数据采集与督查、抽查。开展市、区县职业学校的实习生顶岗实习与毕业生就业跟踪现状督查与抽查工作。抽查数据的准确性，分析抽查数据与上报数据的差异性。

（三）第三年年度计划

1. 职业安全与职业健康应急防护教育。组织工作室成员编制职业学校职业安全与职业健康防护技能实施方案，组织校内学生参加职业安全与职业健康防护技能大赛，建立职业学校职业安全与职业健康应急防护教育网站。总结经验，并向全国安全职业教育教学指导委员会汇报、交流推广成果。

2. 青少年科学教育。组织参加江苏省青少年科技教育竞赛系列活动，参加全国科学影像比赛及青少年科学教育竞赛活动，推广青少年科技教育成果。

3. 组织工作室成员申报省级课题，组织专家指导，力争实现省级教育科学规划课题、省级职业教育教学改革立项课题 2 项。

4. 实习与就业创业指导。

（1）开展年度实习与就业数据采集、统计分析及实习与就业特色项目创建成果汇总。采集年度实习与就业数据，撰写年度实习生顶岗实习与毕业生就业状况分析报告。同时开展职业学校实习生顶岗实习与毕业生就业特色项目创建成果汇编，形成江苏职业学校实习生顶岗实习与毕业生就业特色模式，为全省职业学校顶岗实习与毕业生就业指导提供参考，为政府相关部门提供决策依据。

（2）开发江苏职业学校实习与就业创业指导促进网。根据江苏职业学校实习与就业创业指导工作实际需求，开发江苏职业学校实习与就业创业指导促进网，为政府、学校、学生、企业行业共同推进职业学校学生顶岗实习与毕业生就业工作提供动态交流平台。包含就业促进政策、优秀学生实习与就业创业典型、优秀企业招聘、就业特色项目成果展示、实习与就业创业论坛等，搭建经验交流、成果共享平台，促进江苏职业学校实习与就业又好又快地发展。

（3）总结实习与就业创业项目成果；申报江苏省教学成果奖。

四 经费保障

根据学校名师工作室建设规程，学校设名师工作室建设管理专项经费，每个工作室每学年立项经费 5 万元，用于工作室工作开展和项目实施。经费由学校财务处负责日常管理，名师工作室领衔人按照规定的用途支出。经费主要用于名师工作室的办公设备、图书资料的购置和日常办公开支及网站建设、业务培训、对外交流、课题研究等项目支出。

6.5 江苏省职业安全健康与科技创新名师工作室建设成效

许曙青名师工作室自 2016 年 6 月立项以来，建立高端团队，编制与时俱进的三年规划，发展理念清晰，目标明确，规划科学合理，取得了卓越的成果。根据江苏省职业教育名师工作室考核标准，联系实际，现将工作室总结与自评报告如下：

一 条件与保障到位，确保工作室运行高效

1. 硬件条件好，专业特色文化浓

许曙青名师工作室相对独立，面积 32 平方米，有安全健康专业领域职业安全与职业健康与科技创新文化墙，标志标识醒目统一。工作室设备齐全、配有专门的会议室设施，配备专门的电脑、打印机，实现了工作室团队学习研讨、项目研究、团队培训、创新设计、课程开发、系统研发等办公一体化。有学校信息中心和团队开发的资料收集、调研、统计的软件工具，如团队开发的实习就业跟踪系统，采集了实习生和毕业生职业安全与职业健康状况数据，推进了职业安全与职业健康与科技教育信息化办公。近 5 年团队成员每年新购专业领域职业安全与职业健康及科技教育方面相关图书人均 4 册以上，累计 256 本，订阅《中国安全科学学报》《工业安全与环保》《劳动保护》《工业安全卫生》《江苏社会科学》等专业期刊，图书资料使用率高。

学校校园网站设有许曙青名师工作室专栏，此外还有专门的 QQ 群、微信群等，适时反映建设成果动态，还建立了"基于工作情境的职业学校职业安全健康教育研究与实践"网站，国家级职业教育数字化资源建设项目"职业健康与职业安全"精品课程资源共建共享网站，保证了工作室建设成果的交流分享。

2. 制度保障到位，团队工作动力强

（1）工作室建设被纳入学校发展规划、教师队伍建设及相关工作计划。职业安全健康与科技教育名师工作室有效配合学校教育事业的发展，制定了符合学校国家中等职业教育改革发展示范学校创建特色项目的三年发展规划，确定了职业安全健康与科技教育的研究内容。

（2）组织保障健全。学校将名师工作室列入学校教育教学、师资队伍建设规划，有明确的推进计划、制度、措施，政策落实到位。学校成立了"名师工作室建设管理领导小组"，由校

领导和相关处室、相关单位负责人组成;下设办公室、人事处具体负责组织、协调名师工作室日常建设与管理工作以及名师工作室的业务指导、年度考核和质量监测等工作。

（3）工作室激励措施日趋完善。采取专项津贴和以奖代补机制、名师工作室成员流动机制进行绩效考核,优胜劣汰,确保名师工作室的示范引领效应。主要措施:①主持人、主持人助理、研修学员专项经费保障到位,根据业绩实报实销,确保 3 000 元/人以上的标准。②主持人承担名师工作室任务的工作经历和业绩,将作为名师梯级攀升的重要条件。③每学年对名师工作室主持人进行有针对性的业务培训。④规定主持人承担名师工作室的工作量为所任学科（专业）满工作量的三分之一,由学校教务处计入本人总工作量,相应绩效工资在名师工作室专项经费中解决。学校保证主持人有充足的时间开展工作,总工作量不超过满工作量的三分之二。⑤将名师工作室研修活动纳入教师继续教育管理体系。

（4）工作室定位明确。分期建设目标明确,每年年初制定年度工作计划,年终进行总结,保证了工作室日常工作的有序进行。工作周期内成员个人制定发展规划,阶段目标明确,实施扎实有效。在领衔人许曙青的带领下,职业安全健康与科技创新工作室先后制定了名师工作室管理制度和考核制度,目标任务明确,职责到人,经费使用规范。同时,积极创新工作机制,发挥了工作室人才培养、专题项目研究、创新设计、系统研发、发明专利、成果推广等作用。

3. 经费使用合理,绩效好

学校设立名师工作室建设管理专项经费,每个工作室每学年使用经费超过人均 3 000 元,主要用于工作室工作开展和项目实施。自 2016 年 6 月以来,南京市配套经费 30 万元,江苏省教育厅配套经费 10 万元,经费用于开展各项工作所必需的花费,如团队调研、专业课程开发、创新作品设计、系统研发、专项培训、宣传推广成果、研讨会、专题研修活动以及国际交流所需的差旅费、交通费;工作室团队成员参加各项学术会议、培训会的会务费;发表论文、出版专著的相关费用以及对团队成员获奖项目的奖励费用等等。

二 团队活动多元化,展示平台高

1. 组织学习项目化,促进项目高端化

（1）团队工作计划、活动方案全,交流广,每月超过 2 次,并高质量承办了国家级、省级等 9 项活动。

①申报中国科协项目 2019 年全国科技工作日主题活动——新时代应急救护与职业安全健康环保科普知识普及与推广,并组织研讨制定实施方案,面向全国举办启动仪式,现场展示工作室团队研发的职业安全健康操、消防仿真灭火应急体验等精品项目。

②申报了 2017、2018、2019 年全国职业院校应急救护技能竞赛与安全健康环保科普知识竞赛,制定实施方案,建立相关题库,开发相关情境体验平台,有序组织竞赛活动。

③承办 2017、2018、2019 年江苏联合职业技术学院安全教育知识学习和竞赛活动,制定了实施方案,开发安全健康知识题库 3 000 道,研发了网络学习平台,举办现场决赛等。

④承办了 2018 年"全国安全质量万里行"国家应急管理部专家组团队来校调研项目,制定实施方案并现场与专家交流,领衔人许曙青做了专题报告,项目组现场展示了安全应急精

品项目,并组织了骨干教师现场教学、学生现场操作安全应急救护技能等活动,得到"全国安全质量万里行"专家组专家的高度评价。

⑤承办国家应急管理部应急科普项目调研与应急科普精品项目制作研讨会。组织团队认真学习交流,制定实施方案,现场展示团队安全应急科普精品项目,许曙青做专题报告,团队成员现场展示,积极研讨,合作制定应急管理部应急科普精品项目。

⑥承办 2019 年中日韩职业安全健康学术研讨会,组织团队认真学习交流,制定实施方案,明确分工,将团队安全应急精品项目穿插在研讨会中进行展示,安全应急志愿者全程服务,确保安全、高效。

⑦推动了中职安全健康与环保专业的创立,团队认真学习相关政策,组织国内外调研,进行研讨,形成安全健康与环保调研报告、人才培养方案等。

⑧与时俱进学习应急管理相关政策、研究相关内容,推动中职应急管理与减灾技术专业的建立,形成了全国性的调研报告、人才培养方案等文件。

⑨组织团队带领学生共同学习交流应急救护技能,制定实施方案,组织团队参加各类应急救护竞赛,参加江苏省高校应急救护技能竞赛、全国职业院校应急救护技能竞赛等活动,推动团队建成了南京市应急救护基地,建成了安全应急教育服务站,组织师生开展应急救护进中学、进街道社区、进企业等活动,累计送教培训 300 人。

⑩连续 4 年将应急救护纳入江苏省职业学校班级管理能力提高培训班必修内容,团队认真研究,制定实施方案、课程计划,组织交流与技能培训,给合格者发放省级应急救护员证书,培养了 250 名应急救护员。

⑪每年组织团队认真开展职业安全与职业健康资源建设研讨活动,开发职业安全与职业健康及科技创新方面的微电影、微动漫、科学纪录片等参加全国青少年科学影像节大赛,每年都获得优异成绩。领衔人许曙青教授应邀参加 2017 年江苏省科技创新大赛科技辅导员培训班,并开设"标准引领 主题导向 促进安全健康与环保科学影像专业化发展——基于全国青少年科学影像节项目研究与实践"的专题讲座。

⑫率先建立南京师范大学研究生教科研基地,组织南师大心理健康教育研究生来校实习,将其纳入名师工作室统一管理,让其参与工作室项目研究,开展职业安全与职业健康方面的课题研究、教材开发、资源建设、课题教学、工作压力咨询等,鼓励他们研究职业安全与职业健康方面的选题,为其提供实习指导和毕业论文写作指导,并组织实习的研究生进行毕业论文开题答辩,工作室成员作为答辩评委参加其最终的毕业论文答辩。

(2)积极参加协作组活动

组织各种参观学习、观摩培训活动,让学生在活动中学会安全健康知识,让老师在活动中学会更多的授课技巧。还协同省协作组承办了中日韩职业安全健康学术研讨会并组织职业教育分论坛。团队参与省协作组活动的参与率达 100%。

2. 教育科研系列化,多方协同成果化

参与主持完成了 8 项省部级课题。

表 6.1 许曙青名师工作室团队参与主持完成的重要课题

项目名称	起止时间	项目来源与类别	许曙青作用	项目进展与成果转化情况
精品课程建设促进职业教育优质教学路径研究	2013.3—2017.2	全国教育科学"十二五"规划教育部重点课题 DJA130333	第三核心组成员	已结题
基于国际视野的职业安全健康与安全教育研究	2013.3—2016.12	江苏省教育科学规划课题重点资助课题 B—a/2013/03/012	主持	已完成,成果获中国职业安全健康协会科学技术奖二等奖
职业教育校企合作机制、可行性政策与法规框架文本研究	2012.3—2017.7	江苏省教育科学规划课题重点资助课题 Z/2013/13	主持	已完成,成果转化为江苏省人大提案
职业安全健康协同创新中心建设的研究与实践	2016.9—2018.9	江苏省职业教育教学改革研究重点课题 ZZZ23	主持	已完成,成果获得江苏省教学成果二等奖
五年制高职学生顶岗实习期间职业安全健康管理的研究与实践	2014.9—2016.12	江苏联合职业技术学院 2014 年度立项课题 B/2014/06/001	主持	已完成
职业安全健康协同创新研究与实践	2017.1.22—2019.8	2016 年度省第五期"333 工程"科研资助立项项目	主持	已完成
职业院校学生职业安全健康素质和技能提升的路径研究与实践	2018.7—2019.11	全国安全职业教育教学指导委员会规划课题	主持	已完成
职业教育对口支援、精准扶贫典型案例研究	2018.4—2019.8	江苏省职业教育研究重点课题 XHZD-KT201804	主持	已结题

2016—2019 年,代表性成果为《中职地质建筑专业学生职业健康安全素质和技能提升育人模式的构建与实践》。团队成员共获国家教学成果奖二等奖 2 项、行指委教学成果特等奖 1 项、省级教学成果奖二等奖 1 项、市级特等奖 1 项、国家安全科学技术奖 4 项,工作室团队课题成果转化为三项省人大提案和建议,团队成员指导学生参加 2018 年 HSE 科普知识竞赛及应急救护竞赛,获得特等奖两项、一等奖 1 项。

其中,国家教学成果奖二等奖 2 项:2018 年 12 月 28 日许曙青参与的成果《职业学校"小师傅制"技能培养模式的构建与实践》《现代化工"健康、安全、环境"(HSE)新型职教技能训练体系的开发与实践》及 2018 年 6 月许曙青教学成果《中职地质建筑专业学生职业健康安全素质和技能提升育人模式的构建与实践》;省级教学成果奖二等奖 1 项、市级特等奖 1 项:2017 年 9 月许曙青的教学成果《中职建筑专业安全健康与环保方向多方协同人才培养体系创建与实践》荣获江苏省教学成果奖二等奖;2017 年 11 月许曙青的教学成果《中职建筑专业安全健康与环保人才培养体系构建与实践》获得第三届南京市职业教育教学成果奖特等奖。

团队获国家安全科学技术奖4项。其中一等奖1项、二等奖3项:2019年3月许曙青的科技成果《职业安全健康素质提升体系及其工程实践》获2018年度中国职业安全健康协会科学技术奖二等奖,2018年5月许曙青的科技成果《职业健康安全教育理论与技术平台建设与研究》获中国职业安全健康协会科学技术奖二等奖。

工作室团队以育人为核心,围绕学生的发展、专业建设和课程改革,借助与南京师范大学心理学院的合作,依托职业安全健康教育专业委员会平台,构建含中职、高职的职业安全健康相关专业体系;优化专业课程结构,形成学校、校企、企业三个维度的课程体系,建成省级专业群4门数字化精品课程和教材,出版教材4本——《心理健康教育》《安全健康教育》《安全教育》《学校安全教育》。先后新建中职安全健康与环保专业、应急管理与减灾技术专业,填补教育部安全类专业设置空白。

3. 交流展示平台高,多方评价辐射广

2019年4月22—23日,工作室联合江苏省职业教育名师工作室建设第二协作组承办了第二十九届中韩日职业安全健康学术研讨会,开设职业安全健康与心理健康学术论坛,江苏省职业教育名师工作室管理办公室、江苏省职业教育名师工作室部分代表等400多人参加。许曙青做了专题报告"新时代安全应急管理教育与人才培养的路径研究",受到专家好评,工作室获中国职业安全健康协会王德学理事长签名"感谢状",被江苏教育频道专题报道。

2018年12月7日,全国安全质量万里行"普法专题行"采访宣讲团来到学校就校园应急管理普法工作展开调研。工作室团队主讲教师许曙青等分别为相关专业学生围绕职业安全健康操、模拟仿真灭火、应急救护技能等方面内容开展现场教学。许曙青教授还和专家们交流了学校安全应急管理普法宣传专题实践成果——"职业安全健康素质和技能提升体系构建与实践——基于学校应急管理普法宣传的深化实践案例",专家们高度评价工作室"小团队、大作为",形成了职业安全健康教育"江苏模式",被建议全国推广。

2019年5月30日,工作室承办了中国科协批准的"礼赞共和国、追梦新时代——科技志愿服务行动"的全国科技工作者日主题活动之"新时代应急救护与职业安全健康环保科普知识普及与推广"启动仪式现场直播活动。现场展示了安全应急职业安全健康操、火灾灭火、应急救护技能等项目,来自学校、社区、企业的600多人参加了观摩。现场除了通过网易新闻直播对外展示以外,还有江苏卫视教育频道、江宁电视台、新华网、新华日报、新文荟网、工人日报、现代快报、扬子晚报等多家媒体到场采访、报道。

2019年9月23日,工作室承办了国家应急管理部宣传教育中心主办的应急科普精品制作调研与项目创作研讨会,江苏省职业教育与终身教育研究所专家领导参加,许曙青教授做了"新时代职业院校应急管理教育与人才培养的路径研究"专题汇报,工作室团队展示了自主研发的仿真灭火平台和安全应急科普动漫作品,受到专家好评并被江苏教育频道专题报道。

团队成果在全国职业院校育人实践中得到广泛应用,成果物化的教材、数字化资源共建共享平台在江苏职业院校专业教学中得到广泛应用与推广。浙江、上海、山东等地职业院校专家来校调研与体验,团队成果得到同行专家和行业协会专家的认可与高度评价。

团队成果在国家级、省级、校内和社会各类教师培训中得到推介,赢得广泛赞誉。团队连续承担了 4 期国家级地质建筑类青年教师企业实践项目、国家级安全骨干师资培训等项目,为 240 所职业学校培训了 349 名省级应急救护骨干教师,为行业、企业安全项目培训逾 5 000 人次,受到政府、行业及社会的广泛赞誉。

除此之外,团队成果还在媒体、报刊及海内外职业安全与职业健康界等不同层面得到广泛推广,引起大量媒体报道。中国安全生产报、现代快报、中国职业安全健康协会网站等都对成果进行了专题报道和宣传。团队成果还在世界职业教育大会、中日韩职业健康学术交流会、海峡两岸及香港澳门地区职业安全健康学术研讨会、全国安全职业教育教学指导委员会学术研讨会上进行专题交流,得到日本、英国及我国香港等国家和地区行业教育专家的高度评价。

三 发展与成效好

1. 师德师风强

团队成员不断学习贯彻党的教育方针,忠于教育事业,敬业修德,关心学生,爱护学生,潜心教书育人,奉献社会,坚持教书和育人相统一,言传和身教相统一,潜心问道与关注社会相统一,学术自由与学术规范相统一,团队领衔人许曙青教授多次被评为"先进个人""优秀指导教师",团队成员也先后多次获得"优秀德育工作者""应急救护能手"等荣誉称号。

2. 引领改革示范性强

团队领衔人许曙青教授积极组织开展教育教学改革,取得明显的成效,同时开展教育教学、社会服务等方面的研究与实践,以项目引领、协同创新推动名师工作室的团队建设,取得了较好的成绩。

(1)领衔人许曙青参加了江苏省职业教育名师工作高质量发展研讨会并做专题报告、参加江苏省职业教育高层次人才教科研能力提升研修暨教学成果培育论证会、参加 2017 年江苏职教高峰论坛暨职教优秀成果推介会并发言。先后应邀参加世界职业教育大会、亚太职业安全健康学术论坛、中日韩职业安全健康学术研讨会、全国安全职业教育教学指导委员会学术年会、中国矿业大学博士生论坛等并做主题报告,推动职业安全健康与科技创新成果的推广与普及,形成了较强的影响力。

(2)积极开展教育教学、社会服务等方面的研究,取得较高价值成果。

一是推动中国职业安全健康协会职业安全健康教育专业委员会成立,代理团队专业化发展。

二是团队成果应用于省人大建议《关于进一步重视和加强我省职业病防治工作的建议》;团队成果应用于省人大提案 0035《关于加强职业安全与职业健康专业人才培养的建议》;团队成果"关于制定江苏省职业健康与安全教育条例的建议书"被省十二届人大一次会议确定为"地方立法方面的提案";"关于加强应急管理教育与专业人才培养的建议"被省人大代表采纳列为提案。

三是 2018 年 4 月团队开设中职安全健康与环保专业,2019 年 6 月团队创建的"中职新专业应急管理与减灾技术专业"被江苏省发改委、省教育厅批准立项并招生。

团队领衔人许曙青还参加了省协作组 2019 年 5 月 17 日江苏省职业教育名师工作室高质量发展研讨活动,并做了专题报告。

（3）领衔人许曙青积极开展教育教学、社会服务等，取得较高价值成果。

表 6.2 许曙青老师及其所在团队近年获得的重要奖励

序号	奖励名称	奖励部门	奖励等级	许曙青排名/总人数	奖励时间
1	2018 年国家级教学成果奖 职业学校"小师傅制"技能培养模式的构建与实践 377	教育部	国家级二等奖	7/17	2018.12.28
2	现代化工"健康、安全、环境"（HSE）新型职教技能训练体系的开发与实践 218	教育部	国家级二等奖	10/24	2018.12.28
3	2017 年度中国职业安全健康协会科学技术奖（登记证号：国科奖社证字字第0054 号）《职业健康安全教育理论与技术平台建设与研究》2017-2-29	中国职业安全健康协会	国家级二等奖	1/9	2018.5
4	《危险化学品安全管理量化评估系统开发及应用》2017-2-01	中国职业安全健康协会	国家级二等奖	9/9	2018.5
5	全国国土资源职业教育教学成果奖《中职地质、建筑专业学生职业健康安全素质和技能提升育人模式的构建与实践》	全国国土资源职业教育教学指导委员会	国家级特等奖	1/15	2018.6
6	2018 年度中国职业安全健康协会科学技术奖（登记证号：国科奖社证字字第0054 号）《中小微企业职业病危害防控技术研究》2018-1-06	中国职业安全健康协会	国家级一等奖	5/15	2019.3
7	2018 年度中国职业安全健康协会科学技术奖（登记证号：国科奖社证字字第0054 号）《职业安全健康素质技能提升体系构建及工程实践》2018-2-04	中国职业安全健康协会	国家级二等奖	1/9	2019.3
8	江苏省教学成果奖《中职建筑专业安全健康与环保多方协同人才培养体系创建与实践》	江苏省教育厅	省级二等奖	1/5	2017.6
9	《中职建筑专业安全健康与环保人才培养体系构建与实践》	南京市教育局	市级特等奖	1/8	2017.11

工作室通过江苏省人才办立项批准的许曙青主持的"333 工程"科研项目，推动了职业安全与职业健康协同创新发展，建立了中国职业安全健康协会职业安全健康教育专业委员会并挂靠工作室所在单位，许曙青担任常务副主任兼秘书长，负责具体工作，推动职业安全与职业健康教育。工作室率先建成了中职安全健康与环保专业、应急管理与减灾技术专业，建立了全国职业院校安全健康与环保科普大赛和应急救护技能竞赛平台，让更多的学生受益终身。

3. 团队发展目标明确，愿景定位高

目标愿景：以人为本，打造跨界融合、多方协同的职业安全健康与科技创新团队，搭建共建共享立体开放的应急管理教育资源，构建新时代应急教育与专业人才培养体系，推动学训赛与职业体验相融合，完善应急教育促进机制，协同育人，提升全民应急意识、应急素质与应急能力,提高防灾减灾、自救互救能力,让更多的人更安全、更健康,目标零伤亡。

团队中,1 名成员晋升教授,3 名晋升副教授,1 名晋升助讲。双师型教师达 80%,教师的实践能力和项目课程开发能力有了显著提高。工作室成员凝练共同的教育理念和主张,积极参加活动,团队先后承办了 2017、2018 年江苏联合技术学院安全知识学习与竞赛、HSE科普知识竞赛与应急救护技能竞赛、中日韩职业安全健康学术研讨会等。

4. 服务学生健康安全,促进应急素养提升

工作室团队立足提升师生安全健康,每年为新生和毕业生开展应急救护技能培训,使学生的应急救护能力得到很大的提升。安全健康与环保、应急管理与减灾技术专业学生的专业技能和职业综合素质明显提升,90% 以上的学生取得江苏省红十字会颁发的应急救护员证。团队成员指导学生参加多项技能大赛,包括安全知识竞赛、HSE 科普知识竞赛、应急救护技能竞赛、科学影像节等,拓展了学生的眼界,强化了学生的能力,共获特等奖两项,一等奖一项,二等奖十余项,三等奖二十余项。

团队成员还组织学生参加南京市红十字会志愿者项目"博爱青春",向中小学提供安全应急教育培训"送教上门"服务,每周至少抽两个半天组织学生到中小学学习,参加学习的学生累计超过 600 人次,学生参与积极性高。

扶持引导学生进行自主创业。经名师工作室团队成员组织与指导,"校园邮局创业实践项目""动手学堂"获评第三批南京市职业学校学生自主创业专项引导资金扶持项目,分别获一等奖和三等奖。"安全应急教育服务站"等项目获评第四批南京市职业学校学生自主创业专项引导资金扶持项目,分别获一等奖一项、二等奖两项、三等奖一项,学校连续两年获评南京市职业学校创业教育先进集体。

5. 社会影响大,推广范围广

工作室建有专门的宣传网站:http://xsqmsgzs.njevc.cn,展示领衔人、成员开展教学、教研活动的情况。团队深入推进教学改革,积极推广教育教学研究与实践成果,取得较大的影响力。

四 特色创新与持续发展

江苏省许曙青职业安全健康与科技创新名师工作室是在 2013 年许曙青名师工作室的基础上于 2016 年 6 月被江苏省教育厅认定的省级名师工作室,3 年来工作室重点取得的成绩主要有:

1. 小团队、大作为,受众面广。2017 年以来连续两年组织 97 所职业院校 30 多万学生开展职业健康安全应急科普知识普及活动。许曙青职业安全健康科技创新团队获得 2018年全国职业院校安全健康环保科普知识竞赛活动"突出贡献奖"。在 2018 年"全国安全生产万里行"采访宣讲团来校调研工作时得到应急管理部宣传教育中心专家的高度评价——"小团队、大作为,建议全国推广",受到江苏教育频道等媒体专题报道。

2. 创建高端平台,推动行业大赛。2017 年,团队牵头创建中国职业安全健康协会职业安全健康教育专业委员会,连续两年牵头主办 2017、2018 年全国职业院校应急救护技能竞赛与安全健康环保科普知识竞赛,为社会培养了近 2 万名安全应急科普员、职业健康科普员、安全应急救护能手、消防灭火能手。职业安全健康科技创新团队获全国职业院校应急救

护竞赛活动"突出贡献奖"。

3. 创建新专业,填补空白。2018 年,团队率先在全国创建了中职安全健康与环保专业,填补了教育部中职目录尚无安全类专业设置的空白。2019 年,团队又率先在全国创建了中职应急管理与减灾技术专业,为职业健康安全应急行业复合型高素质技术技能型人才培养提供了路径,该专业被列入教育部 2019 年中职新增目录。

4. 打造精品资源,服务科普中国。团队开发了职业健康安全微电影、动漫、微课程、应急救护桌面推演平台、灭火安全应急仿真实训平台,建立了共建共享开放的安全应急体验中心,组织送安全应急教育进社区、进企业、进中小学,让更多的人更健康、更安全。2018 年开发的科普资源被中国科协选入中国科协科普素材库,中国科协授予许曙青"科普贡献者"奖。2019 年研发的防灾减灾应急精品项目被国家应急管理部采用推广。

5. 建立科技交流平台,打造学术论坛。2019 年工作室负责承办了中国科协批准的全国科技工作者日主题活动"新时代应急救护与职业安全健康环保科普知识普及与推广",并承担启动仪式的组织,面向全国现场直播。团队还承办了中国科协批准的学术会议"全国职业院校应急救护技能与安全健康环保(HSE)科普知识普及与推广"。2019 年 4 月团队又承办了中韩日职业安全健康学术研讨会。

6. 成果转化,推动法制化进程。《关于制定江苏省职业健康与安全教育条例的建议书》《关于加强职业健康与职业安全专业人才培养并尽快修订江苏省职业病防治条例的建议》《关于进一步重视和加强我省职业病防治工作的建议》《关于应急教育与人才培养的若干建议》等 4 项成果先后被江苏省人大代表采纳并转化为人大提案和建议,推进了职业安全与职业健康法制化进程。

7. 彰显特色,成效显著。先后获得国家级教学成果二等奖 4 项,中国职业安全健康协会科学技术奖一等奖 1 项、二等奖 3 项,全国行指委特等奖 1 项,省级教学成果特等奖 1 项、二等奖 1 项等,成果先后在世界职业教育大会、中日韩职业安全健康学术研讨会、亚太职业安全健康组织学术研讨会等国际会议上被交流学习、普及推广,获得英国、美国、日本、韩国等国家专家学者的一致好评。

7

第七章

职业院校防灾减灾技术专业教学标准研制的
实践范例研究

7.1 **防灾减灾技术专业教学标准研制调研报告**

一 相关背景

为落实教育部《关于启动〈职业教育专业简介〉和〈职业教育专业教学标准〉修（制）订工作的通知》精神，受全国安全职业教育教学指导委员会委托，防灾减灾技术专业标准研制组积极开展了《防灾减灾技术专业教学标准》的调研和制订工作，以全面了解本专业的办学现状、行业发展需求，总结办学经验，发现教育教学过程中存在的问题，为制订专业教学标准提供全面、客观的依据。

本次调研面向 470 家企业、18 家院校、7 家研究机构，涉及 28 个省（直辖市），主要通过问卷星调查和现场调研的方式进行。在各学院和各单位的大力支持和积极配合下，完成了有效调查问卷共 749 份，成果颇丰。

此次调研工作本着科学务实的态度，深入了解了各行业企业对毕业生的需求情况以及对其职业能力要求，包括胜任岗位工作的基本知识要求、技能要求和素质要求，得到了行业管理及工作人员对防灾减灾技术专业人才培养模式、课程设置、实践技能、毕业生素质等方面的意见和建议等。为了获取目前院校试行的专业教学标准贯彻情况、专业建设情况、教学条件的配置情况、专业人才培养方案及执行情况等，调研中听取了关于院校专业教学标准修（制）订工作的意见建议。而通过调研研究机构，了解了职业教育教学、教法、教改最新研究成果以及职业教育人才培养国际比较研究成果，听取了专业教学标准与国际接轨的建议等。在行指委的大力支持和各企业的积极配合下，团队成员圆满完成了本次调研工作。

二 调研方案与内容的实施

为做好本次调研工作，团队制订了较为详细的调查方案，确定了调研对象和调研内容，以便于更好地达到调研目的。

1. 调研目的

（1）调研现阶段应急、安全行业的企业内防灾减灾岗位的设置情况，企业对防灾减灾技术人才在知识、能力、素质等方面的要求，企业内现有防灾减灾技术人才的结构及需求状况。

（2）调研部分职业院校防灾减灾技术相关专业现行的专业教学标准、课程设置、教学实施等情况和教学中存在的问题,了解中职—高职—高职本科素质、知识、技能的层级、界限关系。

(3) 通过对研究机构的调研,了解职业教育教学、教法、教改最新研究成果以及职业教育人才培养国际比较研究成果,听取专业教学标准与国际接轨的建议等。

2. 调研对象

由于本专业系新设立专业,暂没有毕业生,故将调研对象分为三类,一类是企业,一类是院校,另一类是研究机构。

在企业类主要调查了减灾、地质、地震、气象、水利、农业、林业、建筑、交通、消防、通信、电力、危险化学品、煤矿、非煤矿山、金属冶炼等行业,还有部分中介服务机构。所调查的企业中包含有国有企业、私营企业、股份制企业等行业。

在院校中主要调研中职、高职院校、本科院校,主要分布在重庆、江苏、四川、安徽、河北、湖南、甘肃、吉林、天津等地的 18 所开设了安全类防灾减灾技术相关专业的中高职及本科院校。

调查的研究机构主要有 7 家,分别是江苏省职业教育与终身教育研究所、南京市职业教育教学教研室、徐州市职业教育教学研究所、无锡市职业教育教学研究室、淮安市职业教育教学研究室、常州市职业教育教学研究室、南通市职业教育教学研究室。

3. 调研方法

主要采用问卷调查和现场调研。

问卷调查指通过网上资料收集、行业会议资料整理、电话联系、座谈交流、实地调研考察、问卷星调查问卷、QQ 和微信等形式进行调查。

现场调研主要是走访部分企业和部分院校,通过座谈、访谈、收集资料等方式完成调研。

4. 调研实施过程

(1) 收集资料,确定调研方向、方法。

调研小组的各位成员利用各种平台为调研课题收集资料,以确定调研的可行性、价值性以及方向性。

(2) 细化调研内容和细节。

在确定调研总体方向后,调研小组进行了访谈和讨论,逐步调整完善调研选项以及部分细节。

(3) 设计抽样方案、准备抽样样本。

完善科学的抽样方案有助于保障调研的严谨性,调研小组多次会议讨论后确定了较为完善的抽样方案。

(4) 问卷的设计、修改与定稿。

问卷是调研数据的主要来源,从问卷的初稿到正式的调研问卷经历了几次修改。从第一次的问卷设计开始,即进行小规模预调研,在预调研后进行分析,并认真听取调研人员的反馈意见,对问卷进行再次修改,直到大部分接受访问的人员对问卷无异议之后才确定正式问卷。

(5) 调研。

将定稿的正式问卷分别向企业、用人单位、相关院校、毕业生分发。在分发时大体按抽样方案进行,在小部分的范围内做出适当的调整,以适应调研过程中遇到的各种情况。

在调研过程中,积极走访相关企业和院校,力争取得第一手资料,增加调研的可信度。

(6)问卷的回收、筛选和编码。

及时关注回收调研问卷,问卷回收后要分析问卷的有效性,剔除无效问卷,并对有效问卷按编码进行编号,确保调研的科学严谨性。

(7)数据的录入分析。

各小组对数据进行录入并进行简要分析。

(8)撰写调研报告。

汇总各小组的调研结果,整理分析所得数据,撰写调研报告。

三 调研数据统计情况分析

本次调研共抽取样本 1 884 份,回收有效样本 749 份。其中对行业企业发放调查问卷 1 331 份,回收有效问卷 601 份;对国内中高职院校发放调查问卷 553 份,有效回收 18 份;现场调研 10 家企业、7 所研究机构、5 所中高职院校。根据调研数据进行以下分析。

1. 行业调研情况

党的十八大以来,以习近平同志为核心的党中央高度重视防灾减灾工作,围绕防灾减灾发表了系列重要讲话,指出要科学认识致灾规律、有效减轻灾害风险、实现人与自然和谐共处,着力强调了要树立落实安全发展的理念。

本次调研主要通过以下两种途径进行调研:一是查阅官网《职业教育专业目录(2021年)》《国家防灾减灾人才发展中长期规划(2010—2020年)》等相关文件和全国职业院校专业设置管理与公共信息服务平台;二是走访相关部门,包括江苏省应急管理厅、江苏省地震局、江苏省安全生产宣传教育中心、南京市应急管理局、江宁区应急局、重庆市规划和自然资源局等单位,获取行业人才需求信息。

(1)行业调研基本情况。

近年来,随着国务院机构改革和职业教育改革,无论从国家层面还是行业发展层面,对防灾减灾人才需求大,同时也对防灾减灾人才提出了更高的要求:除了需具有灾害预警、预报、预防抢险、灾后重建与卫生防疫、灾害心理咨询等专业能力,同时还应能将大数据、智能化等技术应用于防灾减灾工作中。

据调查,现有的应急及防灾减灾专业人才远不能满足市场需求。目前开展专科层次应急管理人才培养的高校有 4 所,大约每年可提供应急人才 1 000 人,开展中职防灾减灾技术专业人才培养的学校有 9 所,2019 年在校生 20 人,2020 年在校生 2 150 人,远不能满足目前社会对应急人才的需求。

(2)防灾减灾技术专业对应职业岗位人才需求分析。

防灾减灾技术主要把握常见自然灾害和生产灾害的防灾、减灾等环节;履行安全生产、防灾减灾、应急救援三大职能;坚持以防为主、防抗救相结合和坚持常态减灾与非常态相统一;实现从注重灾后救助向注重灾前预防转变,从应对单一灾种向综合减灾转变,从减少灾害损失向减轻灾害风险转变,从而全面提高全社会抵御灾害的综合能力。

基于以上情况,可分析梳理出防灾减灾技术的工作领域和典型工作任务与职业能力的对应关系。①4 个大的防灾减灾技术工作领域：消防安全管理、灾害监测与信息管理、风险识别与隐患排查、职业卫生安全。②15 个与工作岗位相对应的典型工作任务：风险识别和消防管理；火灾事故的报警与控制；消防设施的使用及维护；紧急救护及辅助逃生；应急预案演练与现场救护；灾害搜集与信息上报；灾害信息管理和预警；紧急避险与逃生自救；预案编制；安全隐患的识别；风险的评价；风险的初级控制；职业安全风险管理；职业危害防控与安全应急；职业安全健康标准化和体系认证。

2. 企业调研情况

在防灾减灾技术专业人才社会需求调查中，对企业发放了 1 331 份调查问卷，回收有效问卷 601 份。有效问卷以事业单位（50.9%）、民营企业（17.6%）和国有企业（11.2%）为主，其他主要包括股份制企业、行政职能部门、外资企业和国有控股企业等，地域广泛分布在陕西省、江苏省、安徽省、河南省、四川省、重庆市和新疆维吾尔自治区等 28 个省份、直辖市、自治区，涵盖地震、地质、水利、交通运输、消防、勘察、地矿、煤炭、金属非金属、冶炼、建筑等科学研究机构和综合技术服务业等防灾减灾技术相关专业的主要行业，这些行业对防灾减灾专业的毕业生提供的岗位主要有"消防设施操作员"（62.85%）、"灾害信息管理员岗位"（62.68%）；比例低于 30% 的岗位有三个："地质调查员岗位"（27.11%）、"未来发展岗位"（26.76%）和"其他岗位"（20.77%）。

（1）企业调研情况统计

① 企业对防灾减灾技术专业人才工作方向、工作任务的设置情况

通过走访，确定了 10 项大家认同的工作方向。企业对防灾减灾技术专业人才可从事工作方向、工作任务的设置统计情况见表 7.1、图 7.1。

表 7.1　企业对防灾减灾技术专业工作方向、工作任务的设置统计表

序号	工作方向	工作任务
1	灾害信息管理	灾害信息收集 现场灾害信息研判评估 灾害信息传递与管理 灾害风险沟通 灾后统计
2	消防安全管理	消防安全隐患识别与应急处置 消防设施监控操作 消防设施检测维修保养
3	防灾减灾技术	应急标识识别与维护 灾害现场应急救援技术操作 灾害应急预案编制与应急演练
4	职业健康与安全	健康与安全应急 职业健康与安全风险管理 职业危害防控 职业安全防控 职业安全健康标准化和体系认证

序号	工作方向	工作任务
5	应急救护技术	心肺复苏 止血 包扎 固定 搬运
6	应急救援	预防与应急准备 监测与预警 风险研判与应急指挥技术 建筑物坍塌搜索与救援 山地绳索救援 危险化学品应急救援 矿山隧道救援 水域搜索与救援 伤病员应急救治 救援善后
7	应急预案编制	应急预案编制和实施 应急演习设计与实施 灾害事故调查评估技术
8	紧急救护	现场评估 先期处置 紧急医疗救护 宣传与指导 预案制定 现场控制 善后恢复
9	卫生应急管理	公共卫生风险管理 公共卫生监测预警 现场调查与处理 实验室检测 现场评估 心理危机干预
10	高危行业安全应急技术	风险研判与应急指挥 交通运输安全应急 建设工程施工安全应急 电力、煤炭安全生产应急 非煤矿山开采安全应急 危险品生产与储存安全应急 烟花爆竹生产安全应急 机械制造安全应急 武器装备研制生产与实验安全应急
11	其他	

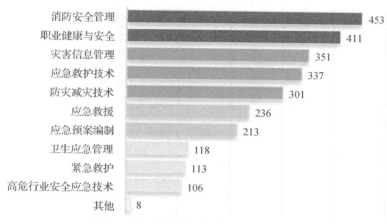

图 7.1 防灾减灾技术专业人才工作方向

调研发现,用人单位所需防灾减灾技术专业人才对相关工作方向和必须掌握的工作任务可以分析出中职防灾减灾技术专业培养人才主要是从事消防安全管理、职业健康与安全、灾害信息管理等工作。

② 企业对防灾减灾技术专业人才应具备的职业素质要求

通过走访,确定了 9 项大家认同的防灾减灾技术专业人才应具备的职业素质。企业对防灾减灾技术专业人才职业素质评价统计情况见图 7.2。

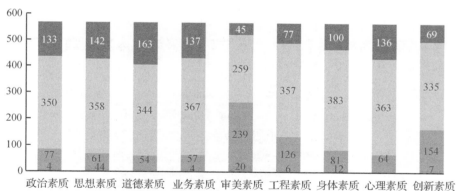

图 7.2 企业对防灾减灾技术专业人才应具备的职业素质要求

由图 7.2 可知,所调查的企业用人单位对防灾减灾技术专业人才的职业素质的 9 个方面中,要求最高的是"道德素质",其次为"业务素质""心理素质""政治素质",要求最低的为"审美素质"。

③ 企业对防灾减灾技术专业人才应具备的专业能力重要程度评价

在本次调研中,对企业行业中常见的防灾减灾、安全活动或岗位工作设置了较有代表性的、相对统一的专业能力调查,主要包括特定职业技能、沟通表达能力等 17 个能力。

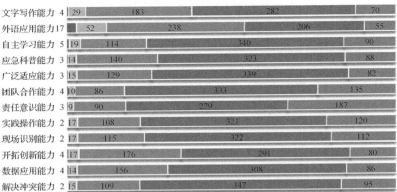

图7.3　企业对防灾减灾技术专业人才应具备的专业能力重要程度评价

由图 7.3 可知,企业对防灾减灾技术人才专业能力重要程度评价中,用人单位要求最高的是"责任意识能力",其次为"团队合作能力"和"实践操作能力",要求最低的是"外语应用能力"。

④ 企业对防灾减灾技术专业教学内容课程知识评价

在企业对中职防灾减灾技术专业教学内容课程知识选择的调研中,主要从防灾减灾技术基础知识、灾害风险监测与信息管理、灾害预防与减灾技术、灾害心理教育与危机干预等17 个课程知识选择方面进行了调研。

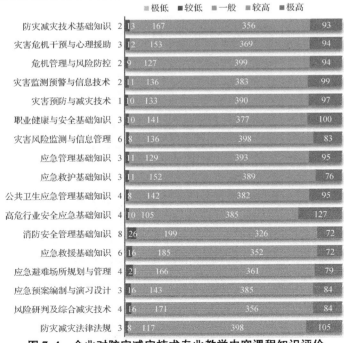

图7.4　企业对防灾减灾技术专业教学内容课程知识评价

由图 7.4 可知,最需要具备的知识要求是"高危行业安全应急基础知识",其次为"防灾减灾法律"和"职业健康与安全基础知识"。需求最低的是"消防安全管理基础知识"和"应急救援基础知识"。

综合调研结果,结合新时代发展要求,可确立中职防灾减灾技术专业教学的主要课程内容为:防灾减灾概论、防灾减灾法律法规、职业健康与安全、安全生产与应急、风险识别与隐患排查处理、灾害监测预警与信息技术、应急预案演练与现场救护、消防安全管理、灾害预防与减灾技术、灾害危机干预与心理援助。

⑤ 企业对职业资格(技能方向)的判断

根据企业对中职防灾减灾技术专业职业资格(技能)方向的判断,选择人数最多的两个方向为"消防设施操作员职业资格""特种作业人员职业资格",选择人数比例分别为64.03%和51.51%;选择人数最低的两个方向为"应急救护员"和"地质调查员",选择人数比例分别为 21.87%和8.87%,见图 7.5。

图7.5 企业对防灾减灾技术专业职业资格(技能的方向)的判断

鉴于应急救护员属于红十字技能证书,根据《中华人民共和国职业分类大典》等文件要求,中职防灾减灾技术专业职业资格证书和职业技能等级证书选择消防设施操作员、特种作业人员职业资格等证书。

(2)企业调研情况分析

① 企业对现阶段院校的防灾减灾技术专业人才培养方案中设置的职业素养和专业能力持满意态度,说明各院校在防灾减灾技术专业的学生职业素养培养目标是正确的,在教学标准中应予巩固和提高。

② 在专业教学内容课程知识上,大部分企业认为防灾减灾概论、防灾减灾法律法规、职业健康与安全基础知识、安全生产与应急、风险识别与隐患排查处理、灾害监测预警与信息管理、应急预案演练与现场救护、消防安全管理基础知识、灾害预防与减灾技术、灾害危机干预与心理援助等知识的设计是合理的。被调查的部分企业因类型不一,而对其他课程知识持有不同的意见,说明教学标准在除上述几门核心知识之外,可根据自身院校所处的区域和办学特点调整行业所需的课程,形成各自的防灾减灾特色。

③ 在企业参与职业资格(技能方向)判断的调查结果显示,大部分的企业倾向于国家职业资格目录清单中的岗位,院校开设防灾减灾专业可参考职业资格目录设置课程,并加强与企业的联系。

3. 职业院校防灾减灾技术专业设置情况

(1)全国防灾减灾技术专业开设情况

防灾减灾技术是 2021 年教育部批准更名的中职专业,专科尚未设置,目前开设此专业的中职学校有 9 家。

从人才培养层次和培养结构来看,北京、江苏等地高校服务应急管理、防灾减灾相关专业本科教育工作开展情况较好,相关双一流高校数量众多,服务应急管理、防灾减灾高端人才培养能力突出;辽宁、浙江、湖北、广东等地普通本科教育开展情况较好,相关高校数量明显领先;山东、河南等地专科(高职)教育较其他地区开展情况较好,服务应急管理、防灾减灾相关的应用型人才培养能力较强。

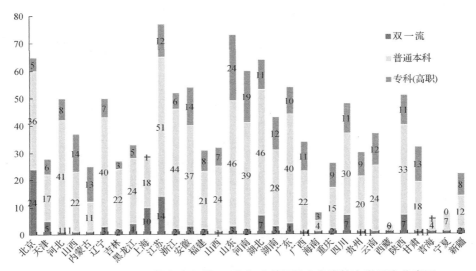

图 7.6　1071 所开设服务应急管理、防灾减灾相关专业高校办学层次分类图

从高校主管部门来看,开设服务应急管理、防灾减灾相关专业的高校中,部属高校 93 所,占比 8.7%;地方高校 978 所,占比 91.3%。

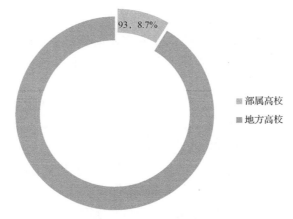

图 7.7　开设服务应急管理、防灾减灾相关专业高校主管部门分类图

从开设服务应急管理、防灾减灾相关专业的高校数量来看,开设公共事业管理、安全工程、应用化学、化学工程与工艺、采矿工程、水利水电工程的高校数量较多,均接近或超过100所,人才培养能力较强。开设防灾减灾科学与工程(1所)、救援技术(5所)、农业工程(5所)、化工安全工程(6所)、森林工程(6所)、核化工与核燃料工程(7所)、辐射防护与核安全(8所)、应急管理(10所)、应用气象学(11所)、地球物理学(20所)的高校数量较少,人才培养能力欠缺。

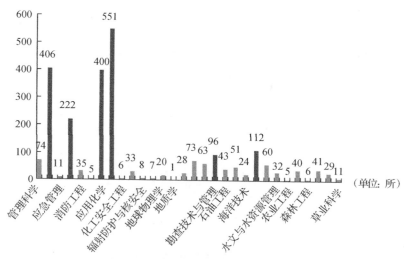

图7.8　开设服务应急管理、防灾减灾相关专业的高校数量图

(2)全国防灾减灾技术专业人才培养情况

2021年教育部确定的《职业学校专业目录》中,将原"应急管理与减灾技术"专业更名为"防灾减灾技术专业"。2021年开设该专业的学校有9家,2019年新增时只有江苏省南京工程高等职业学校1家开设招生,学校组织政府、院校、行业和企业防灾减灾方面专家团队共同研制了中职防灾减灾技术人才培养方案并组织实施。2021年该专业中职计划招收60人,实际招收63人,报录比1:1.05。

由于大部分院校应急类专业开设较晚,本书成稿时尚无毕业生。据不完全统计,应急、安全类专业的就业率可达到98%以上。不同学历层次就业去向有明显区别,其中高职学生以技能型工作需求为主,首次就业对口率达95%,院校专业与工作岗位对接较为紧密,但是深度企业访谈与毕业生调查问卷均表明,因学生换岗换工作频率高,企业对毕业生的满意度仅为65%,这说明在专业定位方面对学生长远职业规划的考量不足,学生毕业后的可持续发展能力较弱,因此各院校应加强对学生关于专业及职业的岗位认知和职业长远规划的教育。

(3)职业院校课程调查分析

结合当前经济转型升级对应急管理、防灾减灾提出的新要求,需要专业化技术人才支撑。加强灾害信息管理、消防安全管理、防震减灾、自然灾害防治,事关国计民生。防灾减灾技术专业作为一个独立的专业来培养专门的防灾、减灾人才,是为了适应经济发展的需要。

目前开设此专业的9家中职学校,根据各自所在地域和院校自身特点,在课程设置上也存在较大差异。经统计,各院校课程设置基本是按专业基础课、专业核心技术课程、专业实践技能训练课程三大类设置,均根据各自所在地域和自身办学特点设有专业拓展课程。

在专业人才培养规格上均具有以下特点:素质方面要求具有良好的职业道德、沟通合作能力、环境适应性、逻辑思维能力、创新能力、探究学习能力、体育运动技能等;知识方面要求具备扎实的科学文化基础,能够熟练运用办公软件、熟悉相关防灾减灾法律法规,掌握常见灾害风险识别与隐患排查、灾害风险监测与数据管理、消防安全管理等知识;能力方面要求具备现场急救处理、常见灾害风险应对等技术技能,具备风险评估、控制、事故预防与调查处理、消防、灾害信息管理及初步灾害危机干预、心理援助等能力。

(4)教学运行保障情况分析

经过对各院校在防灾减灾技术专业的教学标准制订和实施情况的分析,各院校防灾减灾技术专业均按教育部要求制订了人才培养方案,并建立了相关的课程标准,且大多能及时根据国家法律规范、行业需要修订并有效实行。

在教学设施建设方面,各院校均能在教学过程中实行多媒体教学,80%的院校建有适合防灾减灾技术专业的校内实训室和校外合作实训基地,给专业教学提供了必要的教学手段和教学设施。

在教学保障制度方面,各院校都有完善的教学管理机制保障日常教学组织的运行与管理,并定期开展课程建设、日常教学、人才培养质量的诊断与改进,建立健全巡课、听课、评教、评学等制度,建立与企业联动的实践教学环节督导制度。这有利于防灾减灾技术专业快速健康发展,并在发展过程中做到保质保量。

在师资方面,各院校防灾减灾技术专业教师均有专兼职教师,高级专业技术职务人数、"双师型"教师占专业课教师的比例符合要求,也能够整合校内外优质人才资源,选聘企业高级技术人员担任产业导师,组建校企合作、专兼结合的教师团队,建立定期开展专业(学科)教研的机制。

(5)职业院校教学标准使用调查分析

① 各院校现行教学标准不统一,各有侧重。

建议各院校在行指委的统一领导下,根据学校自身特点,在防灾减灾技术专业的基本框架下,依据办学特点及所依托行业等特点加强调整,开设具有行业特色的教学标准。

② 课程标准的实施保障不足,缺乏实践投入。

在人才培养过程中,课程标准中都有较多的课程实训和集中的实习实训等训练。在校内课程实训中,防灾减灾技术专业实训条件不足,有的院校仅能开设出 10%的校内课程实训,远达不到高职教育的相关要求。在校外实训中,虽然与企业签订了合作协议,但在具体的实施过程中,校企合作难度大,企业因为生产或安全等种种原因不愿接收在校学生实训。

四 结论与建议

通过本次对企业、相关院校的调查统计分析,形成的结论和建议如下:

1. 结论

(1)用人单位专职防灾减灾专业人员缺口较大

本次研究结果显示,用人单位现有应急管理员工数量普遍不能满足其实际需求,目前就全国来看,现有防灾减灾技术人才的数量和质量难以适应应急管理的需要,安全监管队伍缺口达43万人。灾害防治、消防工程、防震减灾等领域人才严重不足,而本研究结果显示,这些专业方向是用人单位最需要的专业方向。建议防灾减灾技术人才的培养立足于社会需求,培养用人单位急需的相关领域人才,加大培养数量,提高培养质量。

（2）专业院校对防灾减灾人才的培养不能满足用人单位的需求

本次研究结果显示,用人单位更偏好专业院校培养的学生,但专业院校对防灾减灾人才的教育还存在不足,需结合用人单位实际需要,培养一定数量的高质量的专业人才。

此外,部分学校设置了资源环境与安全大类中的防灾减灾技术相关专业,比如地质灾害调查与防治专业,但未设置防灾减灾技术相关专业。有以上情况的学校,师资配备情况存在差距,各学校实训场地建设程度也不一样;课程设置有很多不足之处,从事故预防角度来说,不全面、不系统。

（3）实践能力是防灾减灾人才培养的关键所在

本次研究结果显示,防灾减灾专业人才应具备的能力得分总体较高,其中多项均为实践相关能力,包括数据应用能力、防灾减灾科普能力等。防灾减灾人员应掌握的技能中,灾害信息管理、应急救护技术、防灾减灾技术等被选择比例较高的选项也均偏向实践方面。

2. 建议

（1）形成基本统一的培养目标和人才规格

各院校基于所在区域和行业背景,确定防灾减灾技术人才培养规格,在素质上要求能够践行社会主义核心价值观,德、智、体、美、劳等全面发展,能遵守纪律、服从管理、具有良好的职业道德和敬业精神,具有责任担当精神和信息素养;在知识、能力上要求具备扎实的科学文化基础,掌握常见灾害风险识别与隐患排查、灾害风险监测与数据管理、消防安全管理等知识,具备常见自然灾害和生产灾害的信息管理及处理的能力,能够从事灾害信息管理、消防安全管理、防震减灾等工作。

（2）确定适合各院校的职业范围

根据各院校所擅长的行业、专业特色,确定适合的职业范围。

（3）确定防灾减灾技术专业课程设置框架

建议在专业课程设置上形成较为统一的专业课程框架并确定总学时要求,形成以防灾减灾概论、防灾减灾法律法规、职业健康与安全、安全生产与应急为专业基础课程,以风险识别与隐患排查处理、灾害监测预警与信息技术、应急预案演练与现场救护、消防安全管理、灾害预防与减灾技术、灾害危机干预与心理援助等课程为核心课程,各院校行业特色确定的其他课程为辅助的课程框架。

按照行业、企业对相关岗位专业人才素质能力的要求,推导出上述专业课程与真实岗位的典型工作任务(详见表7.2)、职业能力存在紧密的对应关系(详见表7.3)。

（4）加大实习实训的保障、加强校外实习基地建设

在校内实习实训基地上,在建设防灾减灾技术专业的普适性实训室的基础上,加大投入,建设具有行业要求、标准和特色的实训室。积极加强与行业企业联系,建立互助互利、长期合作机制,保障校外实习实训基地的建设与使用。

（5）积极培训提高;引入高水平师资力量

建议各院校能够整合校内外优质人才资源,选聘企业高级技术人员、工匠型人才等担任产业导师,组建校企合作、专兼结合的教师团队,建立定期开展专业(学科)教研的机制。

(6)强调教学质量保障措施

学校应建立专业人才培养质量保障机制,健全专业教学质量监控管理制度,改进结果评价,强化过程评价,探索增值评价,健全综合评价。

表7.2 防灾减灾技术专业对应岗位典型工作任务

工作领域	工作任务	职业能力
1 消防安全管理	1.1 风险识别和消防管理	1.1.1 了解消防安全的概念、工作方针和原则
		1.1.2 知晓消防安全工作的任务与作用
		1.1.3 能够进行常见生活、生产场所的火灾风险识别
	1.2 火灾事故的报警与控制	1.2.1 能够根据实际情况排查火灾隐患
		1.2.2 能够及时正确完成火灾事故的报警
		1.2.3 能够对火灾事故进行控制,扑灭初期火灾
	1.3 消防设施的使用及维护	1.3.1 能够为各场所配备合适的各类消防设施
		1.3.2 会正确使用各类消防器材和灭火器
		1.3.3 能及时对各类消防设施进行维护和更新
	1.4 紧急救护及辅助逃生	1.4.1 能够对初期火灾受灾群众进行紧急救护
		1.4.2 能够在事故发生后正确并及时疏散群众,并进行心理援助
	1.5 应急预案编制	1.5.1 能根据企业特点,参与编制合规的应急预案
		1.5.2 能够参与应急预案的演练
2 灾害监测和信息管理	2.1 灾害搜集与信息上报	2.1.1 能够通过询问、观察等方法收集灾害基本信息
		2.1.2 能根据流程完成灾害信息的上报工作
	2.2 灾害信息管理和预警	2.2.1 了解常见灾害信息管理的基础知识和基本信息化管理方法
		2.2.2 能够根据现场情况对灾害的风险进行识别
		2.2.3 能采用正确的方式向群众、单位进行预警,并进行心理援助
2 灾害监测和信息管理	2.3 紧急避险与逃生自救	2.3.1 掌握常见紧急避险措施
		2.3.2 掌握灾害发生时完成逃生和自救的技能
	2.4 预案编制	2.4.1 根据现场情况判断灾害或事故类型。识别常见危险品标识
		2.4.2 能够根据现场情况完成预案的编制

工作领域	工作任务	职业能力
3 风险的识别与隐患排查	3.1 安全隐患的识别	3.1.1 熟知常见自然灾害、生产灾害的风险隐患
		3.1.2 能根据规程识别现场的隐患
	3.2 风险的评价	3.2.1 掌握规范中对风险进行正确的评价的方法等知识
		3.2.2 采取合理的评价方法,对风险进行评估和分类分级
	3.3 风险的初级控制	3.3.1 能采取相应的控制措施来对风险实施初级控制
4 职业卫生与安全	4.1 职业安全风险管理	4.1.1 掌握各职业卫生安全风险要素
		4.1.2 能够根据规章对风险进行初步管理
	4.2 职业危害防控与安全应急	4.2.1 能够根据单位预案和规程进行职业危害的防控
		4.2.2 掌握安全应急知识,能对初期事故进行应急处置
	4.3 职业安全健康标准化和体系认证	4.3.1 参与单位标准化体系的建设
		4.3.2 根据单位实际情况,参与单位标准化体系的实施和维护

表 7.3 防灾减灾技术专业课程体系与职业能力对应表

课程类别	课程名称	对应工作任务(写编号)	对应职业能力(写编号)
专业基础课	防灾减灾概论	2.1 2.2 3.1	2.1.1 2.1.2 2.2.1 3.1.1
	防灾减灾法律法规	1.2 2.1 2.4 4.3	1.2.2 2.1.2 2.4.1 4.3.1
	职业健康与安全	4.1 4.2 4.3	4.1.1 4.1.2 4.2.1 4.2.2 4.3.1 4.3.2
	安全生产与应急	1.1 4.1	1.1.1 1.1.2 4.1.1

课程类别	课程名称	对应工作任务（写编号）	对应职业能力（写编号）
专业核心课	风险识别与隐患排查处理	1.1 3.1 3.2 4.1	1.1.1 1.1.3 3.1.1 3.1.2 3.2.2 4.1.2
	灾害监测预警与信息技术	2.1 2.2 2.3	2.1.1 2.1.2 2.2.1 2.2.2 2.2.3 2.3.1 2.3.2
	应急预案演练及与现场救护	1.5 2.4 4.2	1.5.1 1.5.2 2.4.1 2.4.2 4.2.1
	消防安全管理	1.1 1.2 1.3 1.4 4.1	1.1.1 1.1.2 1.3.1 1.4.2 4.1.2
	灾害预防与减灾技术	2.2 3.1 4.2	2.2.2 2.2.3 4.2.1
	灾害危机干预与心理援助	1.4 2.2	1.4.2 2.2.3
专业拓展课	高危行业安全应急技术	4.1 4.2	4.1.1 4.2.2
	事故分析技术	1.4 2.3 3.3	1.4.2 2.3.2 3.3.1
	公共危机及应急管理	1.5 2.2 3.3	1.5.2 2.2.3 3.3.1

7.2 防灾减灾技术专业简介

专业代码:620903

专业名称:防灾减灾技术

基本修业年限:三年

职业面向:防汛抗旱减灾、消防安全管理、灾害信息管理等岗位群。

培养目标定位:

本专业培养德智体美劳全面发展、具备扎实的科学文化基础和掌握常见灾害风险识别与隐患排查、灾害风险监测与数据管理、消防安全管理等知识,具备常见自然灾害和生产灾害的信息管理及处理等能力,具有责任担当精神和信息素养,能够从事灾害信息管理、消防安全管理、防震减灾等工作的技术技能人才。

主要专业能力要求:

1. 具有常见灾害风险识别与隐患排查、事故预防与调查、减灾的能力;

2. 具有灾害监测与预警信息化管理的能力;

3. 具有应急预案演练与现场救护的能力;

4. 具有消防设施操作维护与保养管理的能力;

5. 具有作业时应急处置和危险时避险自救互救的能力;

6. 具有初步灾害危机干预、心理援助的能力;

7. 具有初步将物联网、大数据等现代信息技术应用于防灾减灾领域的能力;

8. 具有终身学习和可持续发展的能力。

主要专业课程与实习实训

专业基础课程:防灾减灾概论、防灾减灾法律法规、职业健康与安全、安全生产与应急。

专业核心课程:风险识别与隐患排查处理、灾害监测预警与信息技术、应急预案演练与现场救护、消防安全管理、灾害预防与减灾技术、灾害危机干预与心理援助。

实习实训环节:在校内外进行事故应急救护、应急预案编制与演练、防灾减灾装备使用、消防安全设备使用和常见逃生、灾害信息管理和预警等实训,在灾害信息管理、消防安全管理、防灾减灾等机构进行岗位实习。

职业类证书举例

国家职业资格证书：消防设施操作员、特种作业人员

职业技能等级证书：无

其他证书：无

接续专业举例

接续高职专科专业举例：安全智能监测技术、工程安全评价与监理、消防救援技术、职业健康安全技术

接续高职本科专业举例：安全工程技术、应急管理

接续普通本科专业举例：防灾减灾科学与工程、应急管理、应急技术与管理、职业卫生工程、安全工程

中等职业教育防灾减灾技术专业教学标准

中等职业教育防灾减灾技术专业教学标准
（试行）

1. 概述

为适应防灾减灾领域优化升级需要，对接防灾减灾领域数字化、网络化、智能化发展新趋势，对接新产业、新业态、新模式下防汛抗旱减灾工程技术、消防安全管理、灾害信息管理等岗位（群）的新要求，不断满足防灾减灾领域及相关产业高质量发展对高素质技术技能人才的需求，推动职业教育专业升级和数字化改造，提高人才培养质量，遵循推进现代职业教育高质量发展的总体要求，参照国家相关标准编制要求，制订本标准。

本标准是全国中等职业教育防灾减灾技术专业教学的基本标准，学校应结合区域/行业实际和自身办学定位，依据本标准制定本校防灾减灾技术专业人才培养方案，鼓励高于本标准办出特色。

2. 适用专业

防灾减灾技术专业（620903）。

3. 培养目标

本专业培养能够践行社会主义核心价值观，德、智、体、美、劳全面发展，具有良好的科学与人文素养、职业道德和精益求精的工匠精神，具有扎实的科学文化基础知识、较强的就业能力和学习能力，掌握常见灾害风险识别与隐患排查、灾害风险监测与数据管理、消防安全管理等知识，具备常见自然灾害和生产灾害的信息管理及处理等能力，具有责任担当精神和信息素养，能够从事灾害信息管理、消防安全管理、防震减灾等工作的技术技能人才。

4. 入学基本要求

初级中等学校毕业或具备同等学力。

5. 基本修业年限

三年

6. 职业面向

所属专业大类(代码)	资源环境与安全大类(62)
所属专业类(代码)	安全类(6209)
对应行业(代码)	专业技术服务业(74)
主要职业类别(代码)	防汛抗旱减灾工程技术人员(2—02—21—04)、消防安全管理员(3—02—03—04)
主要岗位(群)或技术领域举例	防汛抗旱减灾、消防安全管理、灾害信息管理
职业类证书举例	消防设施操作员职业资格证书、特种作业人员职业资格证书

7. 培养规格

本专业学生应在系统学习本专业知识并完成有关实习实训的基础上,全面提升素质、知识、能力,掌握并实际运用岗位(群)需要的专业技术技能,总体上须达到以下要求。

(1) 坚定拥护中国共产党领导和中国特色社会主义制度,以习近平新时代中国特色社会主义思想为指导,践行社会主义核心价值观,具有坚定的理想信念、深厚的爱国情感和中华民族自豪感。

(2) 能够熟练掌握与本专业从事职业活动相关的国家法律、行业规定,掌握绿色生产、环境保护、安全防护、质量管理等相关知识与技能,了解防灾减灾应急文化,遵守职业道德准则和行为规范,具备社会责任感和担当精神。

(3) 掌握支撑本专业可持续发展必备的思想政治、语文、数学、外语、信息技术、体育与健康、劳动教育、创新创业教育、物理、化学等公共文化基础知识,具有良好的科学与人文素养,具备职业生涯规划能力。

(4) 具有良好的语言表达能力、文字表达能力、沟通合作能力,具有较强的集体意识和团队合作意识,学习一门外语并结合专业加以运用。

(5) 掌握防灾减灾理论、应急处理现场处置等方面的专业基础理论知识,如:防灾减灾基础知识;与应急管理、防灾减灾及消防相关的法律法规和规章标准;危险源识别、风险防范、事故调查处理的基本知识;消防安全管理、职业健康与安全等方面基本知识;应急心理学、灾害危机干预和心理援助的基本知识。

(6) 具有现场急救处理、常见灾害风险应对等技术技能,具备常见灾害风险识别与隐患排查、事故预防与调查处理等能力,如:具备作业前的风险识别、过程中的风险控制、突发紧急时的应急处置和危险时的避险自救互救的能力;具备事故预防与调查处理的组织协调等能力;具有初步灾害危机干预、心理援助等能力。

(7) 具有适应产业数字化发展需求的基本数字技能,掌握信息技术基础知识、专业信息技术能力,初步掌握防灾减灾技术信息化管理等领域的数字化技能,具有初步将物联网、大数据等现代信息技术应用于防灾减灾领域的能力。

(8) 具有探究学习、终身学习的能力,具有一定的分析问题和解决问题的能力。

(9) 掌握基本身体运动知识和至少1项体育运动技能,养成良好的运动习惯、卫生习惯和行为习惯;具备一定的心理调适能力。

（10）掌握必备的美育知识，具有一定的文化修养、审美能力，形成至少1项艺术特长或爱好。

（11）弘扬劳动光荣、技能宝贵、创造伟大的时代精神，热爱劳动人民、珍惜劳动成果、树立劳动观念、积极投身劳动，具备与本专业职业发展相适应的劳动素养、劳动技能。

8. 课程设置及学时安排

（1）课程设置

本专业课程类型主要包括公共基础课程和专业课程。

① 公共基础课程

按照国家有关规定开齐开足公共基础课程。

应将思想政治、语文、历史、数学、外语、信息技术、体育与健康、艺术、劳动教育等列为公共基础必修课程。将中国共产党历史、新中国史、改革开放史、社会主义发展史、中华优秀传统文化、应用文写作、国家安全教育、职业发展与就业指导、创新创业教育、物理、化学等列为必修课程或选修课程。

学校根据实际情况可开设具有地方特色的校本课程。

② 专业课程

一般包括专业基础课程、专业核心课程、专业拓展课程，并涵盖实训等有关实践性教学环节。学校自主确定课程名称，但应至少包括以下内容。

A. 专业基础课程

一般设置2～4门课程，课程名称可以有差异，但主要教学内容应包括：防灾减灾概论、防灾减灾法律法规、职业健康与安全、安全生产与应急。

B. 专业核心课程

一般设置6～8门课程，课程名称可以有差异，但主要教学内容应包括：风险识别与隐患排查处理、灾害监测预警与信息技术、应急预案演练与现场救护、消防安全管理、灾害预防与减灾技术、灾害危机干预与心理援助。专业核心课程主要教学内容与要求见表7.4。

表 7.4　专业核心课程主要教学内容与要求

序号	专业核心课程	典型工作任务描述	主要教学内容与要求
1	风险识别与隐患排查处理	1. 风险的识别与隐患排查。根据企业的实际情况，对企业风险和安全隐患进行全面识别，并正确进行描述。 2. 风险评价。根据企业特点和识别出的隐患，采取合理的评价方法，对风险进行评估和分类分级。 3. 风险的控制。根据企业特点和风险的分级，采用合理的措施控制风险	1. 掌握风险管理的基本的概念和理论。 2. 掌握危险有害因素的类型和识别方法。 3. 能够运用正确的方法识别危险有害因素。 4. 能结合实际情况对风险进行评价并能采取相应的控制措施

续表

序号	专业核心课程	典型工作任务描述	主要教学内容与要求
2	灾害监测预警与信息技术	1. 灾害监测。根据现场情况判断灾害或事故类型；识别常见危险品标识；通过询问、观察等方法收集突发事件的发生时间、位置、范围和建筑物、构筑物使用情况等基本信息。 2. 灾害信息收集与管理。在制式表格中简单记录灾害事故情况；使用计算机和地理信息系统对灾害信息进行统计分析，绘制灾害信息管理图。 3. 灾害预警。根据灾害类型和特点，正确使用各类灾害信息采集系统，及时上报灾害信息并报警，同时采用正确的方式向群众预警	1. 掌握常见灾害信息管理的基础知识和基本管理方法。 2. 掌握灾害信息管理的发展历程。 3. 熟悉常见的灾害信息采集技术，并能够正确使用各类灾害信息采集系统。 4. 能够使用计算机和地理信息系统对灾害信息进行统计分析，并绘制灾害信息管理图
3	应急预案演练与现场救护	1. 应急预案的编制。按照企业可能存在的风险等，了解编制适合企业特点、符合国家法律法规和相关要求的应急预案。 2. 应急预案的演练。应急演练的周期、要求、救护技术技能等。 3. 现场救护。现场救护的基本原则与步骤	1. 掌握应急预案的编制要求、行文规范、应急演练等知识。 2. 能够运用专业知识编制应急预案，并应用。 3. 能够根据现场实际情况进行现场救护
4	消防安全管理	1. 消防标志的正确使用。根据现场实际情况选择合适的各类消防安全标志，并正确张贴。 2. 消防设施的正确管理。根据企业实际情况，选择合适的消防设施并对其进行正确的维护保养和管理。 3. 初期火灾的扑灭和人员疏散。在发生火灾的初期，根据实际情况选择合适的灭火器和自我防护设施，并及时合理地进行人员疏散。 4. 火灾隐患排查。根据现场实际情况进行消防安全检查、火灾隐患排查并进行整改	1. 掌握消防安全的概念、工作方针和原则，知晓消防安全工作的任务与作用、消防安全教育、消防安全管理的管辖与组织、制度建设。 2. 掌握消防刑事责任，消防行政责任和消防行政复议、诉讼和赔偿、消防安全行政许可等内容。 3. 能够根据实际情况排查火灾隐患，配备合适的各类消防设施如灭火器。 4. 能够正确使用各类消防器材和灭火器。能够扑灭初期火灾。 5. 能够在事故发生后正确并及时疏散群众。 6. 能正确处置特殊火灾并及时报警
5	灾害预防与减灾技术	1. 灾害预防。根据灾害类型，对灾害的风险和发展趋势进行正确预判，并做好相应的预防措施和控制措施。 2. 灾害的控制。根据灾害的类型（地质灾害，风灾，洪水等）和特点，采取正确的减灾、避险、逃生、自救应急措施，并进行临灾自救和互救，降低灾害的损失和人员伤亡	1. 掌握常见灾害的类型和基本概念。 2. 掌握灾害监测、预警的基本概念和基础技能。 3. 能够对常见灾害进行风险评估和风险控制

序号	专业核心课程	典型工作任务描述	主要教学内容与要求
6	灾害危机干预与心理援助	1. 受灾人群的心理干预。根据灾害的特点和影响范围,对受灾人员进行分级干预。 2. 防灾减灾技术人员的心理危机干预。根据灾害的特点和救援情况,对灾害救援人员进行心理干预	1. 掌握应急心理学的基本概念、原理和方法。 2. 熟悉事故发生过程中人的心理活动特点和规律。 3. 能够根据实际灾害类型判断需要进行心理干预的人群。 4. 能够应用心理学原理对灾害相关人员进行合适的心理干预

C. 专业拓展课程

包括高危行业安全应急技术、灾害风险与应急管理、事故分析技术、公共危机及应急管理、消防设施监控操作技术、消防设施检测维修保养技术、灾害信息管理基础知识、灾害信息管理操作技术、消防设施操作基础知识、消防设施操作技术等课程。

有条件的专业,可结合教学改革实际,探索重构课程体系,如按项目式、模块化教学需要,将专业基础课程内容、专业核心课程内容、专业拓展课程内容和实践性教学环节有机重组为相应课程。

③ 实践性教学环节

主要包括实训、实习、实验、毕业设计、社会实践等。在校内外进行事故应急救护、应急预案编制与演练、防灾减灾装备使用、消防安全设备使用和常见逃生、灾害信息管理和预警等实训,在灾害信息管理、消防安全管理、防灾减灾等机构进行岗位实习。实训实习既是实践性教学,也是专业课教学的重要内容,应注重理论与实践一体化教学,严格执行《职业学校学生实习管理规定》和相关要求。

④ 相关要求

学校应结合实际,落实课程思政,推进全员、全过程、全方位育人,实现思想政治教育与技术技能培养的有机统一。应开设安全教育、社会责任、绿色环保、新一代信息技术、数字经济、现代管理等方面的拓展课程或专题讲座(活动),并将有关内容融入专业课程教学中;将创新创意教育融入专业课程教学和有关实践性教学环节中;自主开设其他特色课程;组织开展德育活动、志愿服务活动和其他实践活动。

(2)学时安排

每学年为 52 周,其中教学时间 40 周(含复习考试),累计假期 12 周,岗位实习按每周 30 学时安排,3 年总学时数不少于 3 000 学时。学校可根据实际情况调整课程开设顺序和周学时安排。实行学分制的学校,16～18 学时折算 1 学分,3 年总学分不得少于 170。军训、社会实践、入学教育、毕业教育等活动按 1 周为 1 学分计。

公共基础课程学时一般占总学时的 1/3,可根据不同专业人才培养的需要在规定范围内适当调整,但必须保证党和国家要求的课程和学时。专业课程学时一般占总学时的 2/3,各专业方向课的学时数应大体相当。岗位实习时间一般为 6 个月,可根据实际情况集中或分阶段安排。公共基础课程和专业课程都要加强实践性教学,实践性教学学时原则上要占总学时数 50% 以上。各类选修课程的学时数占总学时的比例应不少于 10%。

9. 师资队伍

按照"四有好老师""四个相统一""四个引路人"的要求建设专业教师队伍,将师德师风作为教师队伍建设的第一标准。

(1)队伍结构

专任教师队伍的数量、学历和职称要符合国家有关规定,形成合理的梯队结构。学生数与专任教师数比例不高于 20∶1,专任教师中具有高级专业技术职务人数不低于 20%。"双师型"教师占专业课教师数的比例应不低于 50%。

能够整合校内外优质人才资源,选聘企业高级技术人员担任产业导师,组建校企合作、专兼结合的教师团队,建立定期开展专业(学科)教研的机制。

(2)专业带头人

原则上应具有本专业及相关专业副高及以上职称和较强的实践能力,能广泛联系行业企业,了解国内外灾害信息管理、消防安全管理、防震减灾技术领域专业技术服务行业发展新趋势,准确把握行业企业用人需求,具有组织开展专业建设、教科研工作和企业服务的能力,在本专业改革发展中起引领作用。

(3)专任教师

具有教师资格证书;具有安全工程、消防工程技术、应急管理专业或相关专业本科及以上学历;具有坚定的理想信念、良好的师德和终身学习能力,具有灾害信息管理、消防安全管理、防灾减灾技术等专业知识和实践能力;能够落实课程思政要求,挖掘专业课程中的思政教育元素和资源;能够运用信息技术开展混合式教学等教法改革和科学研究;能够跟踪新经济、新技术发展前沿,开展社会服务;每年至少 1 个月在企业或实训基地实训,每 5 年累计有不少于 6 个月的企业实践经历。

(4)兼职教师

兼职教师主要从灾害信息管理、消防安全管理、防震减灾单位的高技术技能人才中聘任,应具备良好的思想政治素质、职业道德和工匠精神,具有扎实的防灾减灾技术专业知识和丰富的实际工作经验,原则上应具有中级及以上相关专业技术职称,了解教育教学规律,能承担专业课程教学、实习实训指导和学生职业发展规划指导等专业教学任务。应建立专门针对兼职教师聘任与管理的具体实施办法。

10. 教学条件

(1)教学设施

主要包括能够满足正常的课程教学、实习实训所需的专业教室、实验室、实训室和实训实习基地。

① 专业教室基本要求

具备利用信息化手段开展混合式教学的条件。一般配备黑(白)板、多媒体计算机、投影设备、音响设备,互联网接入或无线网络环境,并具有网络安全防护措施。安装应急照明装置并保持良好状态,符合紧急疏散要求、标志明显、保持逃生通道畅通无阻。

② 校内外实训、实验场所基本要求

实验、实训场所符合面积、安全、环境等方面的条件要求,实验、实训设施(含虚拟仿真实训场景等)先进,能够满足实验实训教学需求,实验、实训指导教师确定,能够满足开展事故应急救护技能、应急预案编制与演练、防灾减灾装备使用、消防安全设备使用和常见逃生、灾害信息管理和预警、体能训练等实验、实训活动的要求,实验实训管理及实施规章制度齐全。鼓励开发虚拟仿真实训项目,建设虚拟仿真实训基地。

学校可依据自身特色建立适合本校的课程实训场所、产教融合实训场所及公共实训场所,配备对应的实践教学专业课程,见表7.5。

表 7.5　实训、实验场所与课程配套情况

序号	实训、实验场所	对应实践教学专业课程	场所性质
1	防灾减灾安全、法律知识问答	防灾减灾概论、防灾减灾法律法规、灾害预防与减灾技术	课程实训场所、产教融合实训场所
2	各类心肺复苏、止血、包扎设施及仿真平台	应急预案演练与现场救护	课程实训场所、产教融合实训场所
3	泥石流等应急演练、常见灾害安全隐患排查	风险识别与隐患排查处理、灾害监测预警与信息技术、灾害预防与减灾技术	课程实训场所、产教融合实训场所
4	灭火抢险装备实训	消防安全管理	课程实训场所、公共实训场所
5	物理、化学实验室	物理、化学	

③ 实习场所基本要求

符合《职业学校学生实习管理规定》《职业学校校企合作促进办法》等对实习单位的有关要求,经实地考察后,确定合法经营、管理规范,实习条件完备且符合产业发展实际、符合安全生产法律法规要求,与学校建立稳定合作关系的单位作为实习基地,并签署学校、学生、实习单位三方协议。

根据本专业人才培养的需要和未来就业需求,实习基地应能提供灾害信息管理、消防安全管理、防震减灾等与专业对口的相关实习岗位,能涵盖当前相关产业发展的主流技术,可接纳一定规模的学生实习;学校和实习单位双方共同制订实习计划,实习单位安排有经验的技术或管理人员担任实习指导教师,开展专业教学和职业技能训练,完成实习质量评价,做好学生实习服务和管理工作,有保证实习学生日常工作、学习、生活的规章制度,依法依规保障学生的基本权益,并组织开展相应的职业资格或职业技能等级考试。

（2）教学资源

主要包括能够满足学生专业学习、教师专业教学研究和教学实施需要的教材、图书及数字化资源等。

① 教材选用基本要求

按照国家规定,经过规范程序选用教材,优先选用国家规划教材和国家优秀教材。专业课程教材应体现本行业新技术、新规范、新标准、新形态。

② 图书文献配备基本要求

图书文献配备能满足人才培养、专业建设、教科研等工作的需要。专业类图书文献主要包括:防灾减灾行业政策法规资料,有关职业标准,有关防灾减灾管理、应急实战的操作规范以及专业技术和实务案例类图书,又如《中国减灾》《城市与减灾》等国内外防灾减灾技术方面的期刊杂志。及时配置与新经济、新技术、新工艺、新材料、新管理方式、新服务方式等相关的图书文献。

③ 数字教学资源配置基本要求

结合本专业需要,开发和配备优质的音视频素材、教学课件、数字化教学案例库、虚拟仿真软件、数字教材等专业教学资源库,应种类丰富、形式多样、使用便捷、动态更新,能满足多种形式的信息化教学活动,激发学生学习兴趣,提高学习效果。

11. 质量保障和毕业要求

（1）质量保障

① 学校应建立专业人才培养质量保障机制,健全专业教学质量监控管理制度,改进结果评价,强化过程评价,探索增值评价,健全综合评价。完善人才培养方案、课程标准、课堂评价、实验教学、实习实训、毕业设计以及资源建设等质量标准建设,通过教学实施、过程监控、质量评价和持续改进,达到人才培养规格要求。

② 学校应完善教学管理机制,加强日常教学组织运行与管理,定期开展课程建设、日常教学、人才培养质量的诊断与改进,建立健全巡课、听课、评教、评学等制度,建立与企业联动的实践教学环节督导制度,严明教学纪律,强化教学组织功能,定期开展公开课、示范课等教研活动。

③ 专业教研组织应建立集中备课制度,定期召开教学研讨会议,利用评价分析结果有效改进专业教学,持续提高人才培养质量。

④ 学校应建立毕业生跟踪反馈机制及社会评价机制,并对生源情况、在校生学业水平、毕业生就业情况等进行分析,定期评价人才培养质量和培养目标达成情况。

（2）毕业要求

根据专业人才培养方案确定的目标和培养规格,全部课程考核合格或修满学分,准予毕业。

学校可结合办学实际,细化、明确学生课程修习、学业成绩、实践经历、职业素养、综合素质等方面的学习要求和考核要求等。要严把毕业出口关,确保学生毕业时完成规定的学时学分和各教学环节,保证毕业要求的达成度。

鼓励学生毕业时取得职业类证书或资格,学生在校期间必须取得消防设施操作员等至少一种职业资格证书或技能等级证书;还可以考取国家计算机等级证书、外语应用能力等级证书;或者获得实习企业关于职业技能水平的写实性证明,并通过职业教育学分银行实现多种学习成果的认证、积累和转换。

附件:

（一）防灾减灾技术专业教学进程表

表 7.6　防灾减灾技术专业教学进程表

学年	学期	周数																				
		1	2	3	4	5	6	7	8	9	10	11	12	13	14	15	16	17	18	19	20	21
一	1			≠	≠	≠	◎	—	—	—	—	—	—	—	—	—	—	—	—	✚	▲	∶
	2	◇	—	—	—	—	—	—	—	—	—	—	—	—	—	—	—	—	⊕	⊕	⊕	∶

续表

学年	学期	周数																				
		1	2	3	4	5	6	7	8	9	10	11	12	13	14	15	16	17	18	19	20	21
二	3	◇	▲	—	—	—	—	—	—	—	—	—	—	—	—	+	+	+	+	+	+	:
	4	◇	—	—	—	—	—	—	—	—	—	—	—	—	+	+	+	+	+	+	+	
三	5	◇	—	—	—	—	—	—	—	—	—	—	—	—	+	+	★	★	★	★	★	:
	6	◎	※	※	※	※	※	※	※	※	※	※	○	○	○	○	○	○	♯			
符号		≠入学教育及军训 —理论教学 ▲劳动实践 ✚校内实训(含课程设计)□毕业设计(论文) ◎创新创业及社会实践⊕岗位实习：考试 ♯毕业教育◇社会实践成果展示周																				

（二）防灾减灾技术专业教学安排示例

表 7.7　防灾减灾技术专业教学安排示例

课程类别	课程性质	课程名称	学时	学分	课程教学各学期学时分配					
					一学期 学时	二学期 学时	三学期 学时	四学期 学时	五学期 学时	六学期 学时
公共基础课程	必修课程	思想政治	144	9	✓	✓	✓	✓	✓	
		历史	66	4	✓	✓				
		语文	268	18	✓	✓	✓	✓	✓	
		数学	268	18	✓	✓	✓	✓	✓	
		外语(英语)	268	18	✓	✓	✓	✓	✓	
		信息技术	60	4	✓					
		信息技术实训	30	2	✓					
		体育与健康	160	10	✓	✓	✓	✓	✓	
		艺术(美术)	32	2				✓		
	限定选修课程	物理	32	2		✓				
		化学	30	2	✓					
	任选课程	安全健康教育、劳动教育	30	2	✓					
		公共基础课程　小计	1 388	91						
专业(技能)课程	专业基础课程	防灾减灾概论	30	2	✓					
		防灾减灾法律法规	64	4		✓				
		职业健康与安全	64	4			✓			
		安全生产与应急	64	4		✓				

课程类别	课程性质	课程名称	学时	学分	课程教学各学期学时分配					
					一学期 学时	二学期 学时	三学期 学时	四学期 学时	五学期 学时	六学期 学时
专业（技能）课程	专业核心课程	风险识别与隐患排查处理	64	4					✓	
		灾害监测预警与信息技术	64	4				✓		
		应急预案演练与现场救护	64	4			✓			
		应急预案演练与现场救护实训	64	4			✓			
		消防安全管理	64	4			✓			
		灾害预防与减灾技术	64	4	✓					
		灾害危机干预与心理援助	64	4				✓		
	灾害信息管理方向	灾害信息管理基础知识	64	4					✓	
		灾害信息管理操作技术	64	4					✓	
		灾害信息管理综合实训	56	4					✓	
专业（技能）课程	消除安全管理方向	消防设施监控操作技术	64	4					✓	
		消防设施检测维修保养技术	64	4					✓	
		消防安全管理综合实训	56	4					✓	
	防震减灾技术方向	自然灾害预防与减灾技术	64	4					✓	
		生产灾害预防与减灾技术	64	4					✓	
		防震减灾技术污水处理实训	56	4					✓	
	任选课程	高危行业安全应急技术	64	4						
		灾害风险与应急管理								
		事故分析技术	64	4						
		公共危机及应急管理								
		跟岗实习	540	27						✓
		专业（技能）课程　小计	1 638	97						
合　计			3 026	194						

说明：

（1）"✓"表示建议相应课程开设的学期。

（2）外语包括英语、日语、俄语、德语、法语、西班牙语等，学校自主选择第一外语语种。鼓励学校创造条件开设第二外语。

（3）本表不含军训、社会实践、入学教育、毕业教育及选修课教学安排，学校可根据实际情况灵活设置。

第八章

职业院校安全应急教育与专业创新
发展国际化研究

8.1 国际通用标准 ICDL 咨询安全认证本土化实践

 一 案例概要

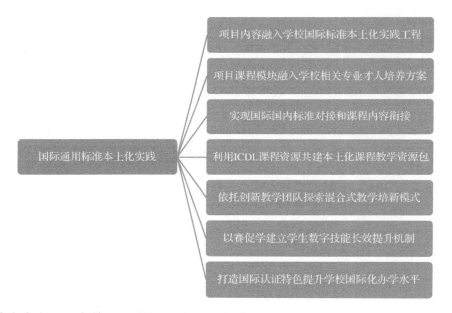

　　江苏省南京工程高等职业学校以举办五年高职教育为主体,兼顾普通中等职业教育。学校是全国教育系统先进集体、国家中等职业教育改革发展示范学校、教育部首批教育信息化试点学校、江苏省现代化示范性职业学校、江苏省高水平现代化职业学校、江苏省职业学校智慧化校园。学校近年来累计投入 2 393 万元实施了智慧校园基础设施建设提升、智慧学习环境提升、智慧校园应用支撑系统提升、智慧校园信息安全体系提升等项目,助推智慧职教创新探索。2020 年以来,学校将 ICDL 项目纳入安全类专业人才培养方案,将 ICDL 咨询安全模块融入专业课程体系和实践教学体系。建立了由国家教学名师领衔的 5 名专兼职教师组成的 ICDL 咨询安全混合式教师教学团队,每年参与的学生近 200 人。

二 本土化实践模式探究

随着经济全球化发展,培养高素质国际化人才已成为职业院校的重要任务。学校在出色完成本项目课程培训和考核各项工作的同时,以 ICDL 证书项目为突破口,深入推进学校实施的国际通用标准本土化实践工程,探索形成项目认证本土化实践模式,具体内容如下。

1. 项目内容融入学校国际标准本土化实践工程。学校各项信息化工作的有效推进须融入本校长期发展规划。2020 年学校已将引入国际通用标准本土化实践作为年度十大工程之一。因此,在项目实施过程中以 ICDL 国际证书为突破口,主动与 ICDL 中国项目管理中心、中央电教馆合作引入 ICDL 咨询安全国际通用标准等,将项目工作融入学校国际通用标准本土化实践探索。

2. 项目课程模块融入学校相关专业人才培养方案。项目实施初期,学校充分抓住新设的安全类应急管理与减灾技术、安全健康与环保、消防救援技术、安全技术与管理、防灾减灾技术等专业的人才培养方案制定契机,率先将 ICDL 咨询安全等课程模块纳入安全类专业人才培养方案,融入模块化课程体系和实践教学内容体系,推进专业建设国际化进程。

3. 实现国际国内标准对接和课程内容衔接。学校在深入分析 ICDL 咨询安全国际通用标准与学校信息技术课程标准后,基于岗位要求和职业能力分析实现国际国内课程标准有效对接,形成本土化 ICDL 咨询安全本土化课程标准,推进了信息技术课程与 ICDL 项目咨询安全模块课程教学内容无缝对接,促进了 ICDL 项目课程标准和教学内容本土化实践。

4. 利用 ICDL 课程资源共建本土化课程教学资源包。学校在课程建设中按照"引进→本土化重构→形成校本化资源→中外资源共享→推广应用"的路径集成教学资源,共建共享 ICDL 咨询安全课程教学资源包,在相关专业教学中推广应用,服务于课堂教学、实践活动和职后培训。

5. 依托创新教学团队探索混合式课堂教学培训模式。学校依托江苏省许曙青职业安全健康与科技创新名师工作室平台,组建由教育部产业导师资源库职业院校技术技能大师许曙青教授领衔、校内省级计算机技能大赛金牌教师、计算机博士和国际双语金牌讲师等国际认证专家组成的 ICDL 混合式教学创新团队。通过课堂教学、线上利用 ICDL 项目数字化教学资源开展理论及实践认知教学,线下集中实践操作,强化技能训练。

6. 以赛促学,建立学生数字技能提升长效机制。2021 年,学校举办了首届 ICDL 咨询安全国际通用技能大赛,60 人参赛,最终获得一等奖 5 名,二等奖 10 名,三等奖 13 名。通过大赛推进活动,建立校内 ICDL 项目技能提升长效机制,激发师生学习的兴趣和积极性,有效保障了 ICDL 项目本土化实践。

7. 打造国际认证特色,提升国际化办学水平。学校加大投入,建立 ICDL 项目实践教学基地,建成了 ICDL 项目国际认证考点,通过 ICDL 项目的实施,构建了本土化 ICDL 资讯安全知识体系;实施 ICDL 国际通用标准资讯安全认证课程衔接工程,推动了专业核心课程国际化;实施 ICDL 项目教师境外网络学习经历工程,推动了课程带头人国际化;实施 ICDL 咨询安全项目学生境内外赛事体验工程,推动了学生学习国际化;实施 ICDL 教育培训基地援外工程,推动了基地育人国际化;实施 ICDL 学术与人文交流工程,提升实施职业学校国际化。

三 项目成效

通过近 2 年的实践,学校 180 名学生参加培训、113 名学生参加考试、112 名学生获取 ICDL 国际认证证书,通过率 99.12%。ICDL 项目中 4 位教师参与国际认证培训获得 ICDL 国际认证证书,通过率 100%。

2020 年 11 月 10 日,项目负责人许曙青教授参加国家开放大学和 ICDL 中国项目管理中心联合举办的"ICDL 国际数字职业技能认证培训项目——职业院校学生数字职业技能培养教学研讨会"并做了"引标准、输成果,创品牌,提升国际化办学水平——ICDL 项目与专业建设"的主题报告,得到与会国内外专家的高度评价。2021 年 1 月 28 日,许曙青教授参加国家社科基金项目(BJA200094)2021 年课题工作研讨会并做了专题报告"积极安全国际化视野下国际通用标准 ICDL 咨询安全课程项目认证的本土化实践研究",受到与会专家和院校领导的高度评价,有效促进了 ICDL 项目的普及与推广。实践证明,ICDL 国际通用标准咨询安全项目认证是推进安全教育国际化的有效手段,为职业院校推进职业教育国际化提供了参考和范式。

四 专家点评

江苏省南京工程高等职业学校已连续两年参与 ICDL 项目相关工作,学校在将 ICDL 项目认证课程融入学校人才培养体系的顶层设计方面进行了有益探索,将项目融入学校国际化办学相关工作,为职业院校在利用国际化资源增加自身办学能力方面积累了有参考价值的经验。

8.2 职业院校安全类专业海外鲁班工坊
建设的模式研究

一 研究背景

工业是国家发展的基础,是现代国家的象征,但同时工业对于职业人才的需求量非常大。随着世界经济的发展,全球产业链的重新布局,众多发展中国家对于工业发展具有强烈的需求。尤其是在亚非拉地区,相对落后的产业结构以及工业发展的客观需要,对职业人才的需求更为迫切。与此同时,我国"一带一路"倡议的实施以及产能转移的基本需求,也为沿线国家工业化发展提供了难得的机遇。在这样的大背景下,职业人才短缺已经成为制约各个国家工业发展的重要因素,尤其多数发展中国家经济基础差,教育资源以及教育能力不足,严重限制了本国职业人才的发展,海外鲁班工坊的出现为解决这一困境提供了新的方法,而我国职业教育也有走向国际、融合发展的需求。此外,我国企业海外业务不断扩大,海外办事处越来越多,以及海外工厂数量越来越多,对于有我国教育背景的当地人才的需求也越来越旺盛。以上这些背景都在客观上促进了海外鲁班工坊的快速发展,同时海外鲁班工坊在多地也取得了非常好的成效。但是,在当前的发展中,海外鲁班工坊的职业人才培养更重视技术技能教育,较忽视其他类型的职业教育,而随着当地产业的发展,人才需求越来越多样化,对职业教育的要求也越来越多样化。职业院校安全类专业对于职业安全尤为重要,且可以有效提升企业的工作效率,降低事故率,避免相关企业陷入当地纠纷。

依托海外鲁班工坊建设,促进所在地安全类专业人才培养,可以提高当地企业的安全意识。应注意如下几点:(1)安全类专业人才培养必须遵循循序渐进的模式。安全类专业技能涉及多方面的内容,包括理论知识和实操知识。如果在课程早期进行实操练习,学生会发现很难掌握专业技能而导致学习热情受挫,甚至产生恐惧。因此在安全类专业人才培养时,最好先学习理论知识,再进入实操练习。(2)学习安全类专业基础知识,了解安全现状,认识安全的重要性。(3)选择适合学员的教学内容和教材是实现安全类专业人才培养的基础。应根据学员的基础和需求,兼顾学生的兴趣,选择实训内容。职业院校安全类专业人才培养的方法有很多,可以经常改变练习的内容,不仅可以提高专业技能水平,还可以提高其他素质,让学生学以致用。

如果把安全类专业这种枯燥乏味的循序渐进的教学模式叫作推车,把技能叫作"货",那么推车永远不能承载太多的货物。海外鲁班工坊建设是一列可以更多更快运送货物的火车。例如,当学生掌握了安全类专业基础知识后,在实训时可以分为两组:让学生进行一对一或二对二的比赛,这样学生可以在练习实操技能的同时更好地掌握基础理论知识,更有效地练习实操技巧。海外鲁班工坊建设在安全类专业人才培养过程中发挥着不可忽视的载体作用,鼓励学生更快更好地掌握技能。

海外鲁班工坊建设让学生的学习更有目标。评价作用是一个积极的影响,在整个过程中,学生的学习行为得到激励,学生可以长期从这个过程中获得快乐。学生愿意用自己的辛勤劳动和汗水换取技艺和获得被认可的喜悦。由此,海外鲁班工坊建设的推广不仅通过让学生享受安全类专业技能来促进学生的健康成长,而且还发展了学生自己的认知和能力。这种人才培养方式符合当今学生的心理生理特点,对学生的发展起着重要的作用,使学生能够积极适应社会变化,发展自我教育和自我完善的能力。教师应精通安全类专业人才培养的定位、目标、理论和方法,在安全类专业人才培养中,要重视学生的情感需求,尊重学生的情感和欲望,同时兼顾学生的兴趣,加强对学生学习目标的教育。此外,在人才培养中还要运用语言艺术进行评价,语言可以发展学生的想象力,并使学生快速进入快乐的状态,对学生积极性的发展有着不可估量的影响。教师的语言要有目的性、趣味性、幽默性,不陈词滥调。学生愿意接受具有感染力的语言,因为它易于记忆并利于让学生有机会掌握基础知识。

二 职业院校安全类专业海外鲁班工坊建设要点

职业院校安全类专业海外鲁班工坊建设首先要明确建设主体,依据以往经验,建设主体一般包括政校企三方;其次要明确建设目标主要是为相关企业培养国际化安全类专业人才,并加强我国职业教育与所在地教育的交流合作;最后,在建设过程中要遵循三个原则:一是要因地制宜,根据所在地的社会经济发展情况,依托当地的产业结构和人才需求整合适应实际情况的资源进行建设;二是要利用我国职业院校的优势,输出我国的教育标准和教育特色,提高海外鲁班工坊的教育质量;三是要整合资源,与当地合作,并联合国内团体协同建设,单靠职业院校的力量是难以完成海外鲁班工坊建设的。主要有如下建设过程:

1. 建设前要进行前期调研。调研的主要内容包括当地的产业结构、经济发展情况、教育基础以及职业教育需求情况,根据调研的实际数据分析,针对性地制定建设策略,并选择当地适合的院校进行合作,以确保建设基础。

2. 建设时要以产教融合为基础。职业教育的主要目的是培养职业人才,为企业提供职业人才,提高当地的就业率,促进当地的发展。这就需要在建设初期就构建政校企合作平台,深化与当地政府以及相关企业的合作,实现深度产教融合,调动各方参与积极性。

3. 建设时要以实训为主。职业教育的关键在于职业化,职业化的关键在于实训。在教育过程中,要与相关企业进行合作,通过现场实训的方式,让教师和学生走到企业中去真正实践,建立"双师型"教学队伍。

三 职业院校安全类专业海外鲁班工坊建设的主要制约因素

海外鲁班工坊模式自发起至今,取得了非常大的成效,为相关国家培养了大量的职业教

育人才,同时也为当地企业提供了大量的劳动力。但是在实际的建设中,也出现了很多制约性因素,主要如下:

1. 多主体协同问题。海外鲁班工坊建设的主体单位较多,尤其是面临着政治、经济等环境的多样化,涉及的规划、选址等问题沟通起来较复杂,需要双方政府、院校以及企业等多个主体沟通协作,容易导致沟通不畅和其他合作问题,往往会因意外因素导致进展缓慢。

2. 专业数量不足。在已经实施的项目中,技术技能类专业较多,文化、艺术以及其他专业较少,这与发展中国家的工业发展需求相关,但也表明了鲁班工坊仍有巨大的发展潜力。

3. 资金资源投入问题。现阶段鲁班工坊的建设资金主要来自院校自筹和我国政府投资,部分设备由企业赠予,这导致了资金来源渠道单一且投入不足,多数鲁班工坊的规模较小,难以满足当地职业教育人才培养的实际需求,尤其是在鲁班工坊的长期发展中,缺乏持续资金资源投入,导致职业教育落后于产业实际发展,且难以扩大规模。

4. 师资不足。职业教育中师资力量是教育质量的保证,但是海外鲁班工坊多在发展中国家,当地的师资力量难以满足职业教育的需求,而我国的职业教师"出海"成本较高,同时我国的师资虽然专业技能过关,但多数英语水平不足,更不用说当地语言了,这导致了符合要求的教师数量严重不足。

四　职业院校安全类专业海外鲁班工坊建设的模式

1. 职业院校安全类专业海外鲁班工坊的运作模式

(1) 以政府主导为主,依托国际合作

必须要认识到政府在海外鲁班工坊的建设中的主导作用。海外鲁班工坊建设涉及不同的政治和经济环境,职业院校自身难以独自进行建设,需要双方政府进行沟通协调。此外,政府还可以从政策扶持、资源整合层面发挥统筹作用,从宏观的角度指导海外鲁班工坊的建设。尤其是在"一带一路"倡议的大背景下,我国客观上也需要产业转移和国际经贸合作,推动鲁班工坊建设对于产业转移和国际经贸合作具有重要意义。

(2) 院校国际合作,国际产教融合

在海外鲁班工坊的建设中,与海外院校合作可以有效提高效率和教育质量,同时降低建设阻力。通过院校合作,可以使鲁班工坊融入所在国的教育体系,获得当地人民的认可。在院校国际合作的基础上,要推动国际产教融合,体现在职业教育的跨国性。职业教育培养的人才不单单为我国企业服务,还应该满足其他国家多数企业的要求。因此,在国际产教融合的发展中,校企合作的方式不要局限于某一企业或者某一类型的企业,而应该与多个企业积极展开合作,拓宽合作途径和合作类型,实现真正的跨国教育,以使鲁班工坊的教育模式得到国际认可,满足海外企业的要求,真正契合当地实际人才培养需求。

2. 职业院校安全类专业海外鲁班工坊的人才培养模式

传统的人才培养模式是一个相对封闭的系统,培养方法比较简单,过分强调基础理论知识,提倡重复练习,培养周期长,渠道单一,不利于与社会的有机联系。海外鲁班工坊建设要与国际标准接轨,不断引进新技术、新知识和新设备,但这也对当地教育基础提出了较高的要求。很多国家的基础教育薄弱,人群受教育程度低,后备人才的培养形势严峻。因此,这就需要科学选拔人才,选拔成功与否直接影响培养的效果。但虽然很多人深知选拔人才的重要性,也能认识到科学选拔在整个培养过程中的作用,在实际选拔过程中,却由于缺乏科学选拔的条件和机制,在选拔人才上的做法并不十分科学,所采用的方法有待改进。因此,要针对海外鲁班工坊建设,完善安全类专业人才的科学选拔机制。

3. 建立国际"双师型"教学队伍

海外鲁班工坊对教师的要求较高,虽然很多教师专业技能过硬,但多数教师从事国内教学工作,与鲁班工坊的国际教育环境相距较远,普遍存在语言能力与国际教学能力达不到要求的问题。因此,国家应继续完善培养体系,为鲁班工坊培养专业的国际教学队伍。此外,不要害怕雇用年轻、受过高等教育、具有创新精神的教师。同时,加强教师在职培养,不断更新知识、交流经验,进一步提高教师水平。建立国际"双师型"教学队伍是一个持续的过程,在海外鲁班工坊建设中,要不断研究适合人才发展的培养方法,要尽力增加教学的有效性。因此,在提高后备人才专业能力的同时,还需要提高教师的专业素质,引入新的培养理念,并不断丰富,同时确保学生能及时对教师进行评价,定期指出教师的教学方法与自己接受能力的差距。教师还可以根据评价来改进他们的教学方法。

4. 打造与社会结合的培养体系

人才培养是海外鲁班工坊建设可持续发展的前提,随着经济体制的转型以及教育环境因素的影响,人才培养网络正在逐步多元化。多元化的海外鲁班工坊建设人才培养体系开始形成,金字塔式人才培养体系虽然实施起来非常有效,但它是一个相对封闭的体系,资金来源单一,技能人才过度集中,基础培养质量得不到保障,社会力量没有得到充分利用,系统资源有限。随着人才的社会环境发生重大变化,培养体系必须相应调整,才能在新的环境中实现可持续发展。打造新型人才培养体系,关键是改变传统的粗放式人才培养方式,着力改善投入产出关系,优化人才组合,实施集约化人才成长模式,提升人才绩效,利用教育系统之外的资源,形成多渠道的人才培养网络。基于以上分析,安全类专业人才培养的理想模式被提出,即改变传统人才培养网络,形成以教育体系和社会为核心的新型人才培养体系。这一人才培养体系不仅利用了传统人才培养的优势,而且充分整合和利用了教育系统和社会系统的资源,在人才培养中发挥着越来越重要的作用,在多元化的人才培养体系中,改变了原有制度的封闭性,加强与社会的互动,让优秀人才脱颖而出,找到合适的发展空间。

自鲁班工坊出现以来,不可否认已经取得了非常大的成效,并逐渐形成了标准化的合作协议、设计标准等,获得了很多国家的认可。但也需要认识到,随着人才多样化的需求,鲁班工坊的专业设置仍然不足,同时也面临着资源投入、主体协同、师资不足等限制因素,需要针对性地进行改进,与当地产业发展和社会环境相结合,依托国际合作,以真正融入当地的教育体系。

8.3 职业院校安全类专业海外"中文＋职业技能"国际推广基地建设模式研究

随着中国与外国之间的交流沟通增加，当前对于"中文＋"的复合型人才的社会需求量是相对较高的，因此加强对职业技术人才的培养已经成为当前职业院校工作开展中的重要内容。而要使相应的职业技能人才更好地服务于两国之间的交流合作，不仅仅需要使其掌握相应的语言技能，也需要具体地掌握相应的职业技能，才能使其更好地从事相应的国际合作项目。因此，在职业院校内部加强对"中文＋职业技能"推广基地的建设已经成为复合型人才培养中的重要内容。

一 海外"中文＋职业技能"国际推广基地建设的意义

为了更好地推动我国及周边国家的经济建设与发展，我国积极推动"一带一路"的实施，并通过加强与国外的交流合作来更好地为我国的发展创建新的机会，希望能够以此来更好地加快中国的经济建设发展速度，与此同时带动周边地区的经济文化建设与发展，与其他沿线国家实现经济互利共赢。但是在"一带一路"的实施过程中，沿线国家是职业教育和产业"携手出海"的重点，而沿线国家的职业教育却发展不均衡，总体水平不高，难以支撑产业一线对于高素质高技能人才的需求，因此要求中方企业来解决中方管理文化规范问题，培养技术基础厚实、操作技能高超的人才，以更好地帮助中国在与其他国家的企业合作项目中实现海外本土一体化人才培养和企业需求的精准对接。"中文＋职业技能"国际推广基地的建设正可以有效地帮助解决这方面的问题。

1. 培养优质人才，服务国际项目合作

我国当前"一带一路"的实施以及与发达国家的很多企业战略合作对于一线专业人才的需求是相对较高的，不仅仅需要其掌握一定的专业技术，也需要其能够熟练操作相应的机械设备，并消除双方之间的文化差异，更好地达到相应的交流沟通，来深入推进相应的项目合作。但是传统的教育方式很难达到中文与职业技能方面的兼顾，这使得海外项目合作过程中一线人才相对比较匮乏，国际合作项目的开展很难真正取得相对较好的成果。而当前职业院校"中文＋职业技能"国际推广基地的建设过程中，以中文为切入点逐渐向其他领域延伸时，各类型的"中文＋"项目都拥有既懂技术又懂语言的专业人才，各类型项目的开展也能逐步深入，真正地为国际项目的合作提供一线的专业化技术人才，更好地扩大中国的国际社

会影响力,并推动双方的经济建设与发展。

2. 打造各类型"中文+"项目,推动各国经济建设与发展

经济全球化的实现使得各国之间的经济交流逐步增多,这对于双方实现互利共赢有很大的推动作用,但是不同的项目开展过程中要真正地有利于双方的经济建设与发展,必须能够有效地延伸到发展的各个层面中。因此对于各行各业的专业技术人才都有一定的需求,尤其需要其拥有相应的语言能力,以更好地保证交流沟通的顺畅。当前"中文+职业技能"国家标准也设置了多样化的专业来更好地帮助相应人才提高相应的实践操作技能,使其能够更好地服务于各国之间所合作的各类型"中文+"项目,使"中文+"项目的领域不断得到有效扩展,使各国之间的交流融合更加深入,在推动中国的经济建设发展过程中,也能使合作国家有所收益。比如,当前"一带一路"建设的实施过程中,中国与沿线国家的相应合作项目的领域就是相对比较广泛的,教育、工业、科技等方面的合作就是非常具有代表性的,中国在"一带一路"的实施发展过程中起着非常重要的作用,也给予了沿线周边国家很多的资金和技术支持,希望可以通过"一带一路"的实施真正地推动中国以及周边地区的经济建设与发展,增强各国的国家实力,造福于各国人民。

二 职业院校安全类专业海外"中文+职业技能"国际推广基地建设的模式

职业院校安全类专业海外"中文+职业技能"国际推广基地的建设对于国际合作项目的有效开展有很大的影响力。但是要真正地使基地发挥应有的作用也要注重建设模式,真正地培养出能够服务于国际合作项目一线的相应专业技能人才。

1. 整合资源,为基地建设提供支持

职业院校国际推广基地的建设过程中,需要为相应的人才培养提供场所以及相应的教学资源和实践机会。因此,在建设过程中,必须要实现对资源的有效整合来更好地为基地建设创造有效条件,从而提升相应的人才培养质量。

职业院校的人才培养过程中,对于职业教育的文化资源依赖性相对较高,很多相关教学工作的开展都需要参考相应的文化资源来进行,因此首先要加强对相应文化资源的建设管理,更好地推动基地日常教学工作的有效开展。其次,基地建设管理过程中对相应的行政管理制度的依赖性也相对较高,因此也要提供相应的资源,加强对基地的建设与管理,使基地的管理效率得到保障,更好地监管相应的日常教学,从而提升教学效率和质量。此外,院校内部本身的相应教学资源也是非常关键的,如果院校内部能够提供有效的实践操作机会和场地,很多技能锻炼的效果能够达到,就能更好地培养出一线的专业技能人才服务于很多国际项目的有效开展。最后,基地的区位资源也是至关重要的,因为其所处的区域位置决定了其与相应社会的有效接轨以及能否更好地了解相应的社会需求,从而以社会需求为导向来更好地加强人才培养与企业需求之间的精准对接,使人才培养质量得到稳步提升。

在基地建设过程中,也要尽可能选择与国际发展接轨度相对较高的城市,抑或是"一带一路"的沿边地区。比如,江苏地区为了推动职业教育与企业携手走出去,积极参与国际产能与教育,整合国际中文教育与职业教育资源,加快推进教育对外开放新高度,按照国家大力推广"中文+职业技能"的模式,比如大学与教育部中外语言交流合作中心签订协议,共同构建了"中文+职业技能"的国际推广基地。

2.建设专业标准,提升专业建设质量

"中文＋职业技能"国际推广基地的建设过程中,因为考虑到国际合作项目的多样化,相应的专业建设也要更好地保障质量,以更好地培养出不同专业的技术化人才来服务于国际合作项目的有效开展。在不同的专业建设过程中,一定要严格地设置相应的专业标准,以相应的专业标准建设来进行人才的招聘和目标性的培养,真正使各个专业的技术人才达到国际要求的水准,更好地服务于国际合作项目,推动国际交流与合作。

3.加强国际化师资队伍的建设,为基地建设提供人才支持

"中文＋职业技能"国际推广基地的建设过程中要更好地保证人才培养质量,相应的师资队伍建设也是非常关键的。只有更好地保证相应的师资队伍力量,才能真正地为人才培养提供科学有效的指导,提升人才培养质量。在当前要更加注重国际化师资队伍的建设,因为最终的人才是服务于国际合作项目的开展的,而且处于合作项目实行的一线岗位。在相应的国际推广基地建设过程中,要尽可能招聘国际化的语言教师以及各个专业的优秀教师人才,以更好地开展人才培养工作,真正地使"中文＋职业技能"基地建设质量提升,更好地扩大影响力和辐射力,为国际项目合作开展提供优质人才。

4.以国际化"1＋X"证书来指导进行教学评价,保障人才培养质量

人才培养工作开展过程中,相应的教学评价方式演示至关重要,而当前"中文＋职业技能"国际推广基地的人才培养过程中不仅仅注重专业人才的语言技能培养,还包括职业技能培养,才能使其更好地满足当前社会的发展需求,真正地参与到各类型融合发展的项目中。在"中文＋职业技能"国际推广基地的构建过程中,相应的教学评价体系也要逐步地完善和优化,更好地引导教学工作的开展,提升学生的语言和专业技能,更好地保证人才培养质量,并推动国际合作项目的有效开展。例如通过设置汉语水平考试来促进学生语言能力等方面的提升。与此同时,通过国际化"1＋X"证书来更好地引导学生加强各方面专业技能的训练,利用相应的证书来引导学生获取各类型专业知识,从而更好地适应当前的社会发展需求,解决自身的就业问题。

5.加强先进科学技术的应用,设立线上线下融合的联合实训室以及智慧教室等

随着社会的不断进步与发展,很多行业发展过程中对先进技术的依赖性逐渐提高,即利用相应的先进技术可以极大地提升工作效率和质量。当前很多职业岗位对相应的技术人才都提出了更高的要求,其必须能够熟练掌握相应的先进科学技术来有效应用到日常的工作中,以保证相应的工作效率和质量,因此在"中文＋职业技能"国际推广基地的建设过程中,也要尽可能为相应的技术人才培养提供有效支撑,使其能够通过日常的训练来更好地掌握相应的新兴技术,更好地保证工作的高效开展。因此当前很多"中文＋职业技能"国际推广基地的构建过程中就会依托互联网大数据人工智能等新技术,设立融合线上线下的联合实训室以及智慧教室等,使学生对于相应的先进技术能够有深入的了解,并能够熟练掌握部分信息技术,有效应用在自身的日常工作中,更好地服务于相应的国际合作项目的开展。而且线上线下的有机融合可以为学生的个性化培养提供有效条件,更好地保障人才培养质量。

6.统筹推进"中文＋职业技能"资源体系建设,实现海外本土化人才培养和企业需求的精准对接

"中文＋职业技能"国际推广基地的构建过程中要真正地使相应的人才培养质量达到理

想的效果,教学资源体系的构建也是非常重要的。只有不断地推进"中文＋职业技能"教学资源体系的完善,才能更好地实现海外本土化人才培养和企业需求的精准对接,使相应的教学工作真正地服务于专业技术人才培养,提升职业院校的人才输送质量,更好地扩大相应的职业院校的社会影响力。当前"中文＋职业技能"教学资源体系的构建过程中,不仅仅要注重对线下教学资源的有效利用,也要尽可能构建相应的数字资源库,更好地为人才的培养提供有效支撑,使更多的人才能够通过合理地利用相应的教学资源来更好地提升自我以适应当前的社会发展需求,服务于"中文＋职业技能"融合发展的相关项目。比如,可以使职业院校以及企业、社会语言教学机构参与到"中文＋职业技能"融合项目的发展中来,以相应的项目为教学资源更好地提升教学的实用性,真正使人才培养质量得到有效保障。

三 小结

职业院校"中文＋职业技能"国际推广基地的建设对于更好地推动国际产能和教育市场的科学分工有很大作用,但是在具体建设过程中,也要注重模式创新,提出有效的建设策略。随着未来职业院校国际推广基地建设质量的不断提升,一定能够更好地培养出更多的优质复合型人才,使其服务于国际合作项目的有效开展,使中国以及其他国家都能够从相应的项目合作中有所收益。

职业院校安全应急教育国际交流与合作

<h2>一 学校安全应急教育国际交流与合作的发展目标</h2>

1. 突出"生命至上,安全第一"的理念,以国际资质证书为抓手,通过"走出去、请进来",实施安全应急教育"1+5"工程,建成5个境外校区合作安全建设安全应急教育精品项目,促进职业院校安全应急项目课程国际化、师资国际化、学生国际化、教学国际化、学术国际化,推动校际安全应急教育交流合作特色化、品牌化发展。

2. 与江苏硕儒国际教育咨询集团海外基地及院校合作,加快引进国际安全应急通用职业标准、国际安全应急专业课程、国际安全应急教材体系及数字化资源,促进学校3个以上安全应急专业核心课程与国际通用职业资格证书相对接,逐步形成一批国际先进和本土特色的职业标准、专业教学标准、课程标准、国际化课程和数字化资源,推动安全应急技术技能人才本土化。

3. 依托江苏硕儒国际咨询有限公司"走出去"中资企业,开展安全应急师资国际培训与互访,"引进来、走出去",以使安全应急专业群专业带头人均有境外教育培训经历。邀请高水平外籍专家来校访学与教学等年累计达10人以上。建成3~5个中外混编安全应急教学团队。在海外建立3个安全应急"鲁班工坊",推动5个中外混编教师团队赴境外开展混合式教学和研究,促进安全应急成果输送境外,提升学校安全应急教育国际化影响。与加拿大苏安学院等院校开发境内外学生交换、学分互认等项目,拓展学生赴境外留学、游学、实习和就业,组织学生参加国际安全应急技能大赛,培养安全应急国际化技术技能人才,服务"一带一路"倡议。

<h2>二 学校安全应急教育国际交流与合作主要发展指标</h2>

1. 每个专业对接国际先进职业标准,举办中外合作安全应急办学项目5个以上。

2. 建立海外安全应急职业教育师资培训基地2个,建成"鲁班工坊"、健康安全应急体验坊3个,联合"走出去"中资企业协同开展当地员工安全应急教育与培训500人次;组建3个中外混编安全应急教学团队。

3. 借鉴国际课程标准,开发双语课程3门。

三 学校安全应急国际交流与合作战略的五大工程

1. 实施安全应急专业课程衔接工程，推动安全应急专业核心课程国际化

与江苏硕儒国际教育咨询集团等"走出去"的中资企业以及海外院校合作，举办 3 个境外校区合作建设安全应急办学项目，引进国际安全应急通用职业标准，共同开发 3 个以上专业教学标准，3 门双语课程，推动安全应急本土化技术技能人才培养，实现安全应急专业核心课程与和国际通用资格证书有效衔接。

2. 实施安全应急教师境外经历工程，推动安全应急专业带头人国际化

依托江苏硕儒国际教育咨询集团海外培训基地，通过内配外引组建国际化安全应急教育师资队伍，建立 1 个海外师资培训基地，依托国家公派留学、中外合作办学项目、"一带一路"海外培训等平台，实施海外职业技能培训计划、国际访学研修计划，培养有国际影响的安全应急专业建设带头人。分批组织安全应急专业带头人开展半年以上的境外研修；有计划地开展安全应急专业教师境外访学、短期培训、指导实习，使具有境外研修经历的专业带头人比例达到 100%。

3. 实施安全应急专业学生境内外互换工程，推动学生学习国际化

与"走出去"企业合作，拓展"一带一路"沿线国家交换生合作项目，采取灵活多变的合作交流模式，不断扩大交换生、交流生、语言生、短期生数量，推动学生境外学习，学分互认。完善学生出国（境）交流服务体系，健全学生出国（境）留学（游）学工作机制，重点推进跨国（境）公费交流项目、"一带一路"夏令营资助交流项目、国际文化体验交流项目，鼓励和支持学生外语能力提升，支持和服务在校学生和毕业生出国（境）外游学、访学、留学，推动海外专升本、专升硕平台。依托中国职业安全健康协会职业安全健康教育专业委员会秘书长单位承办全国行业技能大赛、积极组织国际技能大赛和参加"一带一路暨金砖国家技能大赛"，推进国际化技术技能人才培养和教育合作，服务"一带一路"倡议。

4. 共建安全应急教育培训基地援外工程，推动基地育人国际化

与江苏硕儒国际教育咨询集团等"走出去"的中资企业以及院校合作，共建 3 个"鲁班工坊"，承接"一带一路"倡议中所开展的援外教育培训项目，开设中外学生专业实习、就业的海外通道，送教海外、送生海外，为所在地中资企业员工开展技能培训，实现技术技能人才本土化，打造安全应急职业教育国际品牌。

5. 实施安全应急教育学术与人文交流工程，提升学校安全应急教育国际化

依托中国职业安全健康协会常务理事单位等国际合作平台，承接国际学术研讨会，邀请高水平外籍专家来校访学与教学，完善国际学术交流机制，促进教师主动参与国际学术交流与合作。建成 3 个中外安全应急教育混编教学团队，推动安全应急教育教师团队在海外实训基地开展研究，促进成果转化，提升学校国际化影响力。

第九章

职业院校安全应急教育与专业创新发展机制创新研究

9.1 关于制定《关于加快江苏全民应急素养高质量发展的意见》建议

一 案由

在世界各地频发灾难性事件的情况下,突发事件的应急引起了各国政府的关注。我国是世界上灾害最严重的国家之一,灾害种类多,分布地域广,发生频率高。地震、泥石流、洪旱灾、雪灾等自然灾害多发,火灾、爆炸、泄露等事故以及非典、新冠肺炎疫情等公共事件严重威胁着公众生命健康和财产安全。据调查显示,近年来全国每年因各类突发事件造成的非正常死亡人数均超过 20 万,伤残人数超过 200 万,直接经济损失超过 6 000 亿元;其中有多少人是因救治不及时而致残、致亡,难以统计;而因救治不及时造成伤残的后期治疗费用更是难以计算。

"如何应对突发事件"已受到全世界的普遍关注。国外一些发达国家,早在本国国民的幼儿时期就对其开展应急教育。然而我国应急事业起步晚,全民应急能力普遍低,应急法制观念不强,应急意识淡薄、应急知识和技能储备不足,应急响应能力与救援能力欠缺,往往因较小的突发事件就导致较为严重的后果。在突发事件发生时,公众思维局限于渴望得到政府及公共应急部门的救助,却很少能从自身出发采取积极有效的措施实行自救和互救。江苏省是一个经济大省,以化工、电子、机械等产业为主,近年来化工产业快速发展,化工企业全国数量第一,规模以上化工企业有 4 500 多家。国务院安委会确定的 60 个危险化学品安全生产重点县(市、区)中,江苏占 11 个,居全国前列。江苏国有特大化工企业数量多,其中国家级化学工业园 4 家,省级化学工业园 6 家,市级化学工业园 30 余家,化学品的生产量居全国前列,江苏已经成为一个"化学大省"和"化学品库",化学品的使用涉及各行各业和千家万户,随着化学品的广泛应用,化学品损害的危险也在增加,危险随时可能发生。2019 年 3 月 21 日,盐城市响水县陈家港镇化工园区的江苏天嘉宜化工有限公司发生特别重大爆炸事故,造成 78 人死亡,640 人受伤,直接经济损失 19.863 507 亿元。

综上,结合当前抗击新冠肺炎疫情中公众所展示出来的应急水平及其所暴露出来的问题,江苏作为教育强省,面对新时期新任务、新挑战,如何进一步发挥江苏省人大、应急管理、卫生健康、教育、人社部门等职能部门在突发公共事件应对、突发事件紧急救援中的主导作用,坚持以人民为中心,完善全民应急机制,推进全民应急素养高质量发展,提升全民应急水平和自救互救能力,是当前一项最基础、最紧迫的问题。

二 案据

全民应急素养是指公众在突发事件中对应急知识的接受、理解与执行的能力与素养以及参与简单应急活动的能力与素养。它是现代社会公民素养的重要组成部分。公民应急素养的提高,有助于增强公众应急意识、提高应对能力,面对突发应急性事件,公民具有较高的应急素养,能激发较强的自救互救能力、更好地保障自身和公众的生命财产安全。

（一）国家关于全民应急的有关政策为全民应急素养高质量发展提供了依据

十九大报告中明确指出:树立安全发展理念,弘扬生命至上、安全第一的思想,健全公共安全体系,完善安全生产责任制,坚决遏制重特大安全事故,提升防灾减灾救灾能力。

2016 年 7 月 28 日,习近平在河北唐山市考察时强调"提高全民防灾抗灾意识,全面提高国家综合防灾减灾救灾能力"。

2020 年 4 月 1 日,国务院安委会正式印发《全国安全生产专项整治三年行动计划》,总体要求"为全面维护好人民群众生命财产安全和经济高质量发展、社会和谐稳定提供有力的安全生产保障"。

2020 年 6 月 2 日,习近平主持召开专家学者座谈会提出"要深入开展卫生应急知识宣教,提高人民群众对突发公共卫生事件认知水平和预防自救互救能力"。

2021 年 1 月 7 日,黄明在全国应急管理工作会议上的讲话《深入推进改革发展 全力防控重大风险 为开启全面建设社会主义现代化国家新征程创造良好安全环境》中指出 2021 年主要工作之一:"制定实施基层应急能力提升计划。支持引导社区居民开展风险隐患报告、排查和治理,开展常态化应急疏散演练,建设一批应急管理科普宣教和安全培训、体验基地,提高公众安全意识和自救互救能力,让每一名职工群众做自己安全的主人。"

（二）江苏全民健康素养高质量发展实践和"一法一条例"贯彻实施成效为制定政策提供了坚实基础

1. 健康江苏落实情况。近年来,江苏在提升健康服务水平、保障人民群众健康方面取得了显著的成效。2017 年 2 月,江苏省委、省政府出台《"健康江苏 2030"规划纲要》,提出了健康江苏"十大行动",包括全民健康素养提升行动、全民健身行动、医疗卫生服务优化行动等 10 项行动。2019 年 7 月,江苏省形成了落实健康中国行动推进健康江苏建设的 25 个专项行动。2020 年 1 月 26 日,江苏省人民政府正式印发《落实健康中国行动 推进健康江苏建设的实施方案》,进一步明确了江苏省推进健康中国行动的目标指标及主要任务,把"将健康融入所有政策"落实到健康江苏建设之中。这些措施为推进江苏全民应急素养高质量发展提供了实践基础。

2. 江苏安全生产执法检查情况。2020 年 6 月至 9 月,江苏省人大常委会采取三级人大联动的方式,组织开展了《中华人民共和国安全生产法》《江苏省安全生产条例》(以下简称"一法一条例")执法检查。省政府及各地各有关部门以国务院江苏安全生产专项整治督导为契机,强化责任担当,大力推进"一法一条例"的贯彻实施,取得了明显成效。一是安全生产法律责任进一步压实,法律规定的企业生产经营主体责任得到进一步落实,检查组所抽查的企业在安全投入、基础管理、安全培训、应急救援等方面做了大量工作,取得了较为显著的成效。二是安全生产监管体制机制进一步健全,构建安全生产齐抓共管格局,健全完善危险废物处置、环保设施安全评价等部门联合监管机制。全省各级政府普遍将安全生产纳入高质量发展考核体系,严格实行安全生产"一票否决"。三是安全生产专项整治力度进一步加大,27 个重点行业领域开展安全隐患大排查大整治。四是安全生产保障能力进一步提升,全省已建成安全生产问题处置监管平台、风险监测预警系统、综合应用平台、危化品全生命周期监管平台等一系列行业领域平台,初步实现对问题、隐患、事故的全流程监管。五是安全生产宣传教育进一步深入。开展"生命至上、安全发展""安全生产法宣传月""百团进百万企业"等主题公益活动,全省上下形成了较为浓厚的安全生产氛围。存在的问题主要有安全生产理念不够牢固、安全生产监管体制机制亟待完善、企业主体责任落实仍有差距、重点领域风险管控存在漏洞、安全生产科技创新成果应用和信息化水平有待提升。

3. 江苏 268 所院校学生应急知识普及情况

2020 年 3—12 月,江苏省教育厅积极推进职业院校安全应急知识普及,省名师工作室、省职业教育应急管理教师教学创新团队领衔人许曙青教授牵头开发的普适性安全应急教育教学课程资源服务江苏 268 所院校 59.283 9 万名学生安全应急知识学习和测试,最终合格人数 39.068 9 人,合格率 65.9%。职业健康与安全应急知识测试合格率 52.21%,常见意外伤害应急救护知识测试合格率 57.73%,常见自然灾害及其应急知识测试合格率 58.85%,心理健康应急知识测试合格率 64.73%,校园安全应急知识测试合格率 67.75%,卫生安全应急知识测试合格率 64.83%,财产安全应急知识测试合格率 68.86%,交通安全应急知识测试合格率 70.44%,网络安全应急知识测试合格率 71.44%。从数据可以看出,江苏学生在职业健康与安全应急、自然灾害应急、意外伤害应急救护等方面的应知应会知识尚要加强,尽快推进江苏全民应急素养高质量发展十分必要和迫切。

(三)兄弟省市近年来有关政策为我省提供了有益借鉴

2020 年 12 月 25 日,河北省安委办、减灾办联合印发《河北省全民安全素质提升工程三年行动实施方案(2020—2023 年)》,提出"强化公众知识普及的覆盖面和有效性,切实增强全民安全意识,提升全民安全素质"。2020 年 6 月 16 日,浙江省印发《全民安全素养提升三年行动计划(2020—2022 年)》,明确深入推进全民安全素养提升,到 2022 年底,全省安全发展理念深入人心、安全知识全面普及、宣传阵地不断拓展、基础保障坚实有力、工作机制全面完善,形成较为成熟的全民安全素养提升工作体系。河北和浙江的经验为我们提供了借鉴。

面对突发事件,不少公众措手不及,尚不具备足够的应急素养。在持续开展应急素养提升项目的基础上,需要顶层设计、长期规划、专业发展、发动群众、部门协作,共同促进江苏全民应急素养高质量发展。为此,江苏省人大社会委决策咨询专家、省名师工作室领衔人许曙青教授结合江苏省教育科学规划立项课题"新时代职业院校应急管理教育与专业人才培养路径的实践研究"阶段研究成果,在参加省级安全生产专项检查、省级安全培训师资培训、省级安全培训示范院校创建等工作实践基础上,综合专家意见,提出了关于制定《关于加快江苏全民应急素养高质量发展的意见》的建议。

三　方案

建议省人大常委会推进《关于江苏全民应急素养高质量发展的实施意见》。主要建议如下：

1. 加强思想引领，提高全民应急素养高质量发展理念

各地党委政府、各有关部门和企业要全面系统学习贯彻习近平总书记关于安全生产的重要论述，坚持"生命至上、安全第一"，任何时候都要把人民群众的安全和身体健康放在第一位。各地党委要安排专题学习，结合本地本行业实际，制定《江苏全民应急素养高质量发展意见》，研究贯彻落实的措施。

分级分批组织应急监管干部、企事业应急负责人、应急管理人员进行轮训。

通过开展各具特色的安全生产大讲堂活动，推动安全发展理念深入人心、落地见效。开展经常性、系统性的应急教育活动。依托应急科普"五进"活动，推进安全应急科普进企业、进农村、进社区、进学校、进家庭，普及应急科普知识、培育安全应急素养。

2. 加强对全社会、全方位、全员应急素养提升的重视

加强教育、应急、卫生等行政管理部门全方位的应急素养高质量发展意识与责任感。在政府层面，推进"将全民应急素养融入所有政策"，全方位保护人民生命安全和财产，用政策引导和规范居民应急行为。

在社会层面，要培育好应急素养提升的环境，给予应急素养高质量发展研究与实践经费、活动、宣传等全方位支持。在个人层面，应提升学生和社区的应急素养，使大众参与到以居民为主体的全民应急宣传教育活动中，建立正确的应急方式，增强"大健康、大安全、大应急"意识。

3. 完善全民应急教育体系建设，切实推进应急素养教育培训长效机制

要加强应急教育，普及应急知识，要让应急知识、行为和技能成为全民普遍具备的素质和能力。要把应急教育纳入国民教育体系中来，在大中小学校开设《安全健康教育》《应急救护》必修课程并将其纳入人才培养方案，每周2课时。建立学校健康安全应急专业教师教学创新团队，丰富学校健康安全应急教育资源，建立健康安全应急公共职业体验中心和建设公共安全教育实训基地，定期组织师生开展安全应急疏散演练、健康安全应急科普知识竞赛、应急技能大比武，组织安全应急大讲堂、推广典型教育活动。

在社区开展交通安全、消防安全、社会治安安全、体育运动安全、居家安全、公共场所安全、涉水安全、工作场所安全、儿童安全、老年人安全、学校安全等专题教育，在企业开展安全生产、防灾减灾、应急救援等专项培训，让应急教育走向普及化、专门化、专业化。

4. 全面普及应急救护知识和技能培训，提升全民自救互救能力

开展公众自救互救知识与技能培训，开展隐患排查、火灾、洪水、危险化学品爆炸、地震、中毒等灾难自救演练，促使自救互救能力提升，减少二次伤害。加强社会公共服务人员急救知识和技能培训，多形式推进大众自救互救体验设施建设，在学校、机关、企事业单位和机场、车站、大型商场等人群密集的公共场所配备自救互救设备和应急救护药品，鼓励居民家庭自备急救包。动员各种社会力量参与实施全民自救互救素养提升工程，建立志愿者应急救援队伍。

5. 加强应急素养高质量发展体制机制保障

从突发事件和疫情应急规律出发,建立应急素养高质量发展的制度、管理和业务机构;建立应急素养高质量提升资源库、指南集,完善应急预案和评估、监督机制;建立应急救援快速反应系统和应急素养全民提升机制,开展快速应急与日常应急能力培养。充分利用安全生产专项整治三年行动,总结应急素养提升经验,依托城市安全发展、安全社区、防灾减灾示范社区、健康促进学校、安全示范基地、安全培训示范院校等项目平台,开发有效的应急素养提升制度、机制和项目。尤其要加强应急体制建设,保障全民应急素养高质量发展。

6. 加强全民应急素养高质量发展理论研究和政策研究

针对突发事件中重特大自然灾害风险防范与应急处置决策等方面的实际需求,开展全民应急素养高质量发展目标体系、内容体系、队伍建设、基地建设、政策理论等方面的研究与成果转化,全方位支撑应急素养高质量发展工作。采取有效措施,迅速提升全民应急素养研究水平。

关于尽快制定《江苏公共安全应急救护管理促进条例》的建议

9.2

案由

中共中央政治局2019年11月29日下午就我国应急管理体系和能力建设进行第十九次集体学习。中共中央总书记习近平在主持学习时强调我国各类事故隐患和安全风险交织叠加、易发多发，影响公共安全的因素日益增多，指出要健全风险防范化解机制，坚持从源头上防范化解重大安全风险，真正把问题解决在萌芽之时、成灾之前。加强应急管理体系和能力建设，既是一项紧迫任务，又是一项长期任务。

随着经济快速发展和工作节奏的不断加快，高强度、高压力、高度紧张、持续过劳的工作状态正成为年轻人猝死的重要诱因，"猝死"这个沉重的话题，成为一个众人关注的痛点。2019年11月26日广东卫生健康委副主任陈义平猝死，27日艺人高以翔心源性猝死；12月11日，南京56岁滴滴司机刘某猝死车内；12月16日，复旦大学年仅39岁的医生杨立峰突发疾病猝死。

2019年9月23日，大学生陈婧琦在哈尔滨机场使用心肺复苏和AED（自动体外除颤仪），在短短1分40秒内，让患者恢复了意识。12月13日江阴市41岁教师参加比赛时失去意识晕倒，经现场钱医生三人团队黄金救援4分钟后脱离危险。

以上类似的案例，在国内每一城市都时有出现，背后反映出的对于建立公共安全应急救护机制的需求，不容忽视。在近两年全国两会上，多位代表和委员已经强烈呼吁，政府部门要普及公众公共安全应急救护知识和技能，立法保障施救者的合法权益，鼓励公众有勇气在突发情况下为他人做急救。

为提高我省公众公共安全应急救护能力，江苏省人大社会委决策咨询专家、省名师工作室领衔人、全国安全行指委委员许曙青教授结合江苏省教育科学规划立项课题"新时代职业院校应急管理教育与专业人才培养路径的实践研究"阶段成果，并于2019年对全国86所院校160 388名学生公共安全应急意识进行调研，获知30%的学生关注公共安全应急方面的知识和信息。团队率先组织举办了2019年全国职业院校应急救护技能竞赛，承办了20万人参加的安全知识网络学习，组织了国家级健康安全应急科普专家团队开展"新时代应急救护技能与安全应急科普知识进校园、进企业、进社区活动"，大力普及与推广公共安全应急知识技能,并在此基础上提出了制定《江苏公共安全应急救护促进条例》的建议。

二 案据

1. 制定《江苏公共安全应急救护管理促进条例》的必要性

从目前的多起猝死事件来看,突发心源性心脏病时,在 4 分钟内能进行有效的心肺复苏,对抢救生命至关重要。我国每年心源性猝死人数高达 54.4 万,居全球之首,救活率仅为 1%。江苏省作为我国经济大省、人口大省,也是突发意外事故最为频繁的地区之一,面对现场突发事故造成的人员伤害,单纯依赖医院的救护力量到来,往往错过最佳的救援时机,所以第一目击者掌握相应的自救互救技能至关重要。

当前,首要任务就是举全省之力,加强全民公共安全和风险意识宣传教育,支持安全应急科普基地、安全应急避险模拟体验馆、安全社区防灾体验中心、安全应急救护体验中心等应急体验场所建设;鼓励社会组织、机关、企业、社区、学校等通过公益活动、公共安全应急知识竞赛等多种形式,提升公众公共安全应急避险意识和自救互救能力。当前我省在公共安全应急救护方面存在着急需解决的问题。

(1)公共安全应急救护的法律制度不健全。在防灾、减灾、抢险、救灾、救人和保护国家、集体的财产或者他人人身、财产安全中,无意中造成他人利益受损等情况,没有明确的法律规定,更没有类似免责的条文来鼓励和保障见义勇为行为。所以急需健全完善法律法规,以鼓励民众敢于帮扶他人。

(2)公众公共安全应急救护知识技能普及率低。公共安全应急救护知识普及率是衡量一个社会文明程度的重要标志。世界上发达国家应急救护知识普及率达 10% 以上,德国普及率为 80%,美国受过现场救护培训的人口比例在 33% 以上。而我国应急救护知识和技能的普及率平均不到 1%,江苏大众自救互救意识也不是很强,应急救护培训普及率仅约 3%,一些易接触急救现场的公共服务人员如警察、消防员、乘务员、养老服务人员、保安人员、导游等,应当定期接受急救知识和技能培训并考核合格,以便发现需要急救的患者时主动救助。

2. 加强全省公众公共安全应急救护培训,将参加培训的救护员救人写入免责条款

其中提出免责条款的参考依据如下:

(1)2016 年 11 月,《上海市急救医疗服务条例》正式实施。被称为"好人法"的这项法规率先提出社会急救免责,明确规定"紧急现场救护行为受法律保护,对患者造成损害的,不承担法律责任"。

(2)2017 年 7 月 1 日,《南京市院前医疗急救条例》正式实施,这是江苏省首部院前医疗急救地方性法规。为了打通生命急救通道,一直困扰院前急救的两大焦点问题首度明确:其中,"给救护车让路"违反交规,不予处罚;现场急救损伤患者,急救者不予追责……让更多懂救治知识的人"愿救,敢救"。

条例明确,"鼓励具备医疗急救专业技能的个人在急救人员到达前,对需要急救的患者实施紧急现场救护。紧急现场救护行为受法律保护,因紧急现场救护对患者造成损害的,依法不予承担法律责任"。这一规定,为"想救又不敢救"的行为扫清了法律障碍。

(3)其他"好人法"未明确免责

2013 年起我国有一些省市相继出台一些条例,提出社会急救免责。深圳在 2013 年 8 月 1 日实施了《深圳经济特区救助人权益保护规定》并于 2017 年实施《深圳医疗急救条例》、杭州于 2015 年 1 月 1 日实施《杭州市院前医疗急救管理条例》、上海于 2016 年 11 月 1 日施行《上海市急救医疗服务条例》、北京于 2017 年 3 月 1 日实施《北京市院前医疗急救服务条例》,这些被称为"好人法"的条例明确规定:现场施救者对伤病员实施善意、无偿的紧急救护行为受法律保护,造成被救者民事损害的,其责任可予以免除。

三 加快推进江苏公共安全应急救护管理促进机制的建议

目前向公众公共安全推广应急救护知识技能的主力是省市红十字会及其他社会团体组织,培训合格者获颁"救护员证"。

1. 强化公共安全应急救护知识技能推广

提升应急救护技能是一个循序渐进的过程,没有捷径可走。国外很多培训都是通过从幼儿园到大学、直至社会的完整教育培训过程完成的。

从我国的现实情况来看,大多数中小学校对应急救护知识与技能重要性的认识不足,没有专业培训教师,未开设专门的应急救护必修课程,应急救护知识普及通常安排在体育课程中,学生应急救护意识基本为空白。

加强公众急救知识宣传与培训,特别是在社区、农村、学校、机关、企事业单位组织开展公共安全应急救护知识和技能的宣传教育和公益培训,增强公众公共安全应急救护意识和自救、互救能力。

建立社会公共安全应急救护技能培训规范和准入制度,积极整合急救中心、红十字会、公立医院及社会化培训机构等多方培训力量,加强公共安全应急救护培训体系建设,推动社会公众培训规范化、标准化,在化工危险化学品、非煤矿山、金属冶炼、烟花爆竹、公安、交通、建设、外贸、安全生产、电力、旅游、教育等行业部门,推动公众公共安全应急救护培训师资队伍建设,加强各类社会公共安全应急救护培训基地的建设。充分利用现代化互联网、大数据、云计算、物联网技术,在院前发展移动互联网医疗,利用手机 App,使公众开展自救与互救,进一步完善公众公共安全应急救护体系,提升公民互救能力。

加强应急救护职业资格准入制度。强制要求一些特殊工作岗位必须持有应急救护类技能证书;企业人员按照一定比例参加应急救护培训;注册登记的志愿者、社工等人员必须参加应急救护培训;把应急救护类技能证书全部纳入职业技能证书范畴内并给予相关的福利政策;鼓励扶持社会组织机构、企业举办、参与应急救护培训课程等,使应急救护知识技能深入到人们的生产和生活中,促进各地加强应急救护知识技能的普及和强化。

2. 优化公共场所急救设备的配置

进一步实施公共应急救护设施配备工程,为公共应急救护体系建设打下良好的基础。在城市街头、校园、大型商场、居民小区、特定场馆等公共场所必须配备 AED 和急救包等。据不完全统计,强制执行公众性应急救护培训和在公众场所配备 AED 的国家和地区,现场对心脏骤停的患者抢救成功率均在 40% 以上。

3. 出台相关法律法规,保障施救人员的合法权益。

一是出台公众公共安全应急救护相关行为免责办法。明确对出于救人目的而实施第一目击者急救行为所产生的后果予以免责,因给救护车让行而产生的违反交通法规行为予以免责。通过培训取得应急救护类合格证书、具备应急救护技能的公民对急、危、重患者按照应急救护操作规范实施的紧急现场救护行为,受法律保护,对患者造成损害的,不承担法律责任。对恶意诬陷施救人员的行为,将依法严惩。同时,成立江苏应急救护基金作为辅助,一旦出现法律适用争议问题,必须由救助基金来弥补损害,这样才能既保证救助者权益,又能弥补因过错救助和重大过失救助造成的损害。

二是完善相关法规。在相关法规中增加见义勇为者在防灾、减灾、抢险、救灾、救人,保护国家、集体的财产或者他人人身、财产安全中,无意中造成他人利益受损等情况的不需要承担法律责任的内容,解除其施救的后顾之忧。

9.3 关于加快推进江苏省应急管理教育与人才培养的建议

 案由

加快推进江苏省应急管理教育与人才培养

二 案据

在我国当前各类突发事件频发、重发、触点多、经济转型、社会转轨矛盾错综复杂的时代背景下,公共安全和应急管理人才极度缺乏,应急管理人才的教育与培养迫在眉睫。2007年,时任国务院应急管理专家组组长引用调查数字警示公众:"我国46%的民众对突发事件的应急措施的了解十分有限,26.6%的人根本不了解。"而在专业应急管理人才数量方面,以消防力量为例,与西方发达国家相比较,西方大多数国家消防员的人数占全国人口的比例在0.1%以上,最高的国家达到1.61%,英国为0.58%,而我国仅为0.015%。

江苏省作为经济强省,"十二五"期间与"十一五"期间相比,全省自然灾害造成的死亡人数与经济损失分别下降67.1%和24.8%,事故灾难发生起数和死亡人数分别下降31.4%和8.7%,公共卫生事件发生起数和报告病例数量分别下降22.7%和44.9%,社会群体性事件发生起数下降31.7%,其间发生了高邮"7·20"地震灾害、南京"7·28"燃爆事故、昆山"8·2"爆炸事故、"东方之星"号客轮翻沉事件等一系列突发事件,反映了公众在应急管理的社会组织中参与的普遍性不高、公共安全意识和自救互救能力总体薄弱,公共安全和应急知识技能水平不高,专业应急管理人才极度缺乏,人才储备相对落后,这也从侧面反映出我国当前应急管理教育和人才培养水平的滞后。

《国家突发事件应急体系建设"十三五"规划》提出:提升公众自救互救能力。推进公共安全宣传教育工作进企业、进社区、进学校、进农村、进家庭;开展交通运输、旅游、教育等行业从业人员救援能力专业培训;强化大中小学公共安全知识和技能培养;开展公共安全知识普及,提升公众突发事件防范意识和自救互救能力。强化应急管理科技支撑能力。加强应急管理相关学科建设,加大师资培养力度,完善课程设置;发展应急管理学历教育、在职教育,培养应急管理专业人才队伍。

《江苏省"十三五"突发事件应急体系建设规划》中提出:全省公共安全与应急管理知识

科普宣传受众率不低于85％。提高公众安全意识与自救互救能力。打造立体化教育宣传体系。全面加强应急教育宣传，建立应急教育宣传长效机制，推动应急知识进机关、进企业、进社区、进学校、进家庭、进农村。将应急知识教育作为各级各类学校一项重要教学内容，培育学生的安全意识和自救互救能力，为防范应对突发事件提供良好的社会基础。

国家应急管理部和各省应急管理厅的组建具有里程碑意义，标志着我国应急管理工作进入了新时期，应急管理受到前所未有的高度关注和重视，然而教育部专业目录至今尚未设置应急管理专业，应急管理专业建设缺乏顶层设计，应急管理课程结构尚不完整，师资队伍结构配备失衡，等等。学校普遍缺乏相应的应急管理教育。江苏作为教育强省，顺势而为、加快推进应急管理教育、开展应急管理人才培养，成为新时代发展的迫切需要。

如何抓住这一难得的历史机遇，以人为本，关心民生，开展应急管理教育与人才培养，全面提升全民应急管理意识，提升公众自救互救技能，也为社会培养高素质技能型应急管理专门人才已成为摆在应急管理发展面前的一个重大课题和亟待突破的难题。为此，全国安全职业教育教学指导委员会委员、江苏省名师工作室领衔人许曙青教授主持的2016年度省第五期"333工程"资助科研项目"职业安全健康协同创新研究与实践"、全国安全职业教育教学指导委员会科研立项课题"职业院校职业安全健康素质和技能提升的路径实践研究"取得了重要研究成果：一是率先创建中职安全健康与环保专业，填补国内中职安全类专业尚缺的空白，为建筑行业一线输送了建筑专业和安全专业复合型安全应急高素质劳动者；二是率先牵头主办2018年全国职业院校应急救护技能竞赛与安全健康环保科普知识竞赛，为社会培养了一批安全应急科普员、安全应急救护能手、消防灭火能手；三是连续两年组织江苏100多所职业院校30多万学生开展安全意外伤害应急处理现状调研和安全应急科普知识普及；四是团队开发了安全应急救护桌面推演平台、灭火安全应急仿真实训平台，建立了共建共享开放的安全应急体验中心；五是实地考察美国、英国、加拿大、韩国、日本、新加坡等国家以及我国香港、澳门及台湾地区安全应急管理情况，交流推广安全应急成果；六是"全国安全生产万里行"采访宣讲团国家应急管理部和江苏省应急管理厅领导、专家组实地赴江苏省南京工程高等职业学校调研安全应急普法等工作，高度评价其"小学校、大作为"并建议把"江苏安全应急教育模式"向全国推广，专家组还同意学校开展探索应急管理专业人才培养模式的建议。为此，在专家指导的基础上提出了《关于加快推进应急管理专业人才培养的建议》，建议在我省已经出台的相关政策的基础上，在新的历史时期，对应急管理中出现的新情况、新挑战进行深入分析，提出应急管理人才培养的长效机制，并提供比较系统、完善的法律保障。

三 方案

提请省委、省政府责成有关部门牵头，由教育、应急管理、卫生、公安、人力资源、财政等部门以及学校、行业协会、企业等组成调研工作组进一步调研，江苏应急管理现状，借鉴国内外应急管理人才培养的成功做法，重点解决以下问题：

1. 明确应急管理教育与人才培养的目标。强化应急教育培训关口前移、预防为主、风险防控，提升全民安全意识和自救互救能力，进一步防止各类突发事件发生，切实提高人民的获得感、幸福感、安全感。

2. 构建应急管理全民教育培训体系。建立政府主导、学校整体推进、企业岗前强化、行业协调的应急管理教育培训运行机制。在加强政府统筹引导的基础上,充分发挥学校、行业企业和社区组织的独特作用,引导和鼓励学校、行业企业、社区开展应急管理教育培训,充分发挥政府、学校、行业企业等资源、技术、信息等优势,参与应急管理教育的评估、职业技能认定及相关教育管理工作,强化指导、协调和服务职能,促进应急管理教育的内容贯穿全民教育体系全过程。全民教育体系的大致构成为:学校教育体系、行业(企业)培训教育体系、社会教育体系。

学校教育体系:从幼儿园开始到小学、初高中、职业院校、社区学院和私立职业学校的教育课程内容中都要有专门的"应急救护"等课程。行业(企业)培训教育体系:行业协会、企业等各行业、企业对所有从业人员都要进行系统和持续的"应急救护""应急管理教育"内容培训。社会教育体系:中央政府、省政府、各种行业协会及研究机构或其他非政府组织都要开展针对性极强的安全应急培训活动,都有责任和义务向全社会公民提供"安全应急管理教育"方面的教育资源。

3. 明确政府相关部门的职责,明确专门机构管理应急管理教育与人才的具体工作。应急管理教育与人才培养的持续健康发展,宏观上在于政府的积极引导,明确政府各部门的职责,教育、应急管理部门、卫生、公安、交通运输、建筑施工、危险化学品、消防、煤矿、冶金、农业机械等相关部门应在各自职责范围内为应急管理安全教育与人才培养提供政策倾斜。可以初步设立"应急管理教育专业委员会",由政府部门担任领导,聘请学校、行业、企业、教育、科研等领域人才组成专家组,指导应急管理教育与人才培养,建设应急管理教育团队、开发应急管理教育课程,打造应急管理教育基地和安全应急体验基地,协调解决各类问题,以保证应急管理教育与人才培养的正常运行。

4. 加大对应急管理教育专项资金的投入并设立相应的监督管理机制。为促进应急管理教育与人才培养的深入开展,政府设立了专项基金扶持,在一定程度上调动了应急管理人才的积极性,但是资金短缺等依旧是困扰应急管理教育与人才培养良性运转的一大"瓶颈"。因此迫切需要各级政府加大财政扶持力度、设立专门的应急管理教育专项基金,对专项基金的分配及使用应有明确的规定和完善的监督,以保障专项基金既能激发各方开展应急管理教育的热情,又能提高应急管理教育与人才培养的质量。

5. 明确各方的权利与义务。在协作机制和强调双赢的原则下,明确各方的权利和义务,政府与政府之间,政府与学校之间,政府与企业之间,政府与个体之间,以及企业与第三方机构间都要建立良好的合作机制,横向与纵向合作并举,发挥各方的积极性,共同促进应急管理教育与人才培养。应急管理教育不仅有利于自身健康与增加安全知识,也有利于提升自救互救技能。安全事故的减少与安全风险的降低会大大降低生产成本、减少损失、节约巨额赔偿金及医药费,同时应急救援设施的投入也会带来更高效的生产率,各方应当主动配合政府做好自身的应急管理教育与人才培养工作。

6. 推进全民安全应急管理教育,建立长效机制。推进全民安全应急知识普及,推进公共安全宣传教育工作进企业、进社区、进学校、进农村、进家庭;开展交通运输、旅游、教育等行业从业人员救援能力专业培训;将应急知识教育作为各级各类学校一项重要教学内容,强化大中小学公共安全知识和技能培养;充分发挥"全国中小学生安全教育日""5·12防灾减灾日""世界急救日""119全国消防日""122全国交通安全日"和"安全生产月"等公共安全宣传活动作用,组织形式多样的身边风险隐患识别活动,开展公共安全知识普及,提升公众突发事件防范意识和自救互救能力,为防范、应对突发事件提供良好的社会基础。

7. 加强应急管理专业人才培养建设。试点开设应急管理专业建设,制定研究生—本科—大专—中专不同层次应急管理人才的培养计划和方案,促进应急管理专业课程设计、课程设置、教材建设和专业发展;加大应急管理专业师资培养力度,培养应急管理专业人才队伍,建立应急救护培训标准化基地等,发展应急管理学历教育、在职教育,为社会输送应急管理专业人才。

8. 加强应急管理教育培训基地与公共安全教育体验基地建设。建立一批应急管理教育培训基地、应急救护培训演练基地、公共安全教育基地、职业安全与职业健康体验基地;支持学校、企业建设面向公众的培训演练和自救互救体验馆。组织分类培训,推动社区、企业、学校、人员密集场所普遍开展疏散逃生、应急避险等方面的群众性应急演练。

9. 分类推进应急管理教育培训。以学校、社区、企业等为单位,广泛开展应急知识宣传教育,建立应急管理科普知识读本(手册)、信息宣传栏、专题讲座、科普展览、微博微信等立体化应急管理宣教平台。建设应急培训课程教材、案例库及师资库,设立应急管理基本技能、综合技能和专业技能等培训班,组织应急管理人员和专业技术人员开展分层次、分领域、分类别的应急管理培训。

10. 加强应急管理志愿者队伍建设。加快建立以青年志愿者为基础、专业志愿者为骨干、各级各类志愿者广泛参与的应急管理志愿者队伍。加快发展专业应急志愿者队伍,加强应急志愿者队伍管理,建立健全志愿者参与应急工作机制,引导志愿者有序参与应急救援和服务,提升服务能力和专业化水平。建立志愿者信息库,加强对志愿者的培训,提高志愿者服务能力,发挥其在科普、宣教、应急救助、恢复重建等方面的重要作用。

11. 加快应急管理教育与人才培养科技平台建设。依托现有院校及科研院所等机构,加快各类应急管理综合研究基地和突发事件应对专业实验室、工程中心、研究中心、检验检测中心等平台建设,承担应急管理科技攻关和技术研发任务。

12. 加大应急管理教育与人才培养科研力度。针对公共安全、校园安全、生产安全、食品安全、防灾减灾等重要领域,组织开展科技攻关,力争取得重要突破。积极探索建立政府、社会和个人共同参与的多元化投入机制,完善产学研合作机制。

13. 加快推进应急管理教育与人才培养国际合作交流。坚持开放办学,扩大应急管理教育培训对外合作与交流,广泛借鉴国际经验,充分利用国际资源,加快推进应急管理教育培训基地又好又快发展。组织开展应急管理论坛及促进应急管理教育与人才培养活动,扩大应急管理教育与人才培养的国际影响力。

9.4 关于《推进江苏应急管理人才培养力度》的建议

2018 年 4 月 16 日,国家应急管理部挂牌成立,新时代中国特色应急管理组织体系已初步形成。江苏省作为中国经济大省和人口大省,各类市场主体众多,仅规模以上企业就有 5 万家,对应急管理专业人员的需求非常大。江苏省南京工程高等职业学校许曙青教授承担的江苏省社会科学基金项目"江苏应急管理人才培养研究",总结近年来江苏应急管理人才培养的成绩及存在的问题,提出加大江苏应急管理人才培养力度的对策建议。

一 江苏应急管理人才队伍建设取得的成绩

在"十三五"期间,全省应急管理系统坚决贯彻省委、省政府和应急管理部决策部署,推动全省安全生产形势持续稳定向好,应急管理各项事业取得新进展,实现了"十四五"良好开局。

1. 应急管理人才培养力度显著加大。江苏省现有 28 所本科高校开设安全工程、安全防范工程、食品质量与安全等相关专业点 45 个,26 所高职院校开设安全技术与管理、安全防范技术、安全生产监测监控、汽车运用安全管理、民航安全技术管理等相关专业点 41 个。江苏省人力资源与社会保障厅将应急管理专业人才培养培训纳入全省专业技术人才知识更新培训工程体系,会同有关部门精准设计并实施符合应急管理专业人才发展的培养培训项目,大规模开展应急管理专业人才知识更新培训,进一步提升应急管理专业人才整体素质。

2. 应急管理人才培训规模扩大。江苏 2021 年全面启动应急管理人才三年培养计划,通过开展安全管理干部大培训等多种途径,增强各级各类应急管理干部专业化能力,推进应急管理体系和能力现代化。省公安厅每年分期、分批、分层次组织开展专业教育培训,全面加大对决策指挥员、一线作战人员的培训力度,提高应急处置专业能力;按照"3 小时内将不少于 5 000 人的处突力量部署到全省任何一个位置"的目标,着力打造应急处突机动队伍,通过组织开展应急处置实战演练、常态拉练提升整体作战水平。

3. 应急管理研究和平台建设显著加强。在有关专家和学者对提案进行研究和论证的基础上,省应急管理厅会同省财政厅、教育厅、科技厅、工信厅就"积极探索建立政府、社会和个人共同参与的多元化投入机制,建立应急管理科学研究与科技创新平台"提出初步工作方案。常州市正式启用建筑工地安全生产智慧监管平台。无锡市安全生产监管平台正式上线,对接政务大数据中心、企业注册登记系统、信用无锡平台等 7 个系统,整合全市 23 个部门牵头的 32 项专项整治的数据,通过一张安全生产监管大数据地图,总览市、县(市、区)、镇(街)三级安全生产形势,形成安全生产责任网络。

4. 应急管理干部队伍扩大且配置逐渐合理。全省应急管理系统共有 4 372 名在编在岗干部,学历本科及以上达到了 89%,35 岁及以下占 25%,36～45 岁占 33%,46～55 岁占 31%,干部各年龄层分布较均匀。

5. 应急管理效果显著。江苏省连续 15 年实现"双下降",2005 年 4.77 万起、死亡 8 500 多人,2012 年 1.86 万起、死亡 5 300 多人,2019 年下降到 6 400 多起、死亡 3 300 多人。2019 年江苏省安全生产形势总体保持稳定态势,事故起数、死亡人数和较大事故起数同比实现"三个下降",其中事故起数、死亡人数和较大事故起数分别下降 15.6%、18.1% 和 47.06%。2020 年 1 月至 11 月,江苏发生各类生产安全事故同比分别下降 68.6%、65.4%。

二 江苏应急管理人才队伍建设存在的问题

1. 专业人才紧缺。江苏应急管理专业人才数量不足,2019 年安全工程等应急管理相关专业本科毕业生不足 800 人,难以满足在突发事件预报和发现、应急指挥决策咨询和技术支撑、应急管理理论研究和科技攻关等相关事项中的需求;结构不合理,主要表现在应急管理人才专业配置不合理、有实践经验的执法人员数量少、年龄结构不协调,呈倒金字塔型,年轻血液储备不足,中坚力量出现断层。专业实践能力不足,目前招录的院校毕业生大多缺乏实战经验,基层应急管理人员不少来自其他部门,一专多能的综合型人才严重短缺,不能完全适应"全灾种、大应急"要求。

2. 人才发展机制固化,专业化人才选配渠道不畅。全省 33% 专业化人才的选择配置是靠公务员、事业单位招考进入,28% 是军转干部安置,26% 是其他机关合并调入,但对不同专业部门的"专业性"要求不明显,导致急需人才考不进来,而体制外专业人才受政策限制又很难进入到体制内。招录专业人才、留住专业人才存在一定难度,这一现象越往基层越突显。人才培养与实际需求存在一定的差距。应急管理人才培养、考核激励等机制与通用领域标准差距不大,不少地方尚未建立应急管理人才战略储备机制,对应急管理人才的培养和引进尚未做到岗位需求与人才素质发展的动态结合。

3. 职业认同度不高,有兴趣有意愿的少。据研究显示,安全监管业务处室和执法机构中工龄 10 年以下的占 62%。大家普遍反映应急管理工作"压力大、责任大、风险大、强度大",不愿从事应急管理工作,特别是高学历人才更愿意去其他机关单位或企业。应急管理部门在考核奖惩方面更多强调责任追究,"唯结果论""无限追责",补贴少,装备落后,行政责任追究过于严苛,成就感、荣誉感低,使一些人产生离开应急管理队伍的想法。

三 加大江苏应急管理人才培养力度的建议

1. 加大不同层次应急管理人才培养力度。按照中职、专科及本科构建应急管理人才培养体系,培养操作技能型、协调组织型、综合复合型应急管理专业各层次人才,培养方案突出综合性、实用性、交叉性,培养的学生应具备相应层次的信息分析、方案制定、沟通协调、控制决策及现场处置等能力。设置或新建应急管理学院,遴选更多符合条件的高校设置应急管理学院,建立健全应急管理人才培养新模式、新机制;开展化工、建筑、地质、安全、消防、管理、法学等交叉学科建设,高起点新建应急管理学院;积极推动职业院校开展应急管理人才培养,实施江苏特色应急管理职业学院和应急管理专业群建设。应急管理专业应以行业背景为支撑,以事故时空分布为导向。

2. 加强应急管理课程体系建设。面向应急管理、应急技术、应急产业开发应急管理课程体系。在应急管理方面,要基于不同灾害风险情景、灾害灾难救援构建课程体系;在应急技术方面,要基于减灾—备灾—响应—恢复、救援类别和专业队伍能力、重特大灾害应急救援处置构建课程体系;在应急产业方面,要面向监测感知预警技术产业体系、防御防护装备技术产业体系、应急处置装备技术产业体系、应急服务技术装备产业体系等四大类应急产业加快课程体系建设。注重开发卫生防疫、灾害应对、应急救援等公共选修课程,鼓励在校非应急管理专业学生选修。

3. 创新教育教学方法。创新人才培养,结合各行业数据信息化、智能化发展方向,充分利用和发挥学科交叉融合优势,积极应用数字化智能技术,探索应用型、技术技能型人才培养教学方式改革。高质量实施实践教学,积极建设教学实践中心和签约实践基地,创新探索校校联合、校协联合、校企联合等培养模式;鼓励学生参与创新竞赛项目,锻炼学生实践能力。加强基地建设,建立省级应急管理人才训练基地;依托高校自有资源建设应急管理专业性实训基地;依托大型国有企业,建设一批应急管理安全生产体验基地。推行定向培养、定向分配,相关本科生与研究生培养招生计划单列;育就一体,打通毕业生就业通道,为应急管理部门"靶向式"输送人才。实施应急管理教育人才进企业实践活动,每年组织应急管理人才到重点行业、企业的产学研示范基地、国家重点实验室、工业园区等跟班学习,组织开展"师徒结对一帮一"活动,使应急管理教育人才在一线现场学习中积累经验,面对面地提升实践水平。

4. 增强应急管理人员职业认同感。畅通完善应急管理人才职业发展通道,改革党政机关和企事业单位人员招录办法,优选优录应急管理专业优秀毕业生;改进应急管理工作岗位设置要求,增加专业要求和从业经历要求;开展安全生产教育培训和在职学历教育,打通应急管理从业人员提升学历和安全素养的系统性通道。每年开展一次岗位大练兵,奖励入等选手,并将有推广价值的监管执法经验案例化,反哺人才培养。实施关怀工程,持续开展心理干预走基层、进队伍、解心结,用"主动干预"营造应急管理人员心理"软环境"。开展荣誉宣传,宣扬一线安全监管人员为保护人民群众生命财产安全无怨无悔、默默奉献的高尚情怀,组织开展"安全卫士""应急管理年度人物"等评先评优活动,对优秀的从业人员按规定给予表彰、记功或嘉奖。通过以上举措,激发应急管理人员职业成就感、荣誉感、自豪感和归属感,提升应急管理工作的社会形象和吸引力。

5. 加大投入保障力度。设立专项经费,在师资引育、学科建设、产教融合、配备科研等办学条件上给予支持；设立扶持资金，支持鼓励地方高校与职业院校开展应急管理专业联合共建，选拔地方高校应急管理专业教师进修学习。提高职业安全保障，在省级层面加大财、物、装备投入力度，统一制式服装、车辆使用、执法装备，以及进入高危企业检查时的安全防护用品等。依法提高应急管理人员福利待遇，提高执法津贴标准，完善人身意外伤害保险等制度。

10

职业院校安全应急教育与专业创新发展的
教学改革研究

10.1 基于工作情境的职业学校安全应急教育研究与实践

一 实施背景

21世纪的中国正处于经济转型和产业升级换代时期,迫切需要数以亿计的劳动者和高素质职业人才,职业学校承载着人才培养的重要使命。2008年教育部公告显示,2007年全国中等职业学校毕业生数为526.96万人,近些年每年全国中职毕业生数超过600万人。

在推进产教融合、校企合作、实行"2+1""2.5+0.5"模式的过程中,一些学校职业安全教育滞后,企业责任不落实,防范监管不到位,不少学生劳动纪律观念淡薄、敬业精神不足、安全防护技能与防护手段缺乏,致使学生在入职期间职业安全事故频频发生。开展职业安全应急教育已成为职业教育领域刻不容缓的重要任务。

二 研究与实践过程

2007年1月以来,项目组结合学校重点课题"职业学校职业安全教育实践研究"和江苏省公民教育实践项目课题"学生在工学结合实习岗位中发生意外伤害事故处理问题实践研究",率先开展职业安全研究,以问卷调查、实地走访等形式开展学生在实习岗位中发生意外伤害事故的调研。成果"预防实习生意外伤害事故,保障实习生合法权益"被南京市人大采纳为提案,职校生职业安全问题引起了社会广泛关注。2009年12月,该成果获江苏省项目课题一等奖。

2010年8月,教育部决定在全国部分中等职业学校开展职业健康与安全教育试点工作。同年9月,江苏省教育厅颁布了《江苏省职业学校开展职业健康与安全教育试点工作方案》,省职业教育学生发展科研中心组(江苏省南京工程高等职业学校为牵头学校)组织19所职业学校开展研究与实践,政策的出台助推了前期成果的深化研究。

2010年以来,项目组依托江苏省教改重点课题"职业学校职业健康与安全教育实践研究"、国家科研项目课题"'职业健康与职业安全'精品课程资源建设"、江苏省教育科学"十二五"规划重点课题"基于国际视野的职业健康与安全教育研究"等5项课题,借鉴国内外HSE、OHSAS18000职业健康安全管理体系等先进经验,开展职业健康与安全教育课程改革研讨会,与英国、加拿大等国专家联合开展通识性与专业性课程标准研究,推进"教—学—

做"三合一的职业健康与安全课程资源开发,为职业健康与安全教育本土化研究提供了范式。

三　成果主要内容

1. 实践调研,推动职业安全应急教育关口前移

2007年1月,项目组以问卷调查、实地走访等形式开展学生在实习岗位中发生意外伤害事故的调研,收回有效问卷726份。调研分析结果表明,31%的实习生曾受到不同程度的职业伤害,其中29%的实习生未得到相关赔付。基于调研结果,项目组提出将职业安全教育关口前移,预防实习生意外伤害事故,保障实习生合法权益。学校出台文件将职业安全教育关口前移,引入课堂,全面普及推广。

2. 科研奠基,形成职业安全教育体系

职业安全教育是一个崭新的命题,国内相关研究甚少。4年来,项目组依托前期研究,基于工作情境,把握职业安全教育特征,突出"责任关怀",依托5项课题研究,将成果融入教学实践、课程、教材、资源平台、队伍建设、基地建设、第二课堂等方面,以研促建,以研促改,以研促教,以研促学,形成了融"知识、技能、思维、习惯、文化"为一体的较为完善的职业学校职业安全教育体系。

3. 研发教材,构建"四位一体"课程体系

围绕职业安全教育的通识意义、行业意义、岗位意义,紧扣岗位等特性,根据2012年最新修订的《职业病防治法》和职校实际,构建岗前"预防"、岗位"控制"、事后"应急"、权益"维护"的"防—控—应—护""四位一体"课程体系。研发了首部"十二五"职业教育国家规划立项教材《职业健康与职业安全》,涵盖职业健康与安全法规、职业健康、职业安全、个人防护4部分29个模块。在此基础上,结合专业和岗位实际,还开发了补充教材《珍惜安全,远离危险》、专业教材《矿井通风技术》《矿井瓦斯防治》。

4. 校际合作,建立精品课程资源共建共享平台

自2012年10月起,来自13所职校的校长、中层和不同专业骨干教师组成职业健康与安全课程跨专业研发团队,共同开发国家职业教育数字化资源共建共享项目"职业健康与职业安全"精品课程资源。开发了知识点积件数162个,PPT162张,测试习题205道及课程标准、教学设计、精品视频、主题教育活动创新设计等原创性资源,建立了全国首个职业健康与安全教育精品课程资源共建共享平台。目前,全国近20所职校使用该资源,成果示范辐射作用可见一斑。

5. 立足课堂,开展体验式职业安全应急教育

课程以学生为中心,以课堂和实训基地为阵地,以校园文化和企业文化融合为基础,以主题活动为载体,借助"人人通""云课堂"等现代教学手段,突出职业安全教育方面的"前知识""前概念",强调"做中学、学中做、做中悟"。将"事故案例""情景导入"贯穿"探究与实践—知识拓展—综合演练—综合评价"各环节,使学生在学习过程中能够预判、分析职业岗位存在的潜在风险,形成自觉遵守职业安全法律法规、强化职业安全与自我保护的意识和能力。近年来,学生在江苏省职业健康与安全比赛中获演讲一等奖9名、二等奖13名、三等奖

15 名;手抄报一等奖 8 名、二等奖 14 名、三等奖 18 名。在全国安全类专业技能大赛中,获国家级奖项 8 个、省级奖项 8 个。

6. 多元培训,推进教学团队专业化建设

全方位、多维度地推进教学团队专业化建设。一是国际培训,28 名骨干教师赴加拿大、英国、南非开展学习交流。二是国家级培训,2012 年 9 月,团队赴北京参加国家级数字化资源精品课程资源开发培训。三是行业培训,2012 年 3 月,36 名教师参加江苏省安全生产监督管理局培训并获安全培训师资资质。四是省级培训,将职业安全教育融入全省班主任培训,每年定期开展。五是市级培训,淮安等市教育局组织骨干教师参加职业安全骨干师资培训。六是校级培训,对项目组成员每年定期组织开展校级培训。

各级各类培训有效地促进了职业安全教育师资水平的提升和专业化发展。近年来,1 人荣获全国"创新杯""说课"一等奖,12 人获得江苏省职业健康与安全教育"示范课和研究课"。在省级职业健康与安全教育成果评审中,获"说课"一等奖 4 名、二等奖 8 名、三等奖 10 名。

7. 建设安全文化,提升"我要安全"的教育实效

推进校企紧密合作,成立职业安全健康教育中心,完善学校职业安全教育制度、细化实习实训安全规范与规程;开发符合行业、专业岗位特点的安全实习手册;引进企业安全文化,在实训教学中形成了"整理、整顿、清洁、清扫、素养、安全"的 6S 管理模式;建立安全体验馆、自救器训练室、创伤急救训练室、电气安全实验室等 9 大安全实习实训基地,每学期为 3 000 多名学生提供安全技能体验;将行业安全标准融入课程,推进职业安全资格证书准入制度,安全上岗证年通过率达 98%,提高实习生的安全修养,让职业健康与安全意识融入学生的核心价值观体系,变"要我安全"为"我要安全"。

四　成果解决的教学问题及解决方法

关于职业学校职业安全教育国内虽有零散性探索,但缺乏系统研究,尚处于起步阶段,本成果着力破解"为何教、教什么、如何教"的难题。

1. 破解"为何教":明确方向,列入方案

调研显示,众多职业学校对职业安全教育重视不足、意识不强、教育不够,学生实习就业与企业的安全生产存在诸多脱节,职业安全教育成为困扰学生发展、经济发展、社会发展的重要问题。

职业安全教育立足职业健康与安全法法规、职业病预防、职业伤害防控等方面,亟须作为一门课程列入职业学校人才培养方案,关口前移,进入课堂,融入活动、渗透专业、引入岗位。

2. 回答"教什么":研发教材,开发资源

根据国家最新《职业病防治法》和教学实际研发"十二五"职业教育国家规划立项教材《职业健康与职业安全》,内容包括职业健康与安全法规、职业健康、职业安全及个人防护 4 部分 29 个模块,既有通用模块,又有结合专业大类的专业模块。建立全国首个职业健康与安全精品课程资源共建共享平台,开发知识点积件、PPT、测试习题及课程标准、教学设计、精品视频、主题教育活动创新设计等原创性资源,服务教学。

3. 落实"如何教"：全面覆盖，校企合作

以学生为中心，以强观念、教知识、学技能、活应用为重点，强调"学中做""做中学"。"强观念"以主题教育、社团活动为载体，培养学生牢固树立安全意识；"教知识"以课堂为载体，侧重通识知识讲授；"学技能"以实训基地为载体，培养掌握本专业必备的安全技能；"活应用"以仿真模拟为载体，强调通识安全知识、专业安全技能和职业安全素养的综合训练。

职业安全教育是校企合作的重要内容，具体包括：编写安全手册，共同制定安全规程；重视过程管理，注重检查落实；开展职业安全的培训和考证，构建校企合作多元评价体系，既强调对通识安全理论、操作安全技能的考核，又重视对专业安全能力的评价。

五 成果创新点

成果以学生为本，突出责任关怀，将职业安全教育关口前移，在调查研究、国际借鉴、省内实践基础上，构建"防—控—治—护"四位一体课程体系，把学生现在和未来的"生产""生活""生命"三个板块进行归并、整合，设计成具有行动力的方案，在体验、对话、交流中提高职业安全的意识和能力，努力实现了教育部和省教育厅的试点要求，在国内具有开拓意义。

成果从人才培养方案、课程标准、教材编写、授课计划、教学组织到考核评价各个环节强化学生职业安全素质培养，实现了职业安全教育全覆盖。实践中采取灵活多样的教学组织形式与教学方法。通过情景、参与、互动形成自主学习、合作学习的良好氛围，把课堂变成充满情趣的殿堂；校企合作建立职业健康与安全教育质量评价—反馈机制，使学生在学习过程中能够预判、分析职业岗位存在的潜在风险，完成"知、情、意、行"的完整学习过程，为我国职业学校职业健康与安全教育提供了一个好的范例。

成果汇聚省教育厅和19所学校领导、骨干教师和行业企业的群体智慧，形成了大量原创性成果。共发表88篇论文；《职业健康与职业安全》成为首部"十二五"职业教育国家规划立项教材；建立全国首个职业健康与安全教育课程资源网站学习平台。该课程被列入江苏省中职人才培养方案和"五课"教研、"两课"评比范围，搭建了省级教研平台；部分成果被省人大、南京市人大采纳，在江苏省内产生很大影响，对职业教育教学改革实践有重大示范作用。

六 成果应用与推广效果

1. 意识提高，伤害率下降

项目组对近四年煤矿企业及学生进行跟踪反馈。统计表明：学生顶岗实习、毕业进入企业工作，其安全意识呈总体提高趋势，伤害率呈总体下降趋势。2010至2013年全省煤矿原煤生产百万吨死亡率分别为0.41、0.19、0.14、0，呈总体下降趋势，学校职业安全教育培训为企业安全形势的好转做出了具体而直接的贡献。

2. 教材应用，发行全国

《职业健康与职业安全》被列为"十二五"职业教育国家规划立项教材、国家示范性职业学校精品课程资源共建共享项目配套教材和江苏省职业教育限选教材，被省内近100所中职学校和江苏地质职业教育集团66家企业员工培训广泛采用，发行量近2万册。山东省烟台市教育局也引进该教材及课程标准等课程资源，反响良好。

3. 质量提升，企业欢迎

2010年9月起，19所职校一、二年级开展职业安全课程教学实践。采取灵活多样的教学组织形式与教学方法，通过情景体验、互动对话，形成自主学习、合作学习的良好氛围，把课堂变成充满情趣的殿堂，完成职业健康与安全教育"知、情、意、行"的完整学习过程。基于工作情境的实践训练实现与安全操作无缝对接。近4年的跟踪调查反馈表明，学生在企业安全意识强，能遵守安全操作规程，企业认可度、满意度达90％以上。依托国家安全二级培训资质，每年为企业、社区开展安全技术培训8 000余人次，累计培训5万余人次，提升了企业核心竞争力。基地近三年连获"江苏煤矿安全培训先进单位"称号。

4. 品牌树立，影响扩大

成果不仅仅局限于省内外职业学校应用和推广，项目组在海峡两岸职业健康与安全教育学术论坛、全国安全职业教育教学指导委员会研讨会、第六届江苏职业教育论坛上做交流发言，其中"英国职业健康与安全专题调研"在英国苏曼中心成果展中获"最佳成果展示奖"。中国教育报等媒体对成果进行了专题报道，社会关注度和影响力得到显著提升，品牌效应逐步彰显。

10.2 职校生职场环境安全应急素质和技能提升的模式研究与实践——以地质建筑专业为例

该教学成果聚焦职校生职场环境安全应急素质和技能提升,基于 2011 年 5 月立项的江苏省职业教育教学改革重点资助课题"职业学校职业健康与安全教育实践研究"研究基础,先行在中职地质建筑专业中开展职场环境安全应急素质和技能提升的模式研究与实践。2013 年 2 月课题结题,后续深化研究,实践检验 4 年。

一 成果实施背景

据 2003 年 6 月国际劳工组织(ILO)第 91 届国际劳工大会公布,全球每年因工作场所事故和职业病死亡的人数已达 230 万人,近 200 万人死于与工作相关的疾病。在欧洲,15～24 岁之间的青年工人发生工伤事故的概率比其他年龄段工人高 40%。在中国每年因工致残人员约 70 万人,并且 90% 以上的事故与人的因素有关,而且工伤事故大多发生在工人上班的最初 6 个月。同时中国也是世界上职业病发病最多的国家,职业危害接害人数超过 2.3 亿人。中国每年有近 700 万中等职业院校毕业生走上工作岗位,他们是经济建设生产一线的主力军,由于用人单位安全健康防护意识淡薄,责任不落实,防护工作不到位,致使作业场所条件恶劣,职业危害的因素增多,这使得进入职场的新生代从业者的职业安全健康与环境面临着很大的隐患。

调研发现,建设行业事故死亡人数位居中国工业生产第一位,中国应急救护知识普及率不超过 1%。中国中职安全类人才需求为 72 万人,从专业看,现行教育部中职专业目录尚无安全类专业。项目组自 2006 年起开展职业安全普适性教育,2011 年起率先在中职地质建筑专业开展职场环境安全应急素质和技能模式创建与实践,为建设行业施工一线培养既掌握建设施工专业知识又掌握建设行业内职场环境安全应急素质和技能提升方面核心素养与能力的基层操作与管理人员,提升了就业竞争力,提高了从业者自救互救能力,降低了岗位工伤事故和职业危害风险,促进了企业可持续发展。

二 成果实施过程

成果着力破解中职地质建筑职场环境安全应急素质和技能提升过程中师资力量紧缺、教学资源匮乏等问题,既是时代安全优先发展的战略要求,也是安全人才的自身需求。

1. 标准引领,创设多元联动、产教融合的人才培养框架,解决了人才培养中"课程体系整体架构"的问题。立足建设行业安全健康与环保管理体系标准,建立地质建筑专业安全健康与环保方向专家指导委员会,系统构建人才培养方案、师资团队、实践教学体系。

2. 专家协作,构建优势互补、协同创新的教科研实践共同体,解决了人才培养教学中"专业师资紧缺"的问题。以职业安全名师工作室为平台,集聚专家群体智慧,以课题为载体,推进研训一体,打造安全健康与环保、应急救护、职业安全与职业健康防护教学等团队,形成了专兼结合、优势互补、资源共享、协同育人的教科研实践共同体。

3. 资源集成,构建深度参与、内在衔接、开放融合的立体化协同创新育人平台,解决了人才培养中校企合作"协同育人"问题。依托行业安全健康与环保科普大赛等平台,搭建安监、卫生、红十字会等政校行企深度参与的立体化协同创新、开放融合的育人平台,促进了人才培养方案制定、课程设置、实习实践等教学环节深度整合,协同育人,提升人才培养质量。

4. 技术驱动,运用"互联网+"有效教学实践服务模式,实施了"线上线下一体化"混合式学习模式,缓解教学与培训师资不足及培训需求大的矛盾。通过信息化教学手段实施O2O线上线下混合式教学,线上利用数字化教学资源开展安全健康与环保理论与实践认知教学,线下进行实践操作技能教学,服务课堂教学、实践活动、行业企业培训。

5. 机制保障,建立学生实习管理与毕业生就业跟踪服务平台,解决了人才培养过程性监管和指导以及毕业生就业跟踪的问题。学校与行业企业共同建立学生实习实训教学质量评价体系及反馈机制,建立实习生实习管理与毕业生就业跟踪服务平台,实行过程性动态化管理,形成反馈机制促进教学实践改进和不断优化。

三 成果主要内容

1. 顶层设计,率先开发中职地质建筑专业融安全工程、环境工程与职业卫生一体化的人才培养方案

根据国内外建设行业安全健康与环保岗位标准和人才需求现状,系统梳理相关标准,多方调研,面向地质建筑施工现场管理第一线,秉持"以人为本、安全优先"的理念,开发以安全工程、环境工程与职业卫生为主要内容的中职建设安全健康与环保一体化的培养方案。

2. 体系构建,立足"防—控—治—护"岗位要求,确立"精化基础知识—优化专业知识—强化实践能力—深化素质教育"的课程实践框架

以名师工作室为载体,搭建了政、行、企、校多方参与的安全健康与环保协同创新育人平台,确立中职建设安全健康与环保"公共基础课+专业基础课+专业核心技能课+实训环节"的课程实践框架。专业方向技能平台课程建构了"防—控—治—护"四位一体内在逻辑体系。

3. 基地支撑,面向行业,建设产教融合、校企合作模式下集认知、操作、评价等功能的立体化资源

依托国家级紧缺人才培养基地,引进国际劳工组织的职业危害防治"工具包",率先开发成科学影像和科普知识题库,应用于全国科学影像节大赛、全国中职安全健康与环保科普知识竞赛,融入课堂,服务企业。主编国家规划教材5门,专业基础教材14门,完成了16项国家级共建共享数字化教学资源。校企合作建成了12个应急救护、施工安全管理仿真、开放

式安全体验智慧实训平台。

4. 骨干引领，集政、行、企、校等专家优势，施行开放融合"教学做一体、学训赛相融"的混合式教学模式

面向学校、行业企业、社会人员等，创新 O2O 有效教学，实施线上和线下混合式教学模式。借助全国、省级 7 项大赛，以赛促训、以训促教、以教促学、以学促做，培养了省级以上安全类技能创新人才 22 人，获得国家级安全类技能、创新成果一、二、三等奖 77 项。

5. 立体评价，建立基于标准的系统化人才培养框架

依托行业组织、合作企业开发课程教学资源，实施理论学习、小组合作、实务操练等教学方式。引进建筑行业 HSE 管理评价标准开展面向学习结果和教学过程的评价与诊断，实施实习动态化管理与就业质量跟踪服务，形成教学与人才培养质量改进反馈机制，促进教学改革。

四 成果创新点

1. 模式创新，推动职业健康安全专业化发展，率先开展中职地质建筑职业健康安全素质和技能人才培养，弥补了中职安全类专业人才培养的"空缺"

先行开展中职地质建筑职业健康安全素质和技能提升模式的构建与实践，突出了"以人为本、生命至上、安全第一、责任关怀"理念，创建了双核主线、五化育人、课证融通、分层进阶的人才培养模式，构建"防—控—治—护"四位一体的课程体系，形成了基于核心素养和技能的提升模式。建立了地质建筑、安监、卫生与环保等领域多方协同、开放融合的教科研实践共同体和以立体化资源为支撑的终身学习平台，为企业施工一线输送了一批高素质的安全操作劳动者和基层管理人才。成果形成的职业健康安全素质和技能提升的范式，可复制、可推广。

2. 协同育人，突出多方协同，集聚国内外、行业企业等优势力量，创建了地质建筑共建、共享、共生的多方参与、开放融合的职业健康安全和技能提升育人平台

依托许曙青名师工作室，构建了政校行企共同参与、开放融合的职业健康安全素质和技能提升协同创新中心交流平台，形成了资源共享、过程共管、责任共担的协同育人机制。主动作为，激发各方内在动力，率先牵头倡导成立了"中国职业安全健康协会职业安全健康教育专业委员会、江苏省许曙青职业安全健康与科技创新名师工作室"等组织平台，牵头组织了"全国中职院校安全健康与环保科普知识竞赛""江苏联合职业技术学院学生安全知识竞赛"等活动，形成了每年超过 100 多所单位和 20 多万人参与安全知识与环保竞赛活动的育人机制，推动了职业学校学生职业健康安全素质和技能提升普及推广和专业化发展。成果"关于加强职业安全和职业健康专业人才培养的建议、关于加强职业病防治"等 3 份建议被省人大代表采纳并转化为省人大提案，推动了职业健康安全素质和技能提升专业化、法制化进程。

五 成果应用效果

1. 成果促进了人才培养质量提高，适应了企业安全人才需求

通过地质建造职业健康安全素质和技能提升模式的创建与实践，学生在全国、省职业院

校各类技能竞赛、创新大赛等活动中获得省级以上二等奖 77 项。学校为地质建筑企业施工一线输送了安全操作员 300 余人,毕业生对口就业率 96%,满意率达 99%;用人单位满意率 98%。

2. 成果促使人才安全意识增强,促进"我会安全、我能安全"思想升华

依托多方协同创新人才培养平台,创办了安全健康与环保、应急救护等多项竞赛活动,共建公民教育团队、安全健康与环保科普团队、科技创新团队、应急救护等团队,构建"全方位、多层次"的活动载体,涉及建筑专业不同年级的所有学生,有效覆盖第一课堂和第二课堂等,激发了学生积极参与的激情和学习安全的内驱力,大大提高了学生的实践能力和安全意识,实现了从"要我安全"到"我要安全""我应安全"的认识跨越,进一步升华到"我会安全""我能安全"的思想境界。

3. 成果催生了一批地质建筑职业健康安全素质和技能提升体验基地,成就了一批职业健康安全专业化教学名师。

成果催生了江苏省技能型人才培养培训基地、江苏省科普教育基地等 4 个基地,江苏省许曙青职业安全健康与科技创新名师工作室等 4 个团队,成就了享受国务院特贴、江苏省突出贡献中青年专家、江苏高校"青蓝工程"中青年学术带头人、江苏省"333 人才工程"中青年科学技术带头人、省级应急救护能手等 44 人次。

4. 成果搭建了一批职业健康安全素质和技能提升一体化安全体验智慧实训平台,集成了共建共享的本土化立体化资源

基于地质建筑人才培养目标,建设产教深度融合、校企合作安全体验智慧实训平台,培育了 19 门国家、省、校精品课程和 16 项国家级、省级数字化资源共享课程和 12 个施工安全管理仿真实训平台等实训基地。出版了 5 部有影响的国家级精品教材、国家级规划教材和 14 门省级重点专业教材。在《中国安全科学学报》等核心刊物及中国职业安全健康协会学术研讨会等学术会议上发表安全健康与环保人才培养方面的学术、教学研究论文 96 篇,发明专利和软件著作权 3 项。

5. 成果转化为各级人大提案和建议,为政府决策提供参考

成果"关于制定江苏省职业健康与安全教育条例的建议书""关于加强职业安全与职业健康专业人才培养的建议""关于进一步重视和加强我省职业病防治工作的意见"被江苏省人大代表采纳并转化为"地方立法方面的提案";《中职安全类专业设置的建议》被全国安全职业教育教学指导委员会采纳并上报教育部,为中职安全类专业设置提供决策咨询服务。

六 成果推广

1. 成果在全国职业院校育人实践中得到广泛推广

成果物化的教材、数字化资源共建共享平台在江苏职业院校专业教学中得到广泛应用与推广。浙江、上海、山东等地职业院校专家到校调研与体验,成果得到同行专家和行业协会专家的认可与高度评价。

2. 成果在主办的国家级、省级、校内和社会各类教师培训中得到推介,赢得广泛赞誉

项目组连续承担了 4 期国家级地质建筑类青年教师企业实践项目、国家级安全骨干师资等培训项目,项目组为 240 所职业学校培训了 349 名省级应急救护骨干教师,为行业、企

业安全项目培训 5 000 余人,受到政府、行业及社会广泛赞誉。

3. 成果在媒体、报刊及海内外职业安全健康界等不同层面得到广泛推广

中国安全生产报、现代快报、中国职业安全健康协会网站等对成果进行了专题报道和宣传。成果还在世界职业教育大会、中日韩职业健康学术交流会、海峡两岸及我国香港澳门地区职业安全健康学术研讨会、全国安全职业教育教学指导委员会学术研讨会进行专题交流,得到日本、英国及我国香港等国家和地区行业教育专家的高度评价。

七 思考与展望

安全健康与环保是一个永恒的话题,面对中国职业安全健康与环保严峻的形势,基层一线安全类人才的培养迫在眉睫,在中职安全专业尚未设置的情况下,成果顺应时代要求,关口前移,融入专业,渗入课程,引入岗位,源头防控,体现了新时代"生命至上、安全第一"的原则,也是健康中国战略目标的具体体现。通过中职地质建筑专业推进职场环境职业健康安全素质和技能提升的模式研究与实践,促进中职安全专业化人才的培养,推动了中职安全学科发展,提升了地质建筑一线施工人员的获得感、幸福感和安全感,提高了企业效率,促进了企业可持续发展和社会和谐稳定发展。

10.3 生命至上　标准引领　协同育人：职校安全类专业人才培养体系的建构与应用

一 项目实施背景

我国目前正处于经济转型、社会转轨矛盾错综复杂的时代背景下，环境、生态、卫生、网络信息安全等各类突发事件频发、重发，触点多、影响恶劣。各类突发事件已经对整个社会敲响了警钟，但研究显示公众在安全应急管理的社会组织中参与度普遍不高、公共卫生安全意识和自救互救能力总体薄弱，公共安全应急知识技能水平低下，专业安全人才极度缺乏，人才储备相对落后，这也从侧面反映出我国当前安全专业人才培养水平的欠缺。

同时，在我国工业化、城镇化快速发展过程中，多发的安全生产事故也暴露出安全专业人才严重缺乏、从业者安全意识淡薄、能力不强等问题，项目组在完成了2013年江苏省社科联研究课题"职业院校职业健康与安全机制创新实践研究"的基础上，开展安全普适性教育与专业渗透研究，依托地质建筑类专业开设安全专业方向。通过安全专业中高职分段的现代职教体系试点项目人才培养方案与实践，提出了独立设置中职安全专业的建议并被教育部采纳，率先在全国创建中职安全专业，并构建了中职安全类专业人才培养体系。

二 项目实施过程：中职安全类专业人才培养体系的建构

1. 研制了国家中职安全类专业教学标准。项目组对28省市的行业、企业、院校安全专业人才培养现状、岗位需求、职业能力要求进行调研，确立了面向政府基层、企事业单位一线安全管理服务技术技能人才的培养目标，形成了国家专业教学标准。

2. 构建了特定的人才培养模式、模块化课程体系。根据岗位任务，建成了"四方协同、双核主线、课证融通、五化育人、分层进阶"的人才培养模式。立足岗位特性，开发事前"防范"、岗位"练兵"、事中"应对"、事后"改进"的模块课程，形成了"防—练—应—改"专业课程体系。

3. 形成了国家名师引领的省级跨界融合教学创新团队。依托省名师工作室、中国职业安全健康协会教育专委会，基于安全专业设置、标准研制、资源建设、课程思政等项目，建成了国家教学名师与安全技术技能大师引领，思政、文化、安全应急专业教师及企业技术能手参与的融创团队。

4. 开发了国家级安全领域立体化教学资源库。建成安全领域集国家级精品课程资源（教育部、工信部项目）、国家规划教材、专题读本、仿真实训和职业体验平台、全国安全科普与技能大赛资源包等于一体的立体化教学资源。采用"线上线下结合，教学做一体、学训赛相融"的混合教学模式，应用于课堂、实践、行业企业培训。

5. 建立了多方参与的动态评价机制。依据安全类专业教学标准，结合安全教育、专业安全渗透、安全培训等评价模块，进行学习"结果—过程—增值—综合"评价与诊断，实施动态考核与就业质量跟踪服务，形成了教学与人才培养质量改进反馈机制。

本成果立足江苏、面向全国，开发了国家标准；平台资源辐射全国 269 所院校，助力近117 万名学生安全素质和技能提升，为 200 家企业 4 000 名员工提供培训服务；创建了省安全生产培训示范院校、市应急管理专业学院与安全应急体验中心，为专业持续、高质量发展夯实基础；培养质量持续提升，学生双证率 100%，省级以上各类大赛获奖 98 人次，毕业生对口就业率 98%，用人单位满意率 96%；得全国"安全生产万里行"专家组充分肯定，并被建议以"江苏模式"在全国推广。本成果获南京市一等奖。

三 成果主要解决的教学问题及解决方法

成果着力破解中职安全类专业人才培养中存在的问题，从专业设置与标准研制、人才培养模式与课程体系设计与实施、资源建设、教师教学创新团队建设、评价机制 5 个方面进行解决。

（一）中职安全类专业人才培养需要解决的教学问题

1. 中职安全类人才培养断层。2015 年教育部新专业目录中高职和本科均设置了安全类专业，唯独中职没有，导致人才培养结构不合理，与社会需求失衡。

2. 中职安全类专业缺乏整体设计。部分中职学校在专业方向上自行摸索，人才培养方案不够规范，缺乏普适性和行业认可度，课岗适配度不高。

3. 中职安全类专业人才培养支持系统不力。中职安全类专业教学资源匮乏；专业化师资力量薄弱；缺乏可操作、科学化的质量评价标准。

（二）中职安全类专业人才培养解决教学问题的方法

1. 主持开展全国大样本调研，率先开设中职安全专业。通过对全国 28 个省市自治区、行业企业和院校 16 万个样本进行调研，结果表明，社会急需 150 万名初、中级安全人才，紧缺 72 万名既懂安全管理又能应急处置的中职安全专业人才。在地质建筑专业开设安全方向的实践基础上，率先在全国开设中职安全专业，填补空缺。项目组先后开设了中职安全健康与环保专业、应急管理与减灾技术专业、安全技术与管理专业、防灾减灾技术专业。同时开设了安全类"3＋3"分段大专现代职业教育体系建设试点项目、"3＋4"分段本科安全专业国际课程项目、5 年制高职消防救援技术、消防工程技术等专业与人才培养。项目组提出的中职安全类专业设置的建议被教育部综合组专家采纳列入教育部专业目录。

2. 开展岗位能力调研和分析，开发国家中职安全类专业教学标准和模块化课程体系。基于中职安全人才培养现状和需求调研，依托全国安全行指委专家团队，进行职业能力分析，确立培养目标和培养规格，借鉴行业标准，实现安全岗位工作任务与课程内容的转换，基于中职安全专业基本素质领域、岗位基本领域、岗位核心领域和岗位拓展领域岗位要求,构建了"课岗对接"图谱,研制了中职安全专业人才培养方案及"公共基础课＋安全专业群平台课＋安全专业方向课程＋岗位实习与拓展课程"的课程体系,形成了国家中职安全专业教学标准。

3. 开发立体化专业教学资源库和多方参与的质量评价标准,实施校企协同融合式教学。围绕模块化课程体系,引入 ICDL 咨询安全国际通用认证标准、污水处理职业技能标准、消防设施操作员职业资格标准、应急救护技能等级标准,融入专业课程体系,建立"岗课赛证"融通的共建共享教学资源库和质量评价标准,开发安全生产、应急救援及防灾减灾专业知识和技能教学资源库及评价系统。形成了校企融合安全教育在线学习平台和安全培训服务管理系统,建成 21 门安全专业核心课程教学设计、微课、习题库和考核方案;面向 44 个专业大类开发了 6 600 道安全知识试题服务学生学业水平考试。校企合作共建安全应急职业体验中心,研发了消防灭火、高空逃生等 12 个仿真实训和职业体验平台。实施混合式教学,线上重点开展安全专业认知教学,线下强化专业技能训练。

4. 建立专业教师培养机制,打造双师型教师共同体。依托江苏省名师工作室,6 年共承担了全国、省级 17 期 1 100 名安全类骨干教师和安全生产培训师的培训,突破了教师专业化瓶颈,形成了专兼结合、持续稳定的"双师型"省级教学创新团队。

四 成果创新点

（1）理念创新。明确提出了"大健康、大安全、大应急"的育人理念,弘扬"生命至上、安全第一"的教学思想,构建了面向人人的安全普及教育、面向高危行业领域的专业渗透教育、面向安全管理服务与应急处置特定岗位的专门化人才的育人体系,将"安全知识、技能、思维、习惯、文化"进行全方位渗透、全过程融合,促进安全应急素养和能力的整体提升。

（2）平台创新。搭建"中职安全类专业人才培养＋安全知识普及＋专业知识渗透＋技能提升"四大创新平台。研制中职安全专业教学标准,依托全国安全职业教育教指委中职安全专业协同创新平台进行推广,推动中职安全类专业人才培养集群化发展;建立中国职业安全健康协会教育分会平台,向全国开展安全知识普及、技能提升、学术交流、安全培训等活动,形成中国科协认证的全国职场安全应急知识科普大赛和应急救护技能大赛品牌;搭建江苏职校安全知识在线学习平台,依托江苏省许曙青职业安全健康与科技创新名师工作室开发职校安全知识教学资源库,面向所有学生普及安全知识,全员参与、全员认证,促进职校生安全素养提升;利用江苏职校学业水平考核平台,开发了 44 个专业大类专业安全知识资源库,融入学业水平考核内容,2020 年 223 所学校参与,参与人数 96 373 人,有效促进学生专业安全素质提升;建成江苏安全培训在线服务平台,服务职后安全培训,促进高危行业技能提升。

（3）模式创新。构建"四方联动、双核主线、课证融通、五化育人、分层进阶"的中职安全类专业人才培养模式。基于岗位需求,从职业能力入手,突出"核心能力与核心素养"双主线,有效推进"教学过程职业化,企业参与全程化,教学实践岗位化,实习管理与就业跟踪动态化,安全管理服务与应急处置人才培养一体化"的"五化育人"模式,实施"教、学、做、考、评""五位一体"教学模式,并促进课证融通,形成"认知训练、基本技能训练、专项训练和综合职业能力培养"分层进阶培养模式,培养安全领域高素质劳动者和技术技能人才。

五　成果的推广与应用效果

（一）成果应用

1. 促进学生和大众安全素质技能提升。中职安全类专业学生全部通过应急救护行业技能考核和 ICDL 咨询安全国际通用标准认证；学生在全国、省职业院校各类技能竞赛、创新创业大赛获奖项 98 人次。毕业生对口就业率 98％；用人单位满意率 96％。面向 269 所院校近 117 万学生普及安全知识，为 200 家企事业单位 4 000 名安全技术骨干开展安全应急专项技能培训，有效地促进了大众安全素质和技能的提升。

2. 激发教师的专业成长。建成了江苏省许曙青职业安全健康与科技创新名师工作室、江苏省中职应急管理与减灾技术专业教师教学创新团队（培育对象）、江苏省中职安全技术与管理专业教师教学创新团队（直接认定）、市级职业安全课程思政团队、教育部 1＋X 污水处理试点项目教学团队、ICDL 咨询安全国际混合教学团队、省级应急救护技能教学团队、安全知识资源开发团队、安全仿真实训平台研发与教学团队、省级安全培训师培训团队等 10 个团队，有效促进了教师的专业成长。团队主持参与 19 项教改项目，获专利著作权 39 项，出版教材专著 11 部，获南京市教学成果一等奖 1 项，获中国职业安全健康协会科学技术奖 5 项，涌现出国家教学名师、教育部产业技能大师（安全类）、江苏省"333 人才工程"中青年科学技术带头人、江苏省高校"青蓝工程"学术带头人、江苏省职业教育领军人才、江苏省教学能手等人才共 58 人次。

3. 助力学校发展。学校成为全国示范性职教集团、江苏省安全培训示范职业院校、江苏省红十字示范学校、江苏省安全师资培训基地、南京健康与安全应急体验中心、南京应急管理专业学院，建成中国科协认证的全国职场安全应急知识科普大赛和应急救护技能竞赛品牌项目、江苏安全教育与培训在线学习平台，成果引领江苏，示范全国。

（二）成果推广

1. 共享资源、服务社会。将教材、数字化资源和高空逃生应急体验、消防灭火仿真实训等平台面向全国中职院校开放，开展 HSE 科普知识大赛、学生安全教育竞赛和应急救护技能竞赛及课堂教学；利用平台组织全国科技工作者日主题活动；承担 5 期国家、省级安全骨干师资培训项目，为 240 所学校培训 409 名应急救护骨干教师。为 200 家企事业单位约 4 000 人开展安全培训师、小型项目管理师培训。成果被国家应急管理部网、新华网等多家网站专题报道 34 次。

2. 提供政府决策咨询。"关于加强职业安全与职业健康专业人才培养的建议"等 5 项成果被省人大代表采纳并转化为"地方立法提案"；1 项建议被全国人大社会委采纳；《中职安全类专业设置的建议》被教育部综合组专家采纳，列入教育部专业目录。

3. 学术成就享誉海内外。在 SCI、SSCI、中国安全科学学报、中国教育报等刊物发表论文 16 篇，出版教材专著 11 部。成果在世界职业教育大会、亚太职业安全健康组织年会、中日韩职业安全健康学术研讨会（学校承办）、海峡两岸及我国香澳、澳门地区职业安全健康学术研讨会上进行交流，得到国内外专家的高度评价。

六 思考与展望

今后，我们将进一步贯彻落实《国家职业教育改革实施方案》《"健康中国2030"规划纲要》《关于高危行业领域安全技能提升行动计划的实施意见》等文件精神，开展江苏健康安全应急公共职业体验中心建设，研制江苏安全培训机构教学管理规范、开展安全应急普适性教育和培训，3年内再惠及全国200所职业院校、200家行业企业50万人员，促进大众安全素质和技能进一步提升。

基于建设行业高危风险，将安全应急知识和技能进一步融入建筑地质等专业群课程体系，深化产教融合、校企合作和"三教"改革，打造体现安全应急特色的省级以上"双师型"教育教学和培训"融创"团队。

同时，聚焦民生紧缺领域中职安全技术与管理、应急救援、防灾减灾技术等专业，引入国际安全标准、对接国家职业标准和相关专业教学标准建构国家中职防灾减灾技术专业教学标准，融合中职安全技术与管理、安全健康与环保、应急管理与减灾技术、五年制高职消防救援技术等专业，3年内打造省级以上高水平示范专业群，打造新时代具有鲜明特色的南京应急管理专业学院、江苏省安全生产培训示范职业院校，创建品牌，示范全国。

参考文献

［1］白雪园，李辉，王雪迎. 新时期应急救援人才培养体系研究［J］. 电气防爆，2020（3）：22－24.

［2］鲍晓东，杨梅，侯勇，等. 高职院校汽车专业实训基地建设模式创新与实践：以北京工业职业技术学院为例［J］. 北京工业职业技术学院学报，2013，12（2）：70－74.

［3］毕颖，张学军，张福群，等. 工科高校应急管理人才培养探究［J］. 安全，2020，41（10）：53－56.

［4］陈可涛，张莉. 职业院校创业实践基地建设"MS3＋9"新模式探究［J］. 祖国，2019（7）：213－214.

［5］胡祥，陈宣东，邓雪莲，等. 建筑工程概预算"课程思政"教学改革探究［J］. 现代商贸工业，2021，42（2）：141－142.

［6］陈云. 职业安全健康管理体系实施绩效综合评价研究［D］. 重庆：重庆大学，2009.

［7］（美）大卫 L. 格奇. 职业安全与健康全解：面向技师、工程师、管理者［M］. 杨自华，等译. 北京：机械工业出版社，2015.

［8］谷世业. 高等职业院校课程思政与三全育人工作典型案例：以机械工程学院"三封信"学生活动为例［J］. 商情，2020（7）：244.

［9］顾建军. 职业健康与安全教育：我之教学观与教材观［J］. 江苏教育，2012（3）：13.

［10］顾明远. 中职学生职业健康安全教育不容忽视［N］. 中国教育报，2010-06-26.

［11］郭春侠，徐青梅，储节旺. 大数据时代突发事件应急管理情报分析人才培养初探［J］. 图书情报工作，2019，63（5）：14－22.

［12］国务院办公厅. 国家综合防灾减灾规划（2011—2015 年）［EB/OL］. （2011-12-30）［2020-10-6］. http：//www. gov. cn/zwgk/2011—12/08/content_2015178. htm.

［13］国务院办公厅. 关于全面加强应急管理工作的意见［EB/OL］. （2006-06-15）［2020-10-05］. http：//www. gov. cn/gongbao/content/2006/content_352222. htm.

［14］国务院办公厅. 省（区、市）人民政府突发公共事件总体应急预案框架指南［EB/OL］. （2004-05-22）［2020-10-07］. http：//www. gov. cn/zhengce/content/2008—03/28/content_1210. htm.

［15］何水英，吴涛. 非医学专业大学生应急救护知识调查与培训策略［J］. 中华灾害救援医学，2015，3（4）：196－198.

［16］季志，吴飞娜. 大学生应急救护能力调查与普及推广策略研究［J］. 湖州师范学院学报，2015，37（4）：91－97.

［17］蒋乃平.中职生安全教育知识读本［M］.北京：高等教育出版社，2006.

［18］教育部学校规划建设发展中心.关于公布应急安全智慧学习工场(2020)首批试点学校的通知［EB/OL］.(2020-03-18)［2020-10-17］.https://csdp.edu.cn/article/5916.html.

［19］李贺，田丽，施式亮，等.安全工程专业"职业健康安全管理体系"课程教学改革［J］.科技视界，2020(1)：48-49.

［20］李洪.职业健康与安全［M］.北京：人民出版社，2010.

［21］李倩.浅谈中职学校的职业健康与安全教育［J］.中国职业技术教育，2011(2)：16-20.

［22］李全寿，程慧.论职业安全健康管理体系与企业安全文化［J］.工业安全与环保，2004，30(8)：40-41.

［23］吕景泉，耿洁，芮志彬，等.工程实践创新项目(EPIP)教学模式应用研究：以高速铁道技术类专业与课程建设为例［J］.天津职业院校联合学报，2020，22(10)：3-7.

［24］吕景泉，杨延，芮福宏，等."鲁班工坊"：职业教育国际化发展的新支点［J］.中国职业技术教育，2017(1)：47-50.

［25］吕景泉.鲁班工坊的核心内涵：中国职业教育的国际品牌［J］.天津职业院校联合学报，2020，22(1)：3-11.

［26］莫小路.澳洲职业教育中的"职业健康与安全"教育［J］.中国职业技术教育，2007(2)：61.

［27］皮连生.学与教的心理学［M］.3版.上海：华东师范大学出版社，2003.

［28］戚宏亮，刘颖."应急管理"应用型本科专业人才培养研究［J］.黑龙江教师发展学院学报，2020，39(3)：8-10.

［29］任云生，孙珍军，洪利，等.新型应急管理体制下防灾减灾人才培养体系的构建［J］.中国地质教育，2020，29(1)：1-4.

［30］荣治明，蒋月静.职业院校校外实习基地的建设模式与运行机制［J］.文教资料，2019(27)：132-133.

［31］闪淳昌，周玲，秦绪坤，等.我国应急管理体系的现状、问题及解决路径［J］.公共管理评论，2020，2(2)：5-20.

［32］司晓晶，王文华，刘娇娇.高职"食品卫生与安全管理"课程思政教育的设计与实践［J］.农产品加工，2019(8)：114-115.

［33］孙颖妮.从人才需求出发 统筹规划 系统性进行学科建设：应急管理学科专业建设研讨会综述［J］.中国应急管理，2019(7)：28-31.

［34］孙于萍，赵国敏，高天宝，等.我国应急管理人才培养现状研究［J］.消防科学与技术，2020，39(6)：872-875.

［35］唐彦东，刘京会，任云生.防灾科技学院应急管理人才培养探索与实践［J］.中国地质教育，2020，29(1)：5-8.

［36］汪大海，曹五四.中职安全教育［M］.修订版.北京：北京师范大学出版社，2010.

［37］王飞，王霞.卫生应急管理人员的综合素质培养探讨［J］.医药前沿，2018，8

(10):385.

　　[38] 夏旭,贺维平.中外信息素质教育研究(上)[J].高校图书馆工作,2003,23(3):17-23.

　　[39] 许曙青.社会责任视角下学校职业安全健康机制研究[J].中国安全科学学报,2014,24(6):129-134.

　　[40] 许曙青,忻叶.安全教育:今日之经营成就明日之安康[J].江苏教育,2012(3):6-7.

　　[41] 许曙青.江苏省试点职业学校职业健康与安全教育的调研报告[J].江苏科技信息(科技创业),2011(1):15-21.

　　[42] 杨荣敏.鲁班工坊建设实践的考量与展望[J].职业教育研究,2020(6):4-9.

　　[43] 应智国.高等职业院校实训基地建设的模式创新[J].成人教育,2008,28(2):21-22.

　　[44] 袁立.非洲首个鲁班工坊:设立、作用和意义[J].国际工程与劳务,2019(12):23-26.

　　[45] 张健,林凤功,赵艳杰.职业院校"企中校"实习实训基地建设模式与途径探究[J].湖北工业职业技术学院学报,2015,28(5):33-34.

　　[46] 张晓慧,赵永娟.新时期学生安全与职业健康教育:评《矿山安全与职业健康法规》[J].矿业研究与开发,2020,40(8):179.

　　[47] 张译.高职院校专业课"课程思政"教学设计:以民航安全管理与应急处置课程为例[J].新智慧,2018(6):27-30.

　　[48] 赵志刚,李连惠.新形势下应急型预防医学人才培养举措初探[J].临床医药文献电子杂志,2018,5(61):190.

　　[49] 郑雪峰.我国职业安全与健康监管体制创新研究:基于制度变迁理论的视角[M].武汉:武汉大学出版社,2013.

　　[50] 国家中长期教育改革和发展规划纲要工作小组办公室.国家中长期教育改革和发展规划纲要(2010—2020年)[N].中国教育报,2010-07-30.

　　[51] 中国青年报.中共中央关于深化党和国家机构改革的决定[EB/OL].(2018-03-15)[2020-10-05].http://zqb.cyol.com/html/2018—03/05/nw.D110000zgqnb_20180305_3—01.html.

　　[52] 中华人民共和国第十届全国人民代表大会常务委员会.中华人民共和国突发事件应对法[EB/OL].(2007-08-30)[2020-10-7].http://www.gov.cn/ziliao/flfg/2007—08/30/content_732593.html.

　　[53] 周颖越,曹剑敏,邱伟强,等.实验室安全管理课程与课程思政建设的探索[J].教育教学论坛,2020(40):381-382.